Einstein's Fridge

How the Difference Between Hot and Cold Explains the Universe

宇宙を解く唯一の科学

熱力学

ポール・セン 著

Paul Sen

水谷淳 訳

第Ⅱ部　古典熱力学

第5章　物理学の最重要問題　ヘルムホルツとエネルギーの謎　62
第6章　熱の流れと時間の終わり　クラウジウスと熱力学の第一法則・第二法則　74
第7章　エントロピー　すべてを支配する法則　88
第8章　熱は運動である　気体分子から地球大気まで　103
第9章　衝突　マクスウェル、熱の正体に挑む　113
第10章　何通りあるか　エントロピーは増大する　128
第11章　恐ろしい雨雲　ボルツマンの公式、ギブズの法則　152
第12章　ボルツマンの脳　宇宙の時間の矢　169

第Ⅲ部 熱力学のさまざまな帰結

第13章 量子 プランクの変心 178
第14章 砂糖と花粉 アインシュタイン、熱力学に魅了される 191
第15章 対称性 ネーターの定理、アインシュタインの冷蔵庫 207
第16章 情報は物理的である シャノンと情報エントロピー 222
第17章 悪魔 マクスウェルとシラードの思考実験 248
第18章 生命の数学 チューリングと自然界の形 262
第19章 事象の地平面 ベッケンシュタインとホーキングのブラックホール理論 288

エピローグ 317

謝辞　323
付録1　カルノーサイクル　325
付録2　クラウジウスはどのようにしてエネルギー保存則とカルノーの説を折り合わせたのか？　332
付録3　熱力学の四つの法則　337
訳者あとがき　339
参考文献　*35*
注　*10*
索引　*1*

宇宙を解く唯一の科学　熱力学

ジョゼフとネイサンへ

プロローグ

「熱力学」。何ともとっつきにくい言葉だが、史上もっとも役に立ち、もっとも幅広く通用する科学理論だろう。

この呼び名だけを聞くと、熱の挙動だけを扱う狭い分野のように思える。確かに、この分野の発端となったのは熱である。しかしこの分野はそれよりもずっと大きく成長し、いまではもっと幅広く、この宇宙そのものを解明するための手段にまでなっている。

熱力学の中核をなす三つの概念が、エネルギー・エントロピー・温度である。これらの概念とそれらを支配する法則が明らかになっていなかったら、物理学や化学や生物学などあらゆる科学は、一貫性がないままだっただろう。熱力学の諸法則は、原子の挙動から細胞の振る舞い、社会の原動力であるエンジンから銀河系の中心にあるブラックホールまで、あらゆるものを支配している。我々はなぜ食事をして呼吸をしなければならないのか、光はどのようにして発生するのか、この宇宙はどうやって終わるのかも、熱力学で説明できるのだ。

現代の世界は熱力学の知識が土台となって築かれている。熱力学の発見以降、人間の生活環境は史上もっとも大きく向上してきた。寿命が延び、かつてよりも健康に生きられるようになった。今日では新生児の大半が成人まで成長する。いまだに数多くの問題が残ってはいるが、祖先と同じ境遇に戻りたいと思う人なんてほとんどいないだろう。これらの進歩は熱力学だけで成し遂げられたわけではないが、熱力学は欠かせない役割を果たした。下水ポンプからジェットエンジンまで、安定した電力供給から命を救う医薬品まで、我々が当たり前に使っているテクノロジーはすべて、エネルギーと温度とエントロピーの知識を前提としているのだ。

これほどまでに重要な熱力学だが、科学の中ではいわば不遇の立場にある。[*1] 中学高校の物理で断片的に教えられるだけだし、この宇宙の解明に欠かせないエントロピーの概念に至ってはほとんど触れられない。

私が初めて熱力学と出合ったのは、ケンブリッジ大学で工学の学士号を目指していた二年目のことで、そのときは自動車のエンジンや蒸気タービンや冷蔵庫に関係する学問としてしか教わらなかった。もしもあのとき、あらゆる科学を統一的に一貫して理解するための学問だと聞かされていたら、もっと関心を持っていたかもしれない。たいていの人も熱力学をこのようにしか教わっていないし、教養の高さを自慢している人ですら、熱力学が科学史上最大の知的偉業であることは知らない。カロリーを計算したり、光熱費を払ったり、地球温暖化を心配したりしているというのに、その根底にある原理は理解していないのだ。

熱力学の置かれた不遇の立場は、人々のあいだでアインシュタインの功績がどのように記憶されているかにも表れている。アインシュタインがとてつもなく大きい革新的な功績を残したことは誰もが知っているが、その研究成果の多くが熱力学から導かれたことや、アインシュタインが熱力学の発展に貢献したことを知る人はほとんどいない。奇跡の年と呼ばれる一九〇五年にアインシュタインは、物理学を一変させる四本の論文を発表した。そのうちの一本が、$E=mc^2$ という方程式を示したものだ。この研究成果はどこからともなく出てきたものではない。それまでの三年間にアインシュタインは熱力学の論文を三本発表しているし、奇跡の年の論文のうち最初の二本（物質が原子でできていることを示した論文と、光が量子としての性質を持つことを示した論文）は、その熱力学の研究を発展させたものだった。特殊相対論に関する三本目の論文も熱力学に着想を得た方法論によって書かれたものだし[*2]、$E=mc^2$を導いた四本目の論文も、ニュートンが示した質量という概念と、エネルギーという熱力学の概念とを結びつけるものだった。

アインシュタインは熱力学について、「普遍的な内容を含む唯一の物理理論で、けっして覆されることはないと確信している」と語っている[*3]。

熱力学に対するアインシュタインの関心は、理論物理学における基礎的な役割だけに留まらなかった。実用的な応用にも目を向けたのだ。一九二〇年代後半にアインシュタインは、当時のものよりも安価で安全な冷蔵庫の設計に取り組んだ。ほとんど知られていないエピソードだが、けっして一風変わったサイドビジネスなどではなかった。その冷蔵庫の開発に何年も取り組んだし、電機メーカーのAEGやエレクトロラックスから開発資金も獲得したのだ。アインシュタインが冷蔵庫の設計に関心を持った直接の動機は、一九二六年にベルリン発行の新聞で一本の記事を読んだことだった。その記事には、冷蔵庫が故障して有毒ガスが漏れたせいで、子だくさんの一家が死んだと書かれていた。この事故を受けてもっと安全な冷蔵庫の設計に取り組みはじめたのだ。

熱力学は単に偉大な科学というだけではない。偉大な歴史も持っているのだ。

＊＊＊

二〇一二年初め、あるテレビドキュメンタリー番組の制作に携わっていた私は、『火の発動力についての考察』（*Réflexions sur la puissance motrice du feu*）という薄い本と出合った。一八二四年にパリで自費出版されたもので、著者はサディ・カルノーという引きこもりの若いフランス人。[*4]

カルノーは、自分の研究成果が人々の記憶に残るはずなんてないと思い込んだまま、三六歳でコレラにより世を去った。しかしそれから二〇年もしないうちに、熱力学の生みの親と認められるようになる。一九世紀後半には偉大な物理学者のケルヴィン卿が、カルノーのこの著作について、「この小冊子は時代を画する科学への贈り物だった」と評している。[*5]

私もこの本の虜になった。ほかのどんな基礎物理学の論文とも違って、微積分の計算や物理的考察と、公平で幸福な社会の実現のために必要と考えるものとが組み合わされていた。カルノーは人々に真剣なまなざしを向け、発展の鍵は科学にあると信じたのだ。

カルノーの科学研究は、一九世紀前半のヨーロッパで起こった社会の大変革を受けたものでもあった。その意味でこの著作『火の発動力についての考察』は、カルノーの聡明な頭脳が生み出したものであると同時に、フランス革命と産業革命という二つの革命の産物でもあった。カルノーからバトンを引き継いだ科学者たちのことを調べた私は、彼らの研究がいずれも身の回りで起こった出来事に影響されていたことを知った。熱力学の物語は、単に人類が科学的知識を獲得したというだけでなく、その科学的知識が社会によって形作られ、逆に社会を変えたというストーリーでもあるのだ。

本書で主張したいのは、歴史の中でも科学史こそが重要であるということだ。知識の限界を押し広げた人たちは、軍人や支配者よりも価値がある。そこでここから先のページでは、科学のヒーローたちを讃え、宇宙の真理を目指す彼らの探求を究極の知的な営みとして紹介していきたい。サディ・カルノー、ウィリアム・トムソン（ケルヴィン卿）、ジェイムズ・ジュール、ヘルマン・フォン・ヘルムホルツ、ルドルフ・クラウジウス、ジェイムズ・クラーク・マクスウェル、ルートヴィヒ・ボルツマン、アルベルト・アインシュタイン、エミー・ネーター、クロード・シャノン、アラン・チューリング、ヤコブ・ベッケンシュタイン、スティーヴン・ホーキング。史上もっとも聡明な人たちだ。彼らの物語を通じて、人類屈指の知的偉業を理解し、それに感謝の念を抱いてもらいたい。

そんなヒーローの一人であるルートヴィヒ・ボルツマンは、次のように語っている。

「国家的大事業で数百万の人を統率したり、数十万の兵を率いて戦いに勝利したりするのは、確かに見事だ。しかし私にとっては、簡素な部屋の中で地味な手段を使って根本的な真理を発見するほうが、もっと偉大に思える。戦いの記憶が歴史家の書斎の中だけでかろうじて残されるようになってからも、それらの真理は人類の知識の礎でありつづけるだろう」[*6]

第Ⅰ部　エネルギーとエントロピーの発見

第1章　イギリス旅行　蒸気機関からすべては始まった

蒸気機関の台数が急増している。
——フランス人経済学者・実業家　ジャン゠バティスト・セイ
訪問中のイギリスにて

一八一四年九月一九日、四七歳のフランス人実業家で経済学者のジャン゠バティスト・セイが、一〇週間におよぶスパイ活動のためにイギリスへ向けて出発した。[*1] 三か月前にナポレオンが地中海に浮かぶアルバ島に流刑になり、イギリスとの経済封鎖が解除されていた。フランス新政府は、イギリスの近年の好況を支えている原因を調査するチャンスを捕らえ、ジャン゠バティスト・セイに白羽の矢が立った。セイは一〇代の頃にイギリスで二年間暮らして、イギリスのさまざまな貿易会社で働き、流暢(りゅうちょう)な英語を身につけていた。その後、フランス北部で織物工場を経営するとともに、経済学者として著作を出版し、実践面と理論面の両方で商業の知識を獲得した。

セイはスパイではあったものの、身に危険はなかったし、隠密に活動しているわけでもなかった。イギリス訪問の理由を隠す必要はなかった。イギリスびいきで社交的なセイは、全国を回って鉱山や工場や港を見学し、余暇には劇場や貴族の別荘を訪れた。イギリス訪問は二六年ぶりで、国じゅうが様変わりしていた。最初に立ち寄ったのは、若い頃過ごした、ロンドンの西にある村フラム。かつての趣はすっかりなくなっていた。あちこちに新しい家が建っていたし、何年も前に散策した草原は、店が建ち並ぶ通りになっていた。

セイはフラムの変貌ぶりを見て、一八世紀のあいだにイギリス全土で起こった変化をまざまざと感じ取った。全国の人口は六〇〇万から九〇〇万へ急増し、衣食住や賃金はヨーロッパ随一の水準に達していた。[*2] 通商も急速に発展していた。ロンドンの港に停泊する船は、以前の三倍の三〇〇〇隻にもなっていた。新たな運河や、ガス灯に照らされた街の通りに、セイは見とれた。また、バーミンガムの機械部品工場、マンチェスターの七階建ての紡績工場、ヨークやニューカッスル近郊の炭鉱、蒸気を動力とするグラスゴーの綿織物工場を見学した。その工場のオーナーであるフィンレイという人物は、その製造機械に鼻高々で、フランス人ごときにはけっして真似できまいと思い込み、自ら進んでその機構を説明した。

この奇跡の経済成長を支えていたのは綿工業で、セイが最初に訪れた一七八〇年代から二度目に訪問した一八一〇年代までのあいだに、輸出額は二五倍に急増していた。[*3] ナポレオンの側近を含め多くのフランス人は、そんなイギリスに太刀打ちするには帝国を築くのが一番だと思い込んでいた。イギリスは植民地から安価な綿花を調達しているのだから、というのだ。しかしセイはそんな意見に反対だった。長い目で見ると植民政策は採算が取れないし、イギリスの成功の鍵は技術革新にこそあると考えていたのだ。[*4] 中でもセイの視線と想像力をもっとも捕らえたのが、ある技術だった。

「至るところで蒸気機関の台数が急増している。三〇年前にはロンドンに二台か三台あるだけだったが、いまでは何千台もある。もはや、蒸気機関の強力な後押しがなければ産業活動で利益を上げつづけることはできない」[5]

蒸気動力は何よりもイギリスの鉱業に革命を起こした。鉱坑は井戸と同じで地下に掘り進めていくため、水没しやすい。産業革命以前の馬を動力としたポンプでは、深さが数メートルを超えると水を汲み出すのが容易ではなかった。しかも馬一頭を一年間飼うのに約二エーカー（約〇・八ヘクタール）の牧草地が必要だが、全国の鉱山に必要な頭数の馬を飼うだけの牧草地がイギリスにはなかった。[6] しかし蒸気動力のテクノロジーが進歩して、一八二〇年には三〇〇メートル以上の深さから簡単に水を汲み出せるようになった。[7] それによって石炭採掘のコストが下がり、製造に石炭を必要とする鉄の生産も増えた。一七五〇年から一八〇五年までに鉄の生産量は、年間二万八〇〇〇トンから二五万トンへと九倍に急増したのだ。[8]

＊　＊　＊

蒸気動力は一九世紀初頭にはイギリス全土に普及していたものの、セイが思うほど革新的な代物ではなかった。この技術が普及したのは、イギリス人が創造性に富んでいたからではない。イギリスは石炭が豊富なため、拙い設計で無駄の多い蒸気機関でも利益を上げられたからだ。たとえば一八一一年にスコットランド南西部のカプリントン炭鉱に設置された蒸気機関は、一〇〇年前にトーマス・ニューコメンというイギリス人発明家が導き出した原理に基づいて動作するものだった。二一世紀の我々が思い浮かべる蒸気機関は、高温の蒸気の圧力でピストンを押し出すしくみである。しかしニューコメンの装置は、いわば蒸気を使った真空機関（バキュームエンジン）ととらえるともっとも理解しやすい。炉で発生する熱と、動力を発生させる力学的仕事との関係は込み入っていたし、効率も悪かった。

ニューコメンの機関のしくみは次のとおりである。石炭を燃やして出た熱で水蒸気を発生させる。その水蒸気が入口弁から大きなシリンダーの中に流れ込む。シリンダーには上下に動くピストンが差し込まれている。最初はピストンはシリンダーの上のほうにある。シリンダーが水蒸気で満たされたら、入口弁を閉じる。ここでシリンダー内に冷水を吹きつけると、内部の水蒸気が冷やされて凝縮し、水になる。水蒸気よりも水のほうが体積が小さいので、ピストンより下側の空間が真空に近くなる。大気はつねに真空を埋めようとする性質を持っていて、この装置ではそのためにピストンを押し下げる。それがこの機関の動力となる。水蒸気は真空を生み出すためのものにすぎず、仕事をするのは大気による下向きの圧力だ。

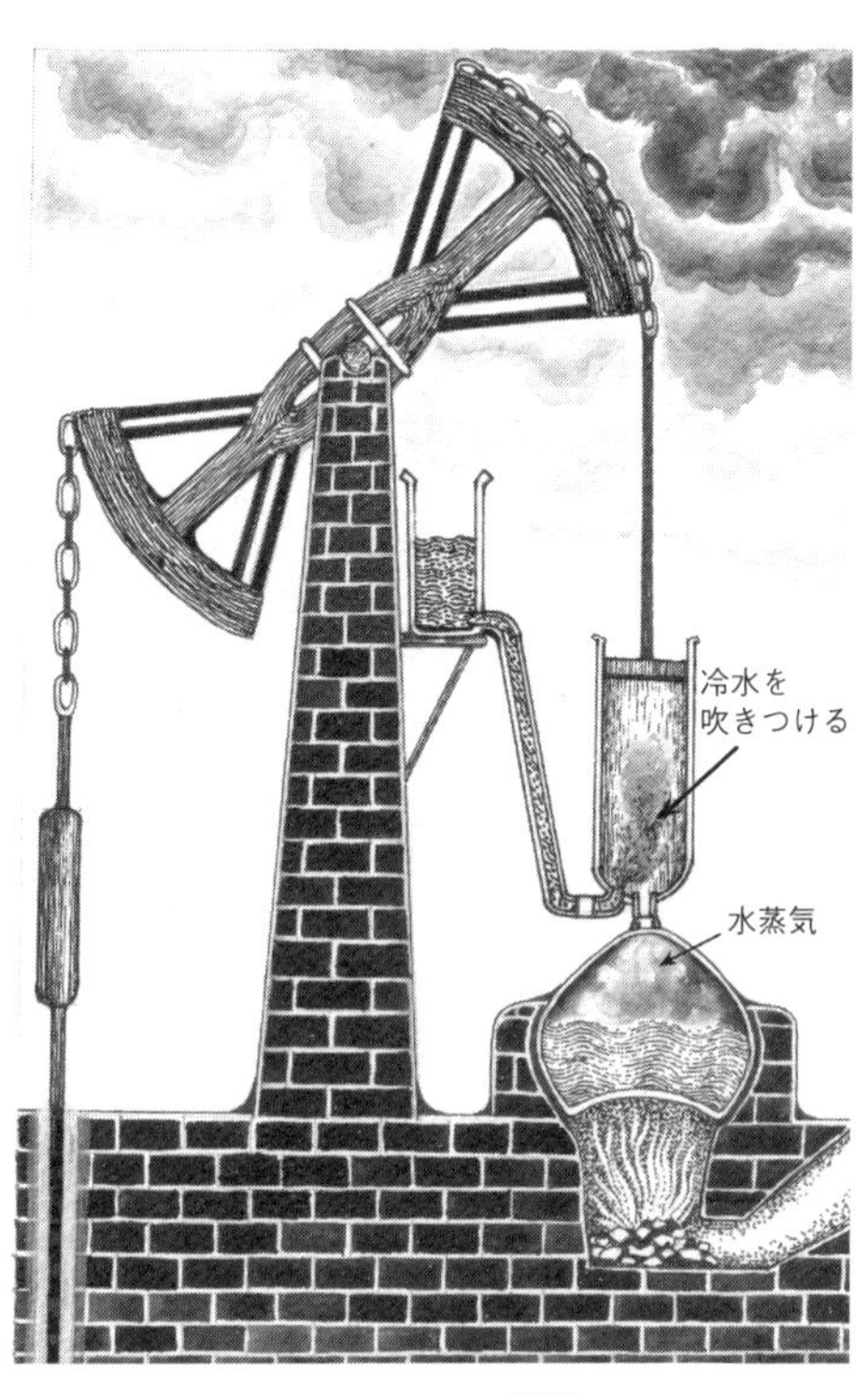

ニューコメンの機関

その作用を実際に観察してみよう。まず空き缶に少量の水を入れて加熱し、中を水蒸気で満たす。熱いので注意しながら火ばさみで缶を取り出し、速やかに蓋をして、桶に張った氷水の中に沈める。すると水蒸気が凝縮して水になり、缶の内部が真空に近くなる。そして大気圧によって缶が潰れる。

ニューコメンの機関では、シリンダーを水蒸気で満たしてから凝縮させて真空に近くするというこのプロセスを、何度も反復させる。するとピストンが上下に動いてポンプが駆動する。

ニューコメンの機関は大量の石炭を消費する。[*9] 一ブッシェル（約三六リットル）の石炭を燃やすと、五〇万から一〇〇万ポンド（約二三〇トンから四五〇トン）の水を一フィート（約三〇センチメートル）汲み上げることができる。一ブッシェルの石炭を燃やすことで一フィート汲み上げられる水の量を、その機関の「効率」（duty）と呼ぶ。現代の基準でいうとニューコメンの機関はきわめて非効率で、石炭の燃焼によって発生する熱エネルギーの約九九・五パーセントが無駄になってしまう。

このように無駄の多い蒸気機関が一〇〇年以上も使われつづけたのは、石炭が安価なためだった。セイが訪れた頃のイギリスでは年間一六〇〇万トンの石炭が産出されていて、[*10] リーズやバーミンガムなどの新興工業都市では石炭一トンを一〇シリング（〇・五ポンド）足らずで買えた。[*11] こんなに安ければ、いくら設計が稚拙でもほとんど問題にならなかったのだ。

一七六九年、スコットランド人技術者のジェイムズ・ワットが、改良型のニューコメンの機関で特許を取得した。[*12] 効率は約四倍に跳ね上がった。[*13] ところがこのワットの機関の登場によって、かえってイギリスの技術革新は三〇年間停滞する。ワットと共同経営者のマシュー・ボールトンが特許を盾に振りかざしたせいで、ほかの技術者がさらなる改良を施して市場に送り込むことができなかったからだ。[*14] 現代でもそうだが、商業的成功と技術革新は必ずしも両立しないものだ。

さらに、イギリス人は科学に対して愛憎入り交じった感情を抱いていた。[*15] 一八世紀に拡大した中産階級は、自然哲学、いまで言うところの科学に大きな関心を持つようになった。百科事典は飛ぶように売れたし、磁石の挙動から最新の天文学的発見まで、さまざまなテーマの公開講義に大勢の人が集まった。科学の話題について議論するための非公式なクラブも次々に作られた。中でももっとも名を馳せたのが、ワットとボールトンも所属したルナ・ソサエティ（月協会）である。しかしこのような風潮の一方で、科学に警戒感を抱く人々も増えていった。というのも、酸素の発見者であるジョゼフ・プリーストリーなど多くの科学者が、フランス革命の過激な政治思想を公に支持していたからだ。プリーストリーはこのためにひどい目に遭った。一七九一年、怒った暴徒に自宅と実験室を燃やされてしまったのだ。

しかもイギリスにある二つの大学、オックスフォード大学とケンブリッジ大学には、現代の物理学や工学に相当する科目がなかった。[*16] ケンブリッジ大学は、卒業生であるアイザック・ニュートンが発見した数学の諸原理を学生たちに熱心に教えていた。しかしニュートンの遺産にあぐらをかく教授陣は、彼の業績を拡張する必要なんていっさいないと決め込み、外国で生まれつつある新たな数学的手法には疑いの目を向けていた。[*17] 一八〇六年、ヨーロッパ式の数学を取り入れるべきと訴えた進歩的なロバート・ウッドハウスは、『反ジャコバン派評論』(*Anti-Jacobin Review*) という保守的な雑誌で非愛国的と非難された[*18]〔ジャコバンはフランス革命時の急進的左派政党〕。数学を現実世界に応用する営みも軽んじられていた。確かにニュートンの法則は、惑星の軌道など、我々が住むこの宇宙のさまざまな特徴を説明してくれる。しかしケンブリッジ大学の教授陣は、ニュートンの法則を教える目的を、やがて教会や国家に仕えることとなる地主階級出身の学生たちの頭脳訓練ととらえていた。学生たちは反発したが、その風潮は何十年も変わらなかった。

しかしフランスでは状況がまったく違っていた。

ジャン＝バティスト・セイは一八一六年、イギリスの経済や産業の変化を観察した結果を、『イギリスとイギリス人』（*De l'Angleterre et des Anglais*）という書物で発表した。セイを含め何人かの報告を受けて、フランスの技術者や実業家や政治家は、蒸気動力を活用することがイギリスの経済に追いつく道だと確信した。しかし一つ問題があった。フランスでは石炭が不足していたのだ。石炭の生産量は年間一〇〇万トン、しかもその大部分が僻地のラングドック地方で採掘されていた。価格は一トンあたり二八シリングを下回ることはなく、イギリスの工業地帯の三倍だった。[*19] そのため、フランスの技術者はほとんどのイギリス人技術者と違って、工業化の早い段階から、蒸気機関の効率、つまり同じ量の石炭からできるだけ多くの有用な仕事を引き出す方法を意識した。

科学や数学の教育もイギリスとはまったく違っていた。帰国の三年後にセイが産業経済学の教授として着任した、パリの国立工芸院（Conservatoire National des Arts et Métiers）という教育機関は、ケンブリッジ大学などのエリート校とは似ても似つかなかった。[*20] 革命政府による公教育推進の一環として創設されたこの学校には、科学と数学は迷信や貴族特権と戦うための武器であるという信念が体現されていた。[*21] そしてそこでは、合理的な社会を築くための合理的な法則が教えられていた。のちにナポレオンも、科学や数学はフランスの軍事的野望にとって重要であるとみなし、その教育を引きつづき支援した。そんな状況の中でフランス人科学者は、ニュートンの成果を、さらなる研究を進めるための礎ととらえた。そしてその適用範囲を広げ、はるかに使いやすい形に変えた。そのため国立工芸院などでは、蒸気機関、とくにその効率も数学的に解析できるはずだというのが自然な考え方だったのだ。

そしてその大学で、一人の若い学生が熱力学の基礎を築くこととなる。

第2章　火の発動力

カルノー、熱力学を拓く

冷たい場所も必要である。それがなければ熱は役に立たない。

——サディ・カルノー[*1]

この若者はとてつもなく温和で品行方正、少々引っ込み思案である。彼の自信を傷つけてはならない。

——友人によるサディ・カルノーの人物評[*2]

二〇代で中肉中背、「繊細な気質」の持ち主であるサディ・カルノーは、無口で内向的、孤独な生活を送っていた。一八二〇年代前半、国立工芸院の同級生たちは、カルノーのことなどほとんど気に留めていなかった。現存する肖像画には、教養があって思慮深そうだがどこか弱々しい姿で描かれている。

サディ・カルノーは一七九六年六月一日、パリのプティ・リュクサンブール宮殿の一室で生まれた。[*3]父ラザールは優れた数学者兼技術者で、若い頃には、モンゴルフィエ兄弟が一七八三年に飛ばした有名な熱気球の改良法を提案する論文を書いている。[*4]そのほかに、水車などの機械の原理を探求した科学論文もある。一三世紀のペルシャの詩人、シーラーズのサーディーを愛読していて、息子の変わった名前はそこから取られた。

一七八九年にフランス革命が勃発すると、ラザールは政治家に転向し、二年後に半民主的な立法議会の代議士に選出された。そして革命軍を効率的に再編成したことで、一目置かれる存在となった。ラザールは運にも恵まれ、多くの革命指導者と違って恐怖政治を生き延びた。息子が生まれた一七九六年には、フランスを統治する総裁政府の五人のメンバーの一人となっていた。そのためサディは、一八世紀ヨーロッパにおける政治や学問の激動の中心地で育てられることとなった。

サディは小さい頃は父親から教育を受けていたが、科学の才能が芽生えると、高等科学教育の拠点であるエコール・ポリテクニーク（École Polytechnique）に入学する。[*5] のちに学ぶこととなる国立工芸院と同じく、革命政府による公教育推進の一環として一七九四年に創設された学校である[*6]（ラザールもその創設者の一人だった）。学生を選抜する任に当たった職員は、全国を回って、家の富裕にかかわらず優秀な候補者を探した。その努力はある程度は功を奏したが、全般的に見ると入学者のほとんどは上流階級出身だった。入学試験はかなり難しく、合格するには、パリの一流のリセ（国立高等学校）で学ぶか、カルノーのように家庭教師を付けるのが一番だった。カルノーは一八一二年一一月、その年の受験者の中で三番目に若い一六歳で入学した。成績は一八四人中二四番目だった。

カルノーはこの学校で数学や物理学の最新の知見を二年間学び、一八一四年一〇月に卒業した。そしてそのまま軍の技術部隊に入隊するはずだったが、ここで歴史が邪魔をする。一八一五年六月一八日、イギリスやプロイセンなどヨーロッパの同盟国の軍隊がワーテルローでナポレオンを撃破し、大西洋の真ん中に浮かぶセントヘレナ島に追放したのだ。フランスは第七次対仏大同盟の軍勢一〇〇万を超す外国軍に占領され、革命中に断頭されたルイ一六世の弟、ルイ一八世が新国王に据えられた。ナポレオンが敗退直前にラザールを内務大臣に任命していたことで、カルノー家は悲惨な立場に置かれた。ナポレオンに近い立場だったラザールがワーテルロー後のフランス政府から不信の目を向けられて、ドイツのマクデブルクに追放されたのだ。パリに残されたサディはのけ者扱いされた。ナポレオンの統治時代には、カルノーという名前ゆえに士官たちがすり寄っては媚(こ)びへつらってきていた。しかしいまや邪険に扱われ、新たな上官たちによって僻地に派遣されてしまった。それでも一八一九年には中尉に任命されてパリに戻り、給料が半分になる代わりに、時折の軍事訓練以外は自主裁量に任された。心からほっとしたに違いない。

　カルノーは自由時間を使って科学や工学への興味を膨らませた。パリの新興工業地帯にある工場を訪ねたり、ジャン＝バティスト・セイが教える国立工芸院の講義に出席して科学の知識を深めたりした。パリ東部に位置し、革命政府によって元修道院の建物があてがわれていた国立工芸院は、エコール・ポリテクニークと同じく公教育の推進がその使命だった。復活したブルボン朝は国立工芸院への支援を続けたものの、以前の政体との関わり合いゆえに、講師や学生の多くがひそかに反乱を企んでいるのではないかと疑い、学内にスパイを潜入させていた。

　それでも国立工芸院には探究の精神が広がっていて、カルノーは化学教授のニコラ・クレマンから温度と熱についてさまざまなことを教わった。

　この二つの概念のうち理解しやすいのは、温度のほうである。一九世紀前半の直感的な見方に倣って、ものがどれだけ熱く感じられるか、その尺度が温度であると考えてみよう。たとえば大きいポットと小さい鍋を思い浮かべてほしい。その両方に同じ蛇口から水を入れる。どちらに指を突っ込んでも、同じような感覚がするだろう。温度計を入れても同じ目盛を指す。

　熱はもっと理解しづらい。この二つの容器をコンロに掛けると、ガスの燃焼で「熱」が発生するのに伴って、中の水の温度が上がっていく。しかし同じ分だけ温度を上げるには、大きい容器の方をずっと長い時間コンロに掛けていなければならない。このことから、熱によって物質の温度がどれだけ上がるかは、その物質の量に左右されることが分かる。では熱とは何なのか？　ガスが燃えるときに発生して水を熱くするものとは、いったい何なのだろうか？

　クレマンとカルノーの時代、ほとんどの科学者は、熱は熱素と呼ばれる目に見えない物質であって、ものを燃やしたときに放出される質量ゼロの微小な粒子からできていると考えていた。その熱素の粒子は互いに反発し合い、そのために熱は高温の物体から低温の物体に広がって、温度の差がなくなるとされていた。熱素の粒子が互いに反発し合うことで、あらゆる物体の中に存在するとされる微小な孔に染み込み、中に拡散していってその物体を温めるというのだ。物体の体積が大きいほど、同じ分だけ温度を上げるのに多くの熱素が必要となる。また、熱素はものを熱くするだけでなく、融かしたり沸騰させたりもする。多くの科学者は、熱素は酸素と同じく、空中を漂っていける気体の元素であると考えていた。そして酸素などの元素と同じく、生成も消滅もしないとされていた。

　しかし一九世紀初め、多くの科学者がこの熱素説の欠点に気づきはじめる。その一人が、アメリカから亡命してミュンヘンでバイエルン選帝侯の副官を務めていた、ベンジャミン・トンプソンという科学者である。任務の一環として兵器の管理をおこなっていたトンプソンは、巨大なドリルのような道具で大砲の砲身をくりぬいている最中に、摩擦によって大量の熱が発生することに気づいた。そこでさらに調べを進めるために、砲身を水に沈めた状態でくりぬいてみた。すると二時間半後に大量の熱で水が沸騰しはじめた。

　トンプソンは、イギリス随一の科学団体である王立協会に提出した論文の中で、熱素説では燃焼によって熱が発生する理由は説明できるが、摩擦によってなぜ熱が発生するのかは説明できないと論じた。燃焼の場合は、燃料の中に捕らえられていた熱素の粒子が燃焼の際に放出されると考えれば筋が通る。燃料が燃え尽きたらそれ以上は熱素は出てこない。しかし摩擦の場合には、際限なく熱が出てくるようにしか思えない。二つの物体を機械的にこすり合わせるだけで熱が出てくる。つまり、摩擦は熱を放出するのではなく、生み出しているように思えるのだ。これは、熱は生成も消滅もしないとする熱素説の前提と矛盾する（トンプソンは熱素説を厳しく批判しながらも、その熱素説の提唱者の一人である有名なフランス人化学者アントワーヌ・ラヴォアジェ〔恐怖政治の最中に処刑された〕の未亡人、マリ＝アン・ラヴォアジェと結婚した。だが結婚生活は長くは続かなかった）。[*7]

カルノーは、熱素説の長所と欠点に加え、クレマン教授による熱の研究の成果である、熱を客観的に定量化する方法を学んだ。一〇〇年以上前から蒸気機関が作られていながらも、クレマンの研究以前は、熱の量を測定する共通の単位が存在していなかった。コーンウォールの鉱山技術者は蒸気機関の「効率」という概念を考え出し、一ブッシェルの石炭を燃やすことで一フィート汲み上げられる水の量を、その機関の効率と定義した。しかし、石炭を燃やしたときに発生する熱の量を測ろうという頭はなかった。また、たとえば水一リットルを沸騰させるのに必要な熱よりも、アルコール一リットルを沸騰させるのに必要な熱のほうが少ないことは分かっていたものの、その熱の量の差を数値で比較するための方法はなかった。クレマンはその方法を考えついたのだ。

以上の話は、クレマンの講義の様子を記録した現存の文書（筆者不明）に基づいている。[*8] その文書には次のような歴史的記述がある。「クレマン氏は熱の単位を考え出し、それを『カロリー』と名付けた。一カロリーは、水一キログラムを摂氏一度温めるのに必要な熱の量である」。いまでも、食品のエネルギー量を表す場合のカロリーはそのように定義されている。たとえば、五〇〇カロリー（クレマンの定義による）のエネルギーを含む一〇〇グラムのポテトチップスを燃やすと、その際に発生する熱で、水五〇〇キログラムを摂氏一度温めることができる（数十年後にカロリーの定義は改められ、一キログラムでなく一グラムの水を摂氏一度温めるのに必要な熱の量を表すようになった。したがって、クレマンの定義による一カロリーは現在の一〇〇〇カロリー〔一キロカロリー〕に相当する）。

カルノーがもう一つ影響を受けたのが、父ラザールが革命の一〇年前に書いた何本かの科学論文である。そのうちの一本である『機械一般に関する試論』（*Essai sur les machines en général*）は、水車の挙動を数学的に解析している。

具体的に言うと、水の「押す力」が残らず回転運動に変換されていっさい無駄にならないような、**理想的な**水車を思い浮かべる。[*9] そのような水車では、回転に伴って水の流れが徐々に弱くなり、流れの勢いがすべて回転運動に移行するようになる。ラザールは、実際の水車がこの理想的な水車とかけ離れていることには気づいたものの、その改良法を提案したわけではない。その代わりに数学の助けを借りて、水力を司る物理を解き明かそうとしたのだ。ラザールのその抽象的な論法に、水車職人は当然ながらほとんど関心を寄せなかったが、息子がその方法論を使って偉大な科学的成果を上げることとなる。

一八二一年にカルノーはマクデブルクを訪れ、追放の身である父と弟と数週間過ごした。それは絶好のタイミングだったといえる。この三年前、イギリスから移住してきたある技術者によって、この街に初の蒸気機関が設置されていたのだ（当時のヨーロッパ大陸では、数少ない蒸気機関のほとんどがイギリス出身者によって組み立てられていた）。[*10] ラザールとサディがその蒸気機関を見学して、イギリスが蒸気技術で世界の先頭を走っていることに気づいたとしても不思議はない。ともかく、サディ・カルノーはパリに戻るやいなや、ある先駆的な論文の執筆に取り組みはじめる。一八二四年に完成したその論文のタイトルは、『火の発動力、およびその発動力を生み出すのに適した機械についての考察』(*Réflexions sur la puissance motrice du feu et sur les machines propres à développer cette puissance*)。カルノーの言う「発動力」(puissance motrice)とは、蒸気機関の「火」(炉のこと)の中で生み出される熱によって得られる有用な仕事、たとえば鉱坑から水を汲み上げたり船を走らせたりする仕事の量のことである。

カルノーの文章は通常の科学論文とは似ても似つかない。「ほかの学問に携わっている人々」、つまり科学者以外の人たちでも理解できるものにしたいという思いから、専門用語をいっさい使わずに明快に説明されている。また科学的説明に入る前に、科学そのものの重要性を説いている。カルノーは、以前なら動物や風や水流を必要としていた作業を、蒸気機関を使えば熱によっておこなうことができると力説した上で、「文明世界に大革命を引き起こすはずだ」と書いている。さらに、テクノロジーによってユートピアが実現するかもしれないとまで主張している。「蒸気推進によって遠く離れた国どうしも近くなる。世界の国々が一つの国の構成員として一体になる」。そして蒸気動力の能力を示すために、イギリス海峡の先に読者の目を向けさせている。「今日、イギリスから蒸気機関が奪われれば、その繁栄の礎はことごとく失われ、あのすさまじい国力は消え失せるだろう」

論文の導入部は、次のような言葉で締めくくられている。「蒸気機関はさまざまな仕事をこなしているが、その理論はほとんど解明されていないし、装置改良の試みはいまだにほぼ偶然に基づいて進められている」

そのためカルノーにとって、蒸気機関を司る理論を導き出すことは、けっして単なる学問的な取り組みではなかった。燃料効率を高めてコストを下げ、フランスの工場経営者がイギリスに追いつくための手助けができればと考えていたのだ。カルノーにとってもっとも重要な疑問、それは、「蒸気機関から最大限の発動力を得るにはどうすればいいか」だった。

そこでカルノーは、蒸気機関の効率という概念を一段階先に進めた。ある重さのものをある高さだけ引き揚げるには「どれだけの石炭を燃やさなければならないか」と考えるのでなく、そのためには「炉からどれだけの熱が流れ出さなければならないか」と問うたのだ。逆の言い方をすれば、「たとえば炉から一〇〇カロリーの熱が流れ出す場合、一キログラムのものを最大でどれだけの高さまで引き揚げられるか」ということだ(話を単純にするために、一キログラムのものを一メートル引き揚げる発動力を、一単位の発動力と考える)。

カルノーはこの疑問に答えるために、ジェイムズ・ワットが考案したものに似た、一九世紀初頭に一般的に使われていた蒸気機関を思い浮かべた。そしてとくにその二つの特徴に注目した[*11]。

第一に、熱せられた水蒸気は、下向きの大気圧よりも大きな圧力を加える。それを利用するために、ボイラーから出てきた水蒸気が膨張してピストンを押し出すような構造になっている(次ページの図ではピストンは下向きに押し出される)。

第二に、蒸気機関を動かしつづけるには、ピストンをシリンダーの一番上の位置に戻さなければならない。そのためには、ピストンを押し下げた水蒸気を冷却して水に凝縮させ、それ以上はピストンを押し下げないようにする必要がある。そうすれば、ピストンの下向きの運動によって発生した発動力の一部が使われて、ピストンが再び上がる。

ワットはそれを可能にするために、水を吹きつけて低温に保つ「凝縮器」と呼ばれる仕掛けを取り付けた。ピストンがシリンダーの底に近づいたら、逃がし弁と、凝縮器につながる弁を開ける。するとピストン上部の水蒸気がそれらの弁から流れ出て、凝縮器の中で水に戻る。そうすればそれ以上はピストンは下がらない。

カルノーは論文の中で、この蒸気機関の各部品の働きは無視して、装置全体での熱の流れにのみ注目した。そして熱素説に従って次のように論じた。炉の中で燃える石炭から放出された熱素流体（けっして消滅しない）が水蒸気の中に「取り込まれ」、それによって水蒸気の温度と圧力が上がって、ピストンが押し下げられる。その後、凝縮器の中で水蒸気から熱素が取り除かれ、それによって水蒸気は冷えて凝縮す

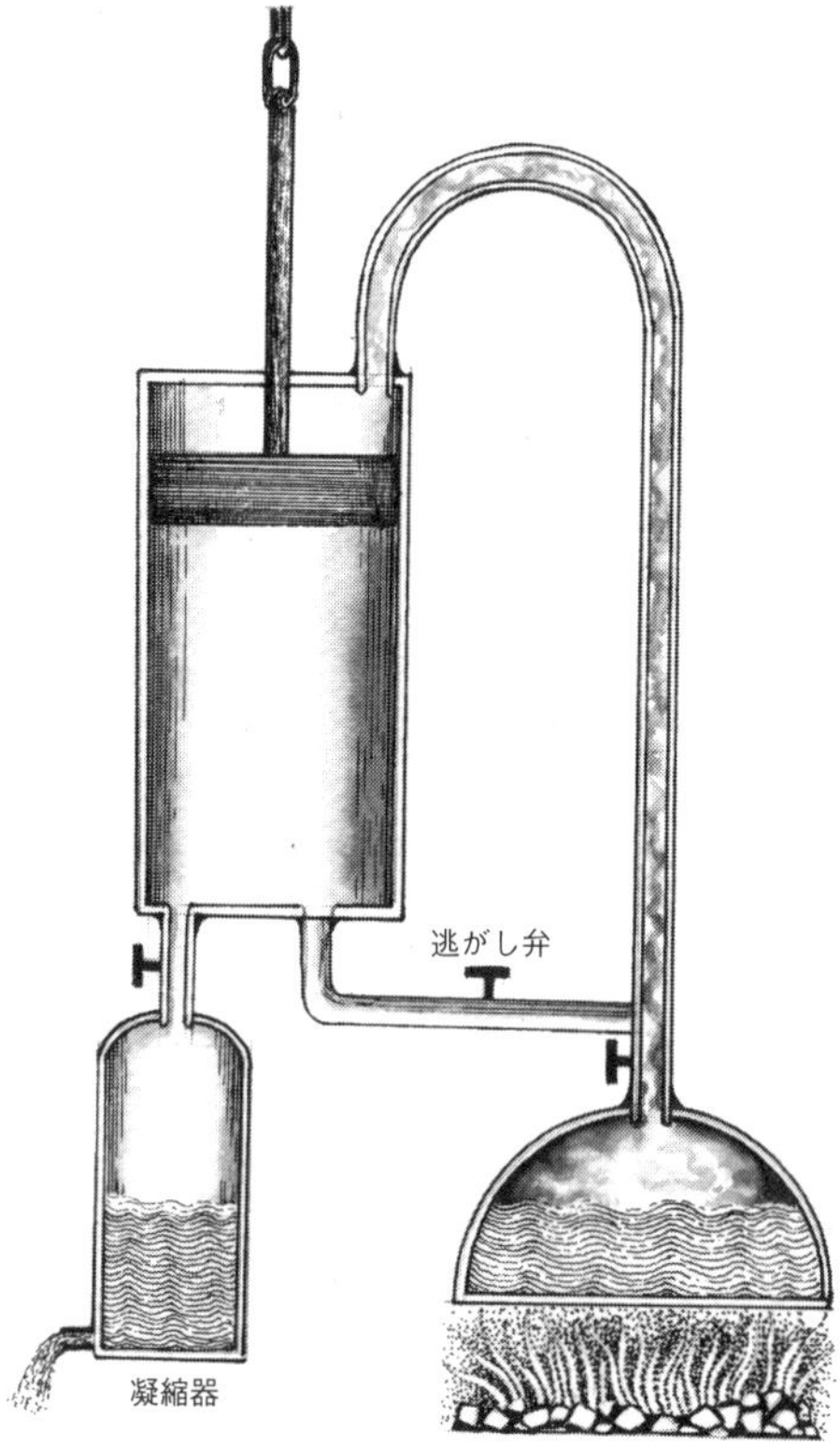

逃がし弁
凝縮器

ワットの蒸気機関の重要な特徴を抜き出した模式図

る。水蒸気の圧力が下がると、ピストンはもとの位置に戻る。

カルノーの導き出した結論は、総量の変化しない熱素が熱い炉から冷たい凝縮器へと流れ、その流れによって発動力が発生するというものだった。カルノーはこれを水の流れにたとえた。水が流れ下って水車が回っても、水自体は減らない。それと同じように、熱が冷たい方に流れて蒸気機関を駆動させても、熱自体は減らないというのだ。

熱素説を信じたという点こそ間違ってはいたが、それがカルノーにとって最初のひらめきへとつながった。水がどんなに大量にあろうが、流れ下っていなければ発動力は生み出されない。それと同じように、熱がどんなに大量にあろうが、その熱が「流れ下る」ための温度差がなければ発動力は生み出されない。巨大な高温の炉の中に蒸気機関を丸ごと入れても動作しない。水蒸気を冷却して凝縮させ、ピストンをシリンダーの上方に戻す術(すべ)がないからだ。カルノーは次のように論じている。

「熱を発生させるだけでは、推進力を生み出すには十分でない。冷たい場所も必要である。それがなければ熱は役に立たない」

この一文によって、熱力学の歴史は最初の一歩を踏み出したのだ。

続いてカルノーは、当時の技術者を悩ませていたある疑問に取り組んでいる。「熱から発動力を引き出す機械に使用する物質としては、水蒸気がもっとも優れているのか」という疑問だ。水蒸気だけでなくどんな気体でも、膨張する際には圧力をおよぼす。したがってどんな気体でもピストンを押し出すことができる。そこで、もしかしたら蒸気機関よりも、たとえば空気やアルコールの蒸気を使った機械の方が、同じ量の熱からもっと多くの発動力を生み出せるのではないか？　蒸気機関よりもそのような機械の方が、たとえば石炭一キログラムを燃やして得られる熱を使って、同じ重さの錘(おもり)をもっと高い位置まで持ち上げられるのではないか？

その答えを探るためにカルノーは、実際の機械の詳細な仕様はすべて無視した。父親から学んだ戦略に従って、代わりに想像上の機械を考えたのだ。

カルノーは読者に、理想的な蒸気機関を思い描くよう求めている。その蒸気機関は、一定量の熱が高温の場所から低温の場所へ流れることで、最大限の発動力を生み出す、つまり一定の重さの錘をもっとも高いところまで持ち上げられる（説明を単純にするために、ここからは熱源を「炉」、熱が流れ込む低温の場所を「シンク」と呼ぶことにする）。

続いてカルノーは、その逆のプロセス、つまり発動力を使って熱を低温の場所から高温の場所に流すような、想像上の機械を提案している。現代でいうところのヒートポンプや冷蔵庫に相当する代物だ。ここでもカルノーは技術的詳細には目もくれなかった。高温の場所から低温の場所へ熱が流れることで発動力が生み出されて、錘が持ち上がるのであれば、その逆の働きをする機械も存在するはずだ。その機械は、錘を落下させることで得られた発動力を使って、熱を低温のシンクから高温の炉へむりやり逆流させる。まさに水車とポンプの関係と同じだ。水車は水が流れ下るのを利用して発動力を生み出し、ポンプは発動力を利用して水を高いところに汲み上げる。

ここでカルノーの論法に従い、ある理想的な蒸気機関を思い浮かべてほしい。炉から一〇〇カロリーの熱を受け取って、五〇キログラムの錘を一〇メートル持ち上げ、この熱をシンクに捨てる装置だ。

次に、五〇キログラムの錘を一〇メートル落下させることで、一〇〇カロリーの熱をシンクから取り出して炉に注ぎこむ、理想的な「逆機関」を思い浮かべてほしい。

では、この二つの想像上の機械を連結させたら、いったい何が起こるだろうか？　つまり、理想的な

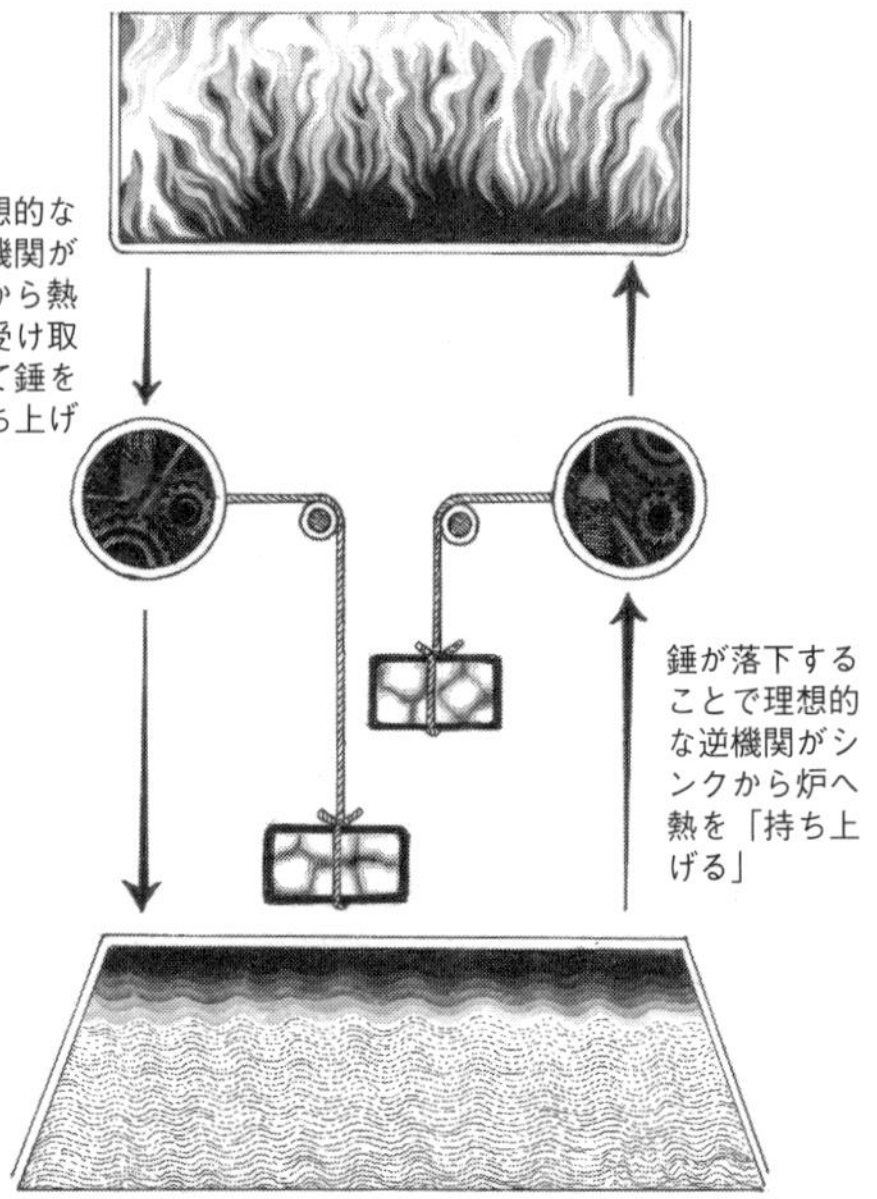

理想的な順機関が理想的な逆機関を駆動させる

「順機関」が発生させた発動力を使って、「逆機関」を駆動させるのだ。

熱を炉から理想的な機関を通ってシンクに流し、錘を持ち上げる。

その錘を理想的な逆機関につないで落下させ、熱をシンクから炉へ「持ち上げる」。

この仕掛けは永遠に動作しつづけるだろう。[*12] 一〇〇カロリーの熱が炉から順機関を通ってシンクに流れ、それとともに五〇キログラムの錘が持ち上がる。その錘を逆機関につないで落下させると、一〇〇カロリーの熱がシンクから取り出されて、再び炉に補給される。その熱が順機関を駆動させて、再び錘が持ち上がる。これが繰り返されるのだ。

注目すべきは、この炉がいっさい熱を失わず、しかも錘が永遠に上下しつづけることだ。[*13] だが重要な点として、このシステムは有用な発動力をいっさい提供しない。順機関で生成した発動力はすべて逆機関で使われてしまう。水を汲み上げるなど、何か役に立つことをするための発動力はいっさい残らないのだ。

ここでカルノーは天才ぶりを発揮する。空気やアルコール蒸気など、水蒸気とは別の気体を使う、もう一つの想像上の機関を思い浮かべたのだ。その気体は水蒸気よりも優れていて、それを利用する機関は蒸気機関よりも効率が良い。どのくらい効率が良いのか？　たとえば、同じ炉から同じシンクへ同じ一〇〇カロリーの熱を流すことで、五〇キログラムの錘を一〇メートルでなく一二メートル持ち上げられるとしよう。*14

先ほどと同じように、（水蒸気とは違う気体を用いる）この「超理想的な」機関を使って、理想的な逆機関を駆動させる。まず、一〇〇カロリーの熱が超理想的な機関に流れ込む。しかしこの超理想的な機関は錘を一二メートル持ち上げるので、逆機関に加えて、たとえばポンプも駆動させることができる。逆機関が一〇〇カロリーの熱を炉に戻すには、錘を一〇メートル落下させればいい。しかし超理想的な機関を組み合わせれば、各サイクルの最後に錘をさらに二メートル落下させることができるのだ。

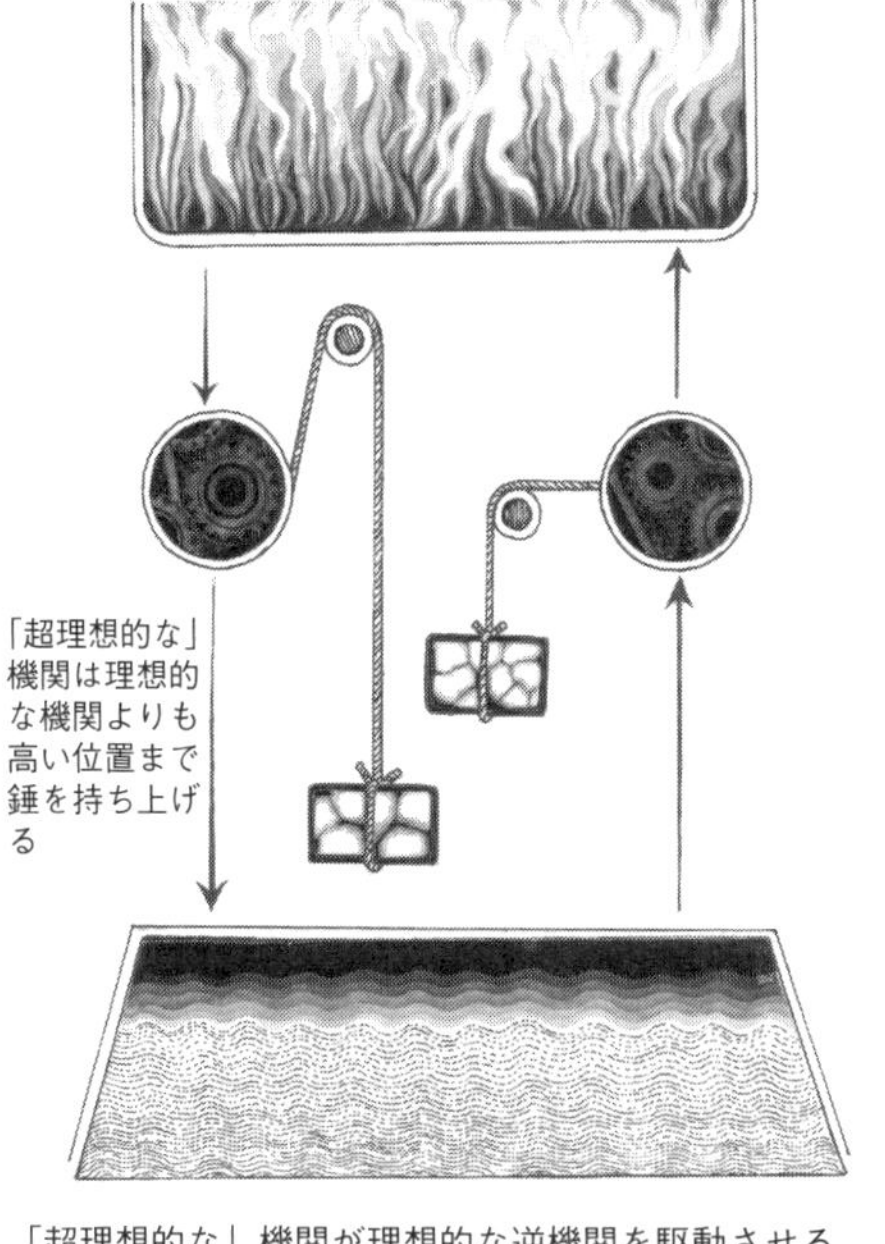

「超理想的な」機関が理想的な逆機関を駆動させる

このいわば「残った落下距離」を使えば、水を汲み上げることができる。各サイクルで過剰な「落下パワー」が発生するのだ。このような機械であれば、燃料をいっさい消費せずに有用な仕事ができるはずだ。

しかしそのような機械は存在しようがないと、カルノーは言い切っている。そのような永久機関は実現不可能であることが、はるか昔から分かっていた。何百年ものあいだ人々は、動物や水流や風などをいっさい使わずに有用な働きができる装置を夢見ていた。しかしそのような装置が作られたことは一度もなく、一七七五年にパリ王立科学アカデミーは、永久運動に関する提案を今後はいっさい検討に掛けないと発表した。サディの父ラザールも、水車の働きを解析した論文の中で、同じく永久運動は実現不可能であるという前提に基づいて、水車から引き出すことのできる有用な仕事の量の上限をはじき出していた。サディ・カルノーの天才ぶりは、それと同じロジックが蒸気機関にも見事に通用することに気づいたところにある。サディは次のように論じている。

「いかなる手段であれ、永久運動を生み出そうという試みはことごとく不毛に終わっている。つまり、まさしく永久的な運動、装置にいっさい変化を与えずとも永遠に続く運動を生み出すことには、一度も成功していない。そうではないだろうか？」

カルノーは考えた。永久運動が実現不可能であるのなら、理想的な蒸気機関よりも多くの発動力を生み出す機関も実現不可能である。

「そのような機械は、現在受け入れられている考え方、力学の諸法則や合理的な物理学の諸法則と完全に矛盾していて、許容しようがない。ゆえに次のように結論づけるべきである。水蒸気を用いて得られる発動力の最大量は、あらゆる手段において実現可能な発動力の最大量でもある」

この結論を強調体で書いたのはカルノー本人である。カルノーは、水蒸気が最適な物質であると述べるのではなく、どんな気体や物質を使うか、どのような構造であるかにかかわらず、すべての理想的な機関が等しい性能を発揮すると論じたのだ。蒸気を用いる理想的な機関と空気を用いる理想的な機関は、見た目はまったく違うかもしれないが、同じ炉とシンクを使って作動させれば、どちらも同じ高さまで錘を持ち上げる。したがって、水蒸気や空気など、機関を作動させる物質そのものが発動力を提供するのではなく、すべては熱の流れによってもたらされるのだ。[*15]

カルノーは理想化された形の蒸気機関について考察することで、どんな技術者も気づかなかった、現実世界の蒸気機関に関する真理を解き明かした。それまでほとんどの技術者は、機械に使う作動物質が発動力の発生に何らかの役割を果たしていると思っていたのだ。

カルノーの論証を具体的にイメージするために、水車について考えてみよう。一定の流量に対して水車が発生させることのできる出力の上限は、水の落ちる高さによって決まってしまう。どんなに工夫してもその上限を引き上げることはできない。水車の出力を上げるには、水の落ちる高さを高くするしかない。それと同じように、どんな熱機関でも、一定量の熱の流れから発生させられる出力の上限は、炉とシンクの温度差によって決まってしまう。その上限を引き上げるには、温度差を大きくするしかない。逆に、温度差が小さくなれば出力も下がる。

カルノーはまた、一定の温度差における熱の流れで最大限の発動力を発生させるための方法についても分析した。典型的な機関では、熱によって水蒸気などの気体を膨張させてピストンを押す。理想的な機関では、その熱が漏れなどによって失われずに、すべて気体の膨張に使われるようになっていなければならない（詳しくは付録1を見よ）。

このことからカルノーは、当時の実際の蒸気機関がとんでもなく無駄が多いことに気づいた。膨張してピストンを押し出すときの水蒸気の最高温度は、カルノーの計算によれば摂氏一六〇度を少し超えていた。[*16]凝縮するときの最低温度は摂氏約四〇度。したがって、摂氏約一二〇度の温度差から発動力を引き出していることになる。しかし、石炭を燃焼させている炉の温度は摂氏一〇〇〇度を超えているのだから、もっとずっと大きい、摂氏九〇〇度以上という温度差を無駄にしていることになるのだ。

再び水車のたとえが役に立つ。落差一〇メートルの滝を思い浮かべてほしい。そしてその滝の一番下でなく、てっぺんからわずか一メートル下の場所に水車を設置する。直感的に考えて、流れる水のパワーの大部分を無駄にしているのは明らかだ。蒸気機関もそれと同じように熱の流れを無駄にしているのだ。

それを改善するにはどうすればいいのか？　カルノーいわく、その一つの方法は、ピストンを押し出す物質として空気を使うことである。空気には酸素が含まれているので、蒸気機関と違って燃料を外部のボイラーの中で燃やすのでなく、シリンダーの中で燃焼させて熱を発生させることができる。「そうすればかなりの無駄を減らせるだろう」とカルノーは述べている。空気にはもう一つ、水蒸気よりも「比熱」が小さいという長所がある。要するに、同量の空気と水蒸気を比べた場合、同じ量の熱を加えたときに水蒸気よりも空気の方が温度が大きく上がるということだ。ということは、同じ量の熱の流れで、蒸気機関よりも空気を用いた熱機関の方がもっと大きい温度差で駆動させることができ、そのため効率も上がる。「熱による発動力の発生に空気を用いれば、水蒸気よりも著しく有利となることは間違いないだろう」とカルノーは書いている。この予測が実現するのは一九世紀末、内燃機関が登場したときだった。内燃機関では、シリンダーの中でガソリンを燃やすことで、空気の温度を摂氏一〇〇〇度よりもはるかに高くまで上げる。一八九三年に内燃機関の理論を発表したルドルフ・ディーゼルは、カルノーのアイデアに着想を得たのだった。[*17]

カルノーのこの論文は壮大な科学的成果であり、豊かな想像力と、証拠に基づいて慎重に推論する精神とがタッグを組んだ産物である。その遺産はあちこちに転がっている。内燃機関やジェットエンジン、発電機の巨大なタービン、さらには人間を月まで運んだロケットまですべて、発動力を発生させるには高温の場所から低温の場所へ熱が流れることが必要であるという、カルノーの発見に基づいているのだ。それよりはとらえにくいが同じく重要なこととして、この宇宙を解明しようという営みにも、カルノーの研究成果は役割を果たしている。

一八二四年夏、カルノーは『火の発動力についての考察』を自費出版した。二八歳のことだった。もしかしたら、幅広く読まれていた母校エコール・ポリテクニークの学術誌に投稿した方が良かったのかもしれない。だがその文体と、社会や政治に関する言及、そして抽象的な論証を考えると、ふさわしくなかったのだろうか。ともかくカルノーは自費出版の費用として四五九・九九フランを支払った。軍からの半額の給料で生活していたことを考えると、経済的にかなりの負担だったに違いない。[*18] 六〇〇部が刷られ、一冊三フランで一八二四年六月一二日に発売された。何冊売れたかの記録は残っていない。同じ月に要約がパリ王立科学アカデミーの会合で朗読されたが、フランスを代表する科学者たちがその発表を記憶に留めたという記録もないし、カルノーがその場に居合わせて自説を売り込んだという証拠も残っていない。

一八二〇年代後半になると、サディ・カルノーはフランスの政治の混乱にたびたび巻き込まれるようになった。そして一八二八年に軍から除隊になり、その後は何らかの形で雇用された様子は見られない。ただし、技術者の職に就こうとしていることをほのめかす手紙は残っている。

『火の発動力についての考察』を出版してから何年かのあいだ、カルノーは自らの研究成果を信用できなくなっていたらしい。カルノーの個人的な文書はほとんど残っていないが、しっかりと綴じられていない二三ページにおよぶ文書の束が弟の手で見つかっている。『数学や物理学などいくつかの分野に関する覚え書き』というタイトルが付けられたその文書を読むと、『考察』の鍵となった仮定、つまり熱の正体は熱素という不滅の流体であるという仮定に、カルノー自身が疑いを抱いていたことが分かる。熱がたとえばピストンを押し出すなど顕著な作用を与えた場合について考察する中で、「熱の量はもはや一定ではありえない」と記しているのだ。後から考えれば、この懸念はカルノーが非の打ち所のない科学的直感力を持っていた証拠だとも読み取れる。しかしカルノー本人にとっては、低温の場所がなければ熱は役に立たないという、自らの鍵となるひらめきに疑いを抱いていたのかもしれない。しかも、もし熱の正体が熱素でなく、熱素が高温の場所から低温の場所へ流れることで発動力が発生するのでないとしたら、カルノーの仮説全体が揺らいでしまう。「熱の発動力の発生において低温の物体が必要であるのはなぜか、それを説明するのは難しいだろう」とカルノーは記している。発動力を生み出すには熱が高温の場所から低温の場所へ流れなければならないというカルノーのひらめきと、この想像上の熱素流体とをどうやって結びつけるのか、その問題が本書の物語の次なる転換点となる。

だが残念なことに、カルノーがこれ以上の役割を果たすことはなかった。一八三二年、理由は定かでないが、カルノーはパリ郊外のイヴリーにある精神科病院に入院した。そして、入院中にフランス全土で流行したコレラに倒れた。我々が垣間見られる最後のサディ・カルノーは、高熱と精神的苦痛に襲われて、自分の研究成果のとてつもない重要性をいっさい知らずに死んでゆく姿である。[*19] 精神科病院の記録には次のように記されている。「カルノー・ラザール・サディ氏、元軍事技術者、一八三二年八月三日に躁(そう)病で入院。躁病は完治。一八三二年八月二四日、コレラにより死亡」

享年三六だった。

第3章　創造主の命令　ジュールの歴史的実験

私には動力船も馬車も印刷機もない。私の目的は、正しい原理を最初に発見することである。

――ジェイムズ・ジュール[*1]

一八四二年五月二四日、二〇代の兄弟二人が、イングランド湖水地方で最大の湖、ウィンダミア湖の中ほどへボートで向かった。[*2] 兄がオールを漕ぐ傍らで、わずかだがはっきりと身をかがめて座る弟が、ピストルにせっせと火薬を詰めていた。何のために？　山で反響する発砲音に耳を傾けて、こだまについて調べるためだ。弟ジェイムズ・ジュールは、確実に大きな音を出すために、通常の三倍の量の火薬をピストルに詰めた。すると発射の反動でピストルが飛び、湖に落ちてしまった。このように、ジュールは生涯にわたって科学実験に夢中で、若い頃は健康や安全なんてほとんど気に留めなかった。あるときなどは、銃の暴発で眉毛が吹き飛んだ。自分や友人に電気ショックを与える実験もおこなった。とりわけ残酷だったのが、召使いの少女に高電圧の電池で電気ショックを与えながら、どんな感じがするのか答えさせるという実験だ。ジュールは電圧をどんどんと上げていき、最後には少女は失神してしまった。

ジェイムズ・プレスコット・ジュールは、一八一八年にイングランド北西部のランカシャー州サルフォードで、醸造家の五人の子供の二番目として生まれた。その四〇年ほど前、当時はありふれた市場町だった近郊のマンチェスターに、リチャード・アークライトが、蒸気機関を使った世界初の綿紡績工場を建てた。それから四〇年のあいだに何人もの実業家が大量生産の工場システムをいち早く取り入れて、さらに数十棟の工場が出現し、マンチェスターの街なかは人であふれかえっていった。国じゅうから人が集まって、一八〇一年から三〇年までに人口がおよそ二倍の約一四万に増え、この町はコットノポリス（コットン〔綿〕＋メトロポリス）と呼ばれるようになった。[*3] 醸造業を営むジュール家も繁栄した。新たな労働者たちがのどを潤したがったおかげでビールの需要が急増し、ジュールが生まれて間もなく、父親はスウィントン郊外の高級住宅地に大きな邸宅を買い、使用人を六人も雇った。

ジュールは、本人の説明によれば病弱で、二〇歳になるまで背骨の病気で定期的に治療を受けており、そのせいで少々猫背だった。少年時代は内気で兄にべったりだったため、両親は兄弟が離ればなれにならないよう、二人を自宅で教育することにした。一家が裕福だったおかげで、ジュールは一六歳のとき、有名な化学者のジョン・ドルトンの個人授業を受けはじめた。

一〇代のうちに一家の醸造所で働きはじめたジュールは、それから二〇年近くにわたって家業に積極的に携わることとなる。初めのうちは毎日朝九時から夕方六時まで醸造所に籠もっていた。そしてそこで出合った、液体を攪拌（かくはん）して温度を精確に調節するポンプや桶が、ジュールの研究の方向性を決定する。それらの装置によってジュールは、サディ・カルノーの科学と衝突する道を歩みはじめたのだ。

蒸気機関に夢中だったカルノーにとってもっとも重要な疑問、それは、一定量の熱から最大量の発動力を生み出すにはどうすればいいかだった。しかしジュールは環境に後押しされて、そこからさらに先へ進み、発動力の源として熱よりも優れたものが何かあるのだろうかと考えた。一家の醸造所では蒸気機関を使っていて、ジュールは操業のためにどれだけの量の石炭が使われるのかを知っていた。そこで、収益への関心と科学への強い興味とが相まって、発明されたばかりの電気モーターを使えば、石炭を燃やすよりも低いコストで醸造所のポンプや攪拌機を動かせるのではないかと思いついた。

電気モーターは一八三〇年代前半に発明され、わずか数年で大流行した。「電気ブーム」が西洋世界を席巻したのだ。[*4] ロンドン電気学会など数々の学会が設立されたし、ロシア皇帝もアメリカ政府も、この新たな装置で船を走らせたり列車を牽引(けんいん)したりできないかを見極める研究に資金を提供した。マンチェスターでは『電気紀要』(*The Annals of Electricity*)という雑誌が発刊された。ジュール家の友人が編集者を務めたこの無名の学術誌に、ジュールの初期の論文の大半が掲載されることとなる。

一八四〇年にジュールは、自宅に設置した実験室で電池や電磁石やモーターを組み立てて、それらの振る舞いを調べはじめた。[*5] そうして初めのうちに発見した事柄の一つが、生涯でもっとも重要なものとなる。電線に電流を流すと電線が熱くなることに気づいたのだ。要するに、電気はモーターを回転させるという仕事をするだけでなく、熱も生み出すのだ(これ以降はカルノーの言う発動力のことを「仕事」と呼ぶことにする。すなわち仕事とは、ある重さのものをある高さだけ持ち上げるのに必要な労力の大きさのことである)。

電気が熱を発生させることを発見したジュールは、熱は生成も消滅もしないとする熱素説はどこか間違っているのではないかと考えるようになった。ジュールの目には、電気は電線を流れる際に実際に熱を生み出しているように見えたのだ。

ジュールは持ち前の勤勉さでその効果を測定し、熱素説の真偽にかかわらず、発生する熱と電流の強さと電線の抵抗とのあいだに数学的関係が存在することを導き出した。そしてこの発見の重要性を確信して、『電気紀要』の読者よりも幅広い人々に伝えるべきと考え、イギリスでもっとも権威ある学術誌、『王立協会会報』（*The Transactions of the Royal Society*）にその結果を記した論文を送った。[*6] ジュールが導いた方程式はいまでは高校の物理でも教えられていて、あらゆる電気トースターの動作原理にもなっているが、『王立協会会報』の編集者はこの論文を却下し、その要約を格下の姉妹紙に掲載することのみを許可した。ここからジュールは、自分の研究成果を幅広い科学界に伝えることに立てつづけに失敗していく。

一八四〇年から四一年にかけてジュールは電気実験の腕を磨き、電気モーターと蒸気機関とではどちらのほうが仕事を引き出すためのコストが低いかを調べることに集中した。当時の電池は、酸を入れた容器の中に亜鉛の板を吊した構造だった。亜鉛が酸に溶ける際に電気が発生し、その電気でモーターが駆動して、錘を引き上げるという仕事をする。ジュールは、自分の実験装置の場合、亜鉛一ポンド（約四五〇グラム）が溶けるごとに重さ三三万一四〇〇ポンド（約一五〇トン）の錘を一フィート（約三〇センチメートル）引き上げることができるとはじき出した。コストの観点では石炭を使った蒸気機関よりもはるかに劣っていた。蒸気機関では、亜鉛よりもはるかに安い石炭を一ポンド燃やすごとに、電気モーターの五倍、一五〇万ポンド（約六八〇トン）もの重さの錘を一フィート引き上げられたのだ。

この発見によって、一家の醸造所の蒸気機関を電気モーターに置き換えるというアイデアは潰（つい）えた。「電気磁気牽引力を経済的な動力源とするという発想はほぼあきらめた」とジュールは記している。しかし重要な点として、この研究を通じてジュールは、仕事を生み出す方法を互いに数値的に比較できることに気づいたのだった。

次にジュールは、仕事を電気に変換する装置、すなわち発電機の実験に取りかかった。自転車の車輪に取り付けられているような発電機は、電線を巻いて作ったコイルの中に磁石を差し込んだ構造をしている。ペダルを漕ぐと車輪によって磁石が回転し、それによってコイルの中に電流が流れる。ジュールは、発電機によって発生した電気も、電池から流れる電気と同じように電線を加熱することに気づいた。そうして、すでに疑いを抱いていた熱素説の真偽を検証する方法を思いついた。

ジュールは、電流によって熱が発生する現象は以下の二通りの方法のいずれかで説明できると考えた。

1．ほとんどの科学者が考えていたとおり、熱の正体は熱素である。もしそうだとしたら、発電機が電線を加熱するには、内部のどこかから電線に熱素を送り込まなければならない。しかしその場合、熱素が回路に流れ出していくにつれて、発電機の中のコイルは冷たくなっていくはずだ。

2．電流は電線を流れるにつれて熱に変換される。

そこでジュールは一八四二年後半から四三年前半にかけて、どちらの説明が正しいか白黒付けるための画期的な実験を立てつづけにおこなった。その実験のために、手回し式発電機に巧妙な手を加えた*7。電流を発生させるコイルをガラス管の中に入れて、そこに水を満たし、コイルの温度変化を検知できるようにしたのだ。もしも熱素説が正しければ、発電機を回転させて電気を発生させるにつれて、熱素がコイルから流れ出して、コイルを沈めた水は冷たくなるはずだ。

実験をしたところ、その逆のことが起こった。コイルは冷たくなるどころか熱くなったのだ。しかも、発電機の回転を速くして発生する電流を強くすると、コイルを沈めた水はさらに熱くなった。発電機が熱素をある場所から別の場所に運んでいるのではなく、発電機で発生した電気が熱を生み出しているようにしか思えなかった。

さらに調べを進めるために、ジュールは発電機に電池をつないでみた。すると発電機を回転させなくても、電池から発電機のコイルに電気が流れて、コイルが熱くなった。それは予想どおりの結果で、ジュールはかなり前に、電池から流れる電流によって電線が熱くなることには気づいていた。しかし、発電機を電池につないだまま回転させてみたところ、もっと驚くことが起こった。発電機をある方向（たとえば時計回り）に回転させると、それによって発生した電流と電池から流れる電流とが足し合わされて、コイルを沈めた水が、発電機を回転させなかった場合よりもさらに熱くなったのだ。[*8] そこで次に、発電機を反対の方向（反時計回り）に回転させて、発生した電流が電池から流れる電流と逆方向になるようにした。するど、水の温度はやはり上がるものの、その上昇分は小さくなった。それはまるで、電池から流れる電流によって発生した熱の一部を、発電機で発生した電気が打ち消しているかのようだった。

ジュールはこの結果が意味するところをはっきりと理解し、自信たっぷりに次のように記した。「ゆえに磁気電気の中には、単純な力学的手段によって熱を破壊したり生成したりできる何らかの作因が存在する」

ジュールは、この実験装置は二段階のプロセスで作動すると考えた。まず、発電機を回すという仕事が電気を発生させ、次に、その電気が流れることで熱が生み出されるということだ。そうだとすると、この装置における熱のおおもとの源は仕事であって、電気は仲立ちにすぎないことになる。

続いてジュールは、このプロセスを定量化することにした。仕事が熱に変わるとしたら、ある量の熱を生み出すにはどれだけの仕事が必要なのか？　このときジュールはすでに、仕事と熱は相互変換可能だと考えるようになっていた。ちょうどドルとポンドのようなものだ。どちらも通貨であって、交換レートさえ知っていれば一ポンドが何ドルに相当するか分かる。ジュールは、仕事と熱のあいだにも「交換レート」があるはずだと考えた。そしてそれを「熱の仕事当量」と名付け、その値をはじき出すことにした。

そこで、ロープと滑車を介して発電機に錘をつないだ。錘が落下すると発電機が回転して、電気が、さらに熱が発生し、先ほどと同じようにガラス管の中の水が熱くなる。こうして、ある重さの錘が落下する高さと、生み出される熱の量とを対応づけられるようにした。つまり熱の仕事当量を測定できるようにしたのだ。

ジュールは、一ポンド（約四五〇グラム）の水の温度を華氏一度（摂氏約〇・五六度）上げるのに必要な熱の量を、「一単位の熱」と定義した。また、一ポンドの錘を一フィート（約三〇センチメートル）落下させることで得られる仕事の量を一単位の仕事と定義し、それを一フィートポンドと名付けた。そうして数週間かけて、細心の注意を払いながらさまざまな実験を丹念におこなった。骨の折れる困難な実験だった。何よりも、電流が発生させる熱によってガラス管の中の水の温度は最大でも華氏三度（摂氏約一・七度）しか上がらず、手持ちの温度計ではぎりぎり測定できるかできないかだった。しかも、発電機で発生する電気以外の原因で温度が変化することがないよう、装置を断熱するのにも手間取った。

ジュールは何週間も実験を重ねた末に、信頼できる結果が得られたと確信した。しかも、仕事と熱のあいだには実際に一定の変換レートが存在することが明らかになった。だがその値を正確に特定するのは困難で、熱一単位あたり七五〇から一〇〇〇フィートポンドのあいだとまでしか分からなかったため、ジュールはすべての測定結果の平均を取った。

「一ポンドの水の温度を華氏一度上げることのできる熱の量は、八三八ポンド（約三八〇キログラム）の錘を鉛直に一フィート持ち上げることのできる力学的な力と等価で、それに変換することができる」

現代の目から見ると、ジュールは自らの結果を少々過信しすぎていたようにも思える。その自信の一端は、子供の頃の育てられ方と信仰から来ていた。保守的な政治観を持っていて敬虔なキリスト教徒だったジュールは、科学研究を「本質的に神聖なる営み」ととらえ、神はこの宇宙に、変化や運動を引き起こす一定量の非物質的存在を授けたのだと信じていた。[*9] 電気や仕事や熱は、その非物質的存在の相異なる姿にすぎないというのだ。互いに変換することはあっても、総量は変わらない。ジュールは論文の最後のほうに次のように書いている。「自然の大いなる作因は、創造主の命令のもと、けっして消滅しない。いかなる場所で力学的な力が費やされても、それと正確に等価な熱が必ず得られる」[*10]

ジュールが「自然の大いなる作因」と呼んだものは、今日で言うところの「エネルギー」に相当する。ジュールは宗教的な言い回しを使っているが、その根底には、現代の科学者がエネルギー保存則や熱力学の第一法則と呼んでいる原理が隠されているのだ。

一八四三年夏、ジュールはこの発見を広く知らせようと、アイルランド南岸のコークに渡って、イギリス科学振興協会（ＢＡＡＳ）の会合に出席した。ＢＡＡＳは、王立協会の保守的でエリート主義の体質に失望したイギリス人科学者たちによって一〇年前に創設されていた。最初の何回かの会合では、「科学者」という言葉自体が議題になった。[*11] この言葉を使う狙いは、「物質世界の知識を学ぶ者」というスローガンのもとで皆が結束することだった。そんなＢＡＡＳはジュールの研究を高く評価して、熱の仕事当量に関する講演を依頼したが、のちにジュール本人が記しているように「この話題はさほど幅広い関心を集めなかった」[*12]。なぜか？　その一因は、多くの科学者がすでに確立されたものととらえていた熱素説に、いわば門外漢のジュールが横槍を入れてきたことだった。[*13] しかもジュールにはカリスマ性がなかった。服装は「陳腐の極み」、立ち居振る舞いは「おじおじしていて」、「生まれ持った上品さもなければ、スピーチ力もなかった」。科学史上屈指の重要性を帯びた証拠を発表する際にも、話し方はたどたどしかった。翌年、王立協会にさらに別の論文を投稿したが、またもや掲載は拒否されてしまった。

それでもジュールはくじけずに、熱と仕事が相互に変換可能であることを有無を言わさぬ形で証明しようと決心し、研究を続けた。そうして次におこなったのが、もっとも有名で、発想としてはもっとも単純な実験である。以前は、電気を仲立ちとして仕事が熱に変わることを証明した。そこで今度は、電気の仲立ちは必ずしも必要なく、仕事を直接に熱に変換できることを示したいと思ったのだ。そのために、二つの物体をこすり合わせると摩擦によって熱が発生するという、広く知られていた事実に着目した。このプロセスによって仕事が熱に変わる際の「交換レート」が、以前の発電機の実験における値と同じであることを示せれば、自らの主張をさらに裏付けることができる。

その実験のためにジュールは、醸造家にはお馴染みだったはずのある装置からヒントを得た。発酵処理の一工程として、桶の中でホップと大麦の混合物を機械的に攪拌する装置である。ジュールはそれを小型化した、次のような実験装置を考案した。高さ約一フィート（約三〇センチメートル）、直径約八インチ（約二〇センチメートル）の金属製の円筒容器を作り、それを水で満たす。そしてその中に、回転によって水を攪拌する「水かき車」を差し込む。水かき車の羽根と水とのあいだに働く摩擦力によって熱が発生し、水の温度が上がるという算段だ。さらに発電機を使った実験と同じく、水かき車の軸にロープと滑車を介して錘をつないだ。錘が落下すると水かき車が回り、水が温まる。こうすれば、ある重さの錘をある高さだけ落下させることでなされる仕事と、水の温度上昇とを対応づけることができる。

この実験で難しかったのは、水の温度上昇をできるだけ精確に測定することだった。ジュールの使った温度計は、細いガラス管に水銀を封入したもので、温度の変化とともに水銀が膨張・収縮するという仕掛けだった。最初の頃の実験では、水かき車を激しく回転させても水の温度は華氏一度（摂氏約〇・五六度）も上がらなかった。確かに水銀は膨張するが、肉眼でかろうじて見える程度の量で、熱の仕事当量をはじき出すにはあまりにも小さかった。

幸いにもジュールは一八四〇年代半ば、マンチェスターでレンズや眼鏡を作る職人、ジョン・ベンジャミン・ダンサーと会ったことがあった。ダンサーは、印画紙に一ミリメートル四方ほどの微小な像をプリントする、マイクロ写真術という技術を開発して名を挙げていた。そして自作の顕微鏡でそのマイクロ写真を拡大し、人々に見せていた。マイクロ写真術は科学研究のために発明されたものではなく、十戒の写本やセントポール大聖堂などの写真に使われていたが、ジュールはその小さいものを拡大する技術が役に立つことに気づいた。そこで、水銀柱のわずかな変化を拡大して精確に測定できるよう、レンズを取り付けた温度計の製作をダンサーに依頼した。

ジュールの説明によれば、ダンサーの製作した温度計によって、華氏〇・一度（摂氏約〇・〇五六度）未満の精度で温度を測定できるようになったという。そして水かき車の装置を使って実験したところ、発電機の実験で得られた結果が裏付けられた。発電機の実験では、熱の仕事当量は八三一フィートポンドと算出されていた。そして今度の実験では、七八一・五フィートポンドという値が得られた。さらにマッコウクジラの油を使って同じ実験をしたところ、七八一・八フィートポンドという、やはり近い値になった。

これらの実験はさまざまな条件や物質で何度も繰り返され、そのいずれでも、熱の仕事当量として八〇〇フィートポンドより少し小さい値が得られた。熱の仕事当量という概念が成り立つことに自信を深めたジュールは、再び人々に耳を傾けさせようとした。一八四七年四月二八日、マンチェスターの教会で一般大衆に向けて講演をおこない、得られた実験的証拠を示すとともに、エネルギー保存則が神の計画の一環であることを改めて説いたのだ。地元紙『マンチェスター新報』(*Manchester Courier*)がこの講演内容の全文を掲載し、ジュールはそれを友人たちに送った。しかし科学界は依然として無関心のままだった。

その夏、BAASの年次会合がオックスフォードで開かれ、再びジュールが招かれた。好意的な反応が返ってくるとは期待できなかったし、さらにまずいことに、ジュールの講演日にスケジュール調整の手違いがあった。[*14] 化学者の聴衆を前に講演する予定だったのに、主催者から、化学者たちは多忙で出席できないと告げられたのだ。そして代わりに、時間が空いている何人かの物理学者に向けて講演してくれと頼まれた。しかも、できるだけ短くまとめてくれときっぱり言われてしまう。

だがジュールと科学にとって、このスケジュールの混乱は思いがけない幸運だった。一〇年ものあいだ科学界に顧みられなかった末に、偶然とはいえ、ついにジュールの研究に関心を示しそうな人が聴衆の中に現れたのだ。講演が終わると、「この新理論への強い関心」を掻き立てられた一人の若者が立ち上がって、次々に質問をぶつけてきた。[*15] 質問したのはグラスゴー出身の二三歳、名前はウィリアム・トムソン、すでにイギリスを代表する科学者の一人とみなされていた人物だ。何年かのちにトムソンは、このときジュールと出会って興味と不信の両方を抱いたことを鮮明に振り返っている。「最初のうちは、これは立ち上がってジュールは間違っていると言わなければと感じたが、聴いていくにつれて、ジュールは間違いなく偉大な真理と偉大な発見をつかみ、もっとも重要な測定をおこなったんだと思うようになった[*16]」

このときトムソンは、ジュールの「偉大な発見」に厄介なジレンマを感じ取った。それまで二年間にわたって、サディ・カルノーによる簡潔な解釈を心から信じ切っていた。総量の変化しない熱素が高温の炉から低温のシンクへ流れるのに伴って、仕事が生み出されるとする解釈だ。ところがここに来て、マンチェスター出身のこの控えめな男が、熱素なんて存在しないと主張している。聴衆の多くと同じように、ジュールの示した証拠を無視するという安易な選択肢を取ってしまおうか。そもそも奇抜な温度計でしか測定できない、ごくわずかな温度上昇に基づいた主張なのだから。

しかしウィリアム・トムソンは、驚くべき科学的直感力の持ち主だった。そして、カルノーの説とジュールの実験結果は互いに相容れないように思えるが、どちらも真実なのではないかと考えた。両方とも正しいのではないだろうか？　しかしどうやったら？

数十年後、科学への貢献によりケルヴィン卿として爵位(しゃくい)を授かったウィリアム・トムソンは、ジュールの銅像の除幕式で、オックスフォードでのこの邂逅(かいこう)に尾ひれを付けて見事なストーリーに仕立て上げた。[*17] トムソンいわく、最初の出会いから数週間後の休日にアルプスのシャモニー近郊でハイキングを楽しんでいると、たまたまジュールと再会した。ジュールは新婚旅行の最中だったが、花嫁を馬車に残して、温度計を手にしながら滝を探していた。滝の一番下よりもてっぺんの方が温度が低いという仮説を確かめるためだ。それから二週間後、ジュールはいまだにサランシュの滝で温度差を測ろうとしていたので、トムソンは手伝うことにしたのだという。しかしこの逸話は、科学に対するジュールのひたむきさを伝えるためにトムソンが創作したものだろう。アルプスでジュールと出会ってからまもなくして父親に宛てた手紙には、温度計のことも滝の水温のことも書かれていない。それでも晩年のトムソンは、この逸話を「人生でもっともかけがえのない思い出の一つ」と形容している。

第4章　クライドの谷　トムソンの苦闘

カイノー？　そんな作家は知らないなあ。
——パリの書店店主がウィリアム・トムソンに

オックスフォードで二人が出会う二年前の一八四五年、ジュールがいまだマンチェスターの自宅の実験室で精を出していた一方で、ウィリアム・トムソンはパリの街なかを書店から書店へと渡り歩いては、サディ・カルノーの著書『火の発動力についての考察』を探していた。フランスのある科学誌でその本に関する記事をたまたま読んで、想像力を掻き立てられたのだ。その本が熱の正体の解明に向けた突破口になる、そう確信していた。しかしトムソンのフランス語がスコットランド訛りだったせいで、書店店主は客が探している本の作者がなかなか聞き取れなかった。トムソンがカルノー（Carnot）の〝r〟を大げさに発音してようやく分かってもらっても、サディの弟である政治家イポリット・カルノーによる「ある社会的疑問」に関する本を差し出される始末だった。[*1]

トムソンがパリに滞在していたのは、少年から偉大な科学者への道を目指す最終段階の教育を受けるためだった。[*2]トムソンは一八二四年にベルファストで生まれ、その八年後に父親がグラスゴー大学の数学教授に着任することになったために、一家でその町に移り住んだ。一五歳のときには、地球が球形になった過程の分析によって、そのグラスゴー大学で賞を受けた。一年後、フランス人大学者のジョゼフ・フーリエが著した『熱の解析的理論』（*Théorie analytique de la chaleur*）という本と出合ったことで、その早熟の数学的才能はさらに開花する。この本の特徴は、熱の正体にはいっさい触れていないことである。フーリエの狙いは、熱がどのように振る舞うか、とくにどのように流れるかを数学的に記述することにあった。例として、金属棒の一方の端が高温で、もう一方の端が低温であるという状態を考えてほしい。経験上、熱が高温の端から低温の端へ拡散して、最終的には棒全体の温度が均一になる。フーリエは、このような拡散の様子を数学的に記述できることを示した。その方法は当時としては型破りで、批判する者もいた。しかしわずか一六歳のトムソンは、フーリエの手法を事細かに擁護する論文を学術誌『ケンブリッジ数学ジャーナル』（*Cambridge Mathematics Journal*）で発表したのだった。[*3]

トムソンの才能を誇らしく思った父親は、ケンブリッジ大学で数学を学ぶよう息子をけしかけた。その二〇年前からケンブリッジ大学は、新世代の教授たちがヨーロッパの最新の数学を取り入れていて、イギリスの数学教育の中心地との評判を得ていた。そんなケンブリッジの同級生や教師たちが、トムソンの将来性を確信する。トムソンの論文を読んだ教授たちは、書いたのがまだ一〇代の少年であることを知って腰を抜かしたのだった。

そんな中、父親は、息子をグラスゴー大学の次の自然哲学教授に就任させるという計画を立てはじめる（一九世紀末、自然哲学という呼び方は「物理学」という現代的な呼び名に置き換わった）。だが、年老いてきて健康も優れなかったトムソンの父親にとって、一つの心配事は、ケンブリッジ大学の数学の学位を持っているだけではその教授の椅子に就けそうにないことだった。数学の学位は抽象的な論証能力がある証だが、実用重視の工業都市を代表する教育機関であるグラスゴー大学で重きが置かれる、物理現象の演示実験をおこなう能力があるかどうかは、また別問題だった。そんな中、トムソンの父親は、演示実験による科学教育にかけてはフランスが先頭を走っていると耳にしていた。そこで息子に、ケンブリッジで学位を取ったら、著名なフランス人学者への紹介状を書いてもらってパリへ渡り、実際に手を動かすようけしかけた。

パリへ渡ったトムソンは、蒸気の熱的性質に関する研究への資金提供をフランス政府から受けていた、実験物理学者のヴィクトル・ルニョーの助手として働いた（ルニョーもカルノーと同じく、革命政府による大衆教育への取り組みの恩恵を受けていた。八歳で孤児になって貧困にあえいでいたが、エコール・ポリテクニークで賞を取り、フランスを代表する科学者の一人にまで登りつめていた）。ルニョーの狭苦しい実験室で試験管を手に取ったり空気ポンプを操作したりする経験は、若いトムソンにとって考え方を一変させるものだった。水や水蒸気が温度変化に伴ってどのように振る舞うかを、トムソンはじかに観察した。勤勉なルニョーに付き従いながら、実験物理学では忍耐と精確さが大事であることも学んだ。そして何よりも重要なことに、「駆け出しの科学者としての我が母校である」[*4]このパリで、サディ・カルノーの学説と出合ったのだ。

一八四五年四月にトムソンはイギリスへ帰国したが、病弱の先任者が生に執着したために、グラスゴー大学の教授の座が空くまでさらに一年間待たされた。その間は、生計のためにケンブリッジ大学の学部生を教える傍ら、こつこつと集めたカルノーの学説に関する文献を読み込んでは考察を続けた。そして、やはり優秀な科学者だった二歳年上の兄ジェイムズと事細かに議論した。学生時代のジェイムズは、弟にはけっして及ばないもののグラスゴー大学で優秀な成績を収め、その後、イングランドやスコットランドのいくつもの会社で見習い工として働いた。ジェイムズは工学に夢中で、「一日中ずっと工学の話をして」[5]おり、ウィリアムとはぴったりのコンビだった。[6] ウィリアムは数学の才能があり、実験物理学も身につけていた。一方のジェイムズは、実際の蒸気機関を扱った経験があった。ウィリアムは機転の利く柔軟な考え方、ジェイムズは根気強くて頑固な考え方だった。二人は科学や工学について議論し合うのが何よりも好きだったが、相手の話を聞くのは苦手だった。「兄弟がお互いにしゃべってどちらも話を聞かないのを見ていると、おかしくてたまらない」[7]

そんなトムソン兄弟は、カルノーの解釈に真理の一端を感じ取った。ウィリアムがその抽象的な論証に魅力を感じる一方、船舶用の蒸気機関にしばらく関わっていたジェイムズは、その現実的な側面に注目した。いくら石炭が安価とはいえ、船舶用の蒸気機関には効率が求められていた。燃料の重量が船舶の積載量と航続距離に制約を与えていたからだ。ジェイムズは直感的に、蒸気機関の復水器を周囲の海水よりも高い温度にしておくのは無駄だと感じていた（復水器とは、水蒸気を水に戻してそれ以上ピストンを押し出させないようにするための装置である）。復水器の中の熱は何ら仕事をせず、捨てられるだけだ。そこでジェイムズは、海水と同じ温度で水蒸気を凝縮させる方法を見つけられれば、石炭の消費量を増やさずに航続距離を延ばせるはずだと考えた。まさにカルノーの解釈と合致する見方である。ジェイムズはウィリアムに、「これはすごく美しい論証だ」と説明している。[8]

一八四六年九月にグラスゴー大学の自然哲学教授が死去し、ウィリアム・トムソンがわずか二二歳でその跡を継いだ。そしてイギリス初の学部生向けの物理学実験室を立ち上げた。熱烈な教師として、学生からの評価は賛否両論だった。科学への情熱は学生の励みになったものの、しょっちゅう脱線して混乱させることも多かった。

トムソンは熱と水蒸気の性質の研究を最優先で進めた。マンチェスターと同じくグラスゴーでも産業活動がかつてなく高いレベルに達していただけに、それは当然のことだった。グラスゴーは織物業よりも造船業が盛んで、トムソンの教え子の中にも造船工や技術者の息子が何人もいた。一八四〇年代、グラスゴーを流れるクライド川では一〇日に一隻のペースで新たな船が建造されていた。[*9] 中でも最大級の蒸気船だった排水量一六〇九トンのシティ・オブ・グラスゴー号は、鋼鉄製の船体と、外輪の代わりにスクリューを備え、四〇〇人を超える乗客をアメリカ東海岸まで三週間足らずで運ぶことができた。[*10] このような船がアメリカへの移民に活用された。

グラスゴーでは造船業と合わせて、綿紡績業から化学工業や製鉄業まで、さまざまな関連産業が急速に発展した。アイルランドやスコットランド高地地方からの移民が仕事を求めて街になだれ込み、グラスゴーの人口は一八〇〇年の七万七〇〇〇から一八五〇年には約三〇万にまで増えた。[*11] 一八五一年に兄弟でこの街を訪れたある人は、次のように記している。「六時の鐘とともに、はるか眼下のクライドの谷から、巨大な蒸気ハンマーのドスンという音が聞こえた。それに応えて一〇〇〇台のハンマーが一〇〇〇台の金床にいっせいに響き、街が目覚めて再び仕事の一日が始まったことを告げた」[*12]

ウィリアム・トムソンにとってサディ・カルノーの学説は、この街の時を告げる音にれっきとした根拠を与えるものだった。受けた教育、兄との議論、そして自らの直感がすべて、その学説は正しいことを物語っていた。一八四七年にオックスフォードでジェイムズ・ジュールと出会ったときに、複雑な感情を抱いたのもうなずける。熱と仕事は相互に変換できるとするジュールの主張は、熱素は生成も消滅もしないというカルノーの重要な仮定とけっして相容れないものだったのだ。

一八四八年秋、ウィリアム・トムソンはカルノーの原論文を手に入れた。そして、ジュールの発表を聞いてどんな疑念を抱いたにせよ、カルノーの研究はあまりにも重要で埋もれさせておくわけにはいかないと確信した。そこで、カルノーの説を広く知らしめて、それを裏付ける証拠を示すための論文の執筆に取りかかる。そのタイトル『カルノーによる熱の発動力の理論に関する説明と、蒸気に関するルニョーの実験から導かれた数値的結果』（*An Account of Carnot's Theory of the Motive Power of Heat with Numerical Results Deduced from Regnault's Experiments on Steam*）は、この論文の重要性が十分に表現されているとはいいがたい。[*13] この論文はカルノーの単なる英訳ではなく、トムソンが長く輝かしい研究者生活を通じて書いた数々の論文の中でも屈指の重要性を帯びている。何よりも、「熱力学」という新たな言葉を科学の辞書に書き込んだのだから。

この論文でさらに目を惹くのが、トムソンが一見したところ矛盾した戦略を取っていることである。その本編では、カルノーの論文を支持する理論的および実験的な証拠を長々と説明している。しかしそのところどころで、厄介な反論としてジュールの研究を脚注に取り上げている。トムソンの頭の中で繰り広げられているカルノーとジュールの対立を、この論文は描き出しているのだ。自分にはその対立を解決できなくても、この内なる論争の両論を併記することで、ほかの人たちがそこに加われるようにしたのだ。

一八四九年にトムソンは、かなりの疑念を抱きつつもこの論文を発表した。すると思いがけずも、それから数か月のうちに、表面上はカルノーの方を支持する新たな証拠が出てきた。

その証拠は、兄ジェイムズがカルノーの説を検証する巧妙な方法を考え出したことで得られた。[*14] ジェイムズは、カルノーの仮説、すなわち熱機関の作動物質に温度差がないと発動力は発生しないとする説と矛盾する熱機関を考え出せないか、思いをめぐらせた。カルノーが普遍的だと主張するその原理の反例がもし存在すれば、理論全体が危うくなるはずだった。ところが実際には、その反例が逆にこの理論を強固にすることとなる。

ジェイムズ・トムソンも分かっていたとおり、原理的にはどんな物質も、膨張してピストンを押し出し、仕事を生み出すことができる。また、水は凍ると膨張する。だとしたら、その性質を利用した熱機関を作れないだろうか？ トムソンは、蒸気機関と同じようにピストンとシリンダーを組み合わせ、そのピストンの下側の空間に水を満たした仕掛けを思い浮かべた。この装置を摂氏〇度まで冷却する。この温度に達すると水は氷に変わって膨張し、ピストンを押し出す。ここで重要なのが、この仕掛けでは、温度が摂氏〇度のまま変化しなくてもピストンが押し出されることである。一見したところ、いっさい温度差がなくても仕事が生み出されるのだ。この反例によってカルノーの理論は葬り去られるのだろうか？

必ずしもそうとは限らない。水が凍って膨張し、ピストンを押し出そうとすると、ピストンのほうも氷を押し返す。これは、すべての作用にそれと大きさが等しい反作用が存在するという原理による。こびとになってシリンダーの中に入り、手でピストンを押しているとしよう。手にはピストンからの抵抗力が感じられるだろう。それと同じように、ジェイムズ・ジュールが思い浮かべた氷機関でも、水が凍るとピストンからかかる圧力は強くなるはずだ。

当時、大気圧のみがかかる地表では水が摂氏〇度で凍ることは分かっていた（その圧力を「一気圧」と呼ぶ）。しかし、圧力が上がると水の凍る温度が変化するかどうかは分かっていなかった。もし水が摂氏〇度よりも低い温度で凍るとしたら、カルノーの理論は命拾いする。なぜなら、水が氷に変わって仕事をする際に、温度が摂氏〇度から、ピストンによる圧力のもとでの水の凝固点まで下がるからだ。

ジェイムズ・トムソンは、圧力の上昇に伴って水の凝固点がどれだけ下がれば、カルノーの理論が破綻せずに済むのかを計算した。すると、圧力が一気圧上がるごとに水の凝固点は摂氏〇・〇〇七五度下がらなければならないという結果が得られた。つまり、二気圧のもとでは水は摂氏マイナス〇・〇〇七五度で凍り、三気圧のもとでは摂氏マイナス〇・〇一五〇度で凍るということになる。

この結果を見てウィリアム・トムソンは有頂天になった。グラスゴー大学の実験室でカルノーの理論を検証する術が見つかったのだ。圧力のもとで水の凝固点が兄の予想どおりの値だけ下がれば、カルノーの理論は正しいという証拠になる。

もちろん、そのような実験を実際におこなうのはきわめて難しかった。何よりも、予想された温度低下がごくわずかで、当時の温度計では検知できなかった。*15 そこで一八四九年末にウィリアム・トムソンは、助手のロバート・マンセルに、摂氏〇・〇一度未満の温度変化を測定できる温度計の製作を託した。グラスゴー大学入学前に応用工学を学んでいて、ガラス細工の腕もあったマンセルは、苦心して温度計の調整を重ね、トムソンが納得できるレベルにまで仕上げた。そこでトムソンはガラス製のシリンダーに水を入れ、ピストンで圧力をかけられるようにした。そして、さまざまな圧力のもとで水が凍る温度を測定した。

結果は満足できるもので、兄の予想、ひいてはカルノーの理論を裏付けるものとなった。ジェイムズ・トムソンの計算によると、八・一気圧の圧力のもとでは、水の凝固点は摂氏マイナス〇・〇五三度となるはずだった。それに対して実際の測定値はマイナス〇・〇五九度で、ずれはごくわずかだった。一六・八気圧では、計算値が摂氏マイナス〇・一一九度、測定値がマイナス〇・一二九度で、やはりずれは小さかった。

トムソンはこの氷の実験の結果を、カルノーの理論を支持する強力な証拠ととらえた。しかし二一世紀の視点から見ると、ジュールと同じく安易に納得しすぎたように思える。トムソンも認めているとおり、データ点が二つだけでは偶然という可能性もあって、ほとんど証明にはならない。トムソンが納得したのには、論理だけでなく感情という側面もあった。熱による発動力の発生に対するカルノーの見事な解釈に心酔していて、真実であるはずだと信じるその理論が自分の実験結果で裏付けられたと思い込んでしまったのだ。

ちなみに、トムソン兄弟は知らず知らずのうちに、氷河が動くメカニズムを解明したことにもなる。氷河の底の氷にはすさまじい圧力がかかるため、摂氏〇度以下でも融ける。すると氷河の下に水の層ができ、それによって氷河は斜面を滑り落ちる。驚くことに、蒸気機関の動作原理に関するサディ・カルノーの考察が、氷河の移動メカニズムの解明につながったのだ。

しかしトムソンにも分かっていたとおり、氷の実験によってカルノーの説が支持されたからといって、必ずしもジュールの説が否定されたわけではない。熱素説を否定するジュールの主張はいまだ有効で、トムソンもあっさり捨て去ることはできなかったのだ。それどころか、ジュールの研究について考察したトムソンは、熱素説に対するもう一つの疑念を深めていった。それは次のようなものである。[*16]

高温の場所から低温の場所へ熱が流れることで仕事が生み出されることは確かにあるが、つねに生み出されるとは限らない。たとえば、鉄の棒の一方の端を赤くなるまで熱し、もう一方の端を冷やしたとしよう。時間とともに熱が高温の端から低温の端へ流れ、最終的に温度が均一になる。ここでトムソンは考えた。この熱の流れが生み出したはずの仕事は、いったいどこへ行ってしまったのか？　もしも熱が熱素という不滅の流体だとしたら、温度差のある鉄の棒は、傾斜のある水路のてっぺんに水の入ったバケツを用意したのに相当する。そのバケツをひっくり返して水を水路に流せば、鉄の棒の熱が高温の端から低温の端へ流れるのと同じ状態になる。ここで、水路の途中に水車を設置したとしよう。水が流れると、水車が回転して錘が持ち上がる。すると水の運動の一部が水車に伝わって、水の流れるスピードが落ちる。また、水路の端まで流れてきた水はバシャバシャという音を立てる。水車を取り外して水がそのまま流れ下るようにすると、水路の端で立てる音はもっと大きくなる。水車に与えるはずだった水の勢いが、最終的に音に変わってしまうからだ。ここでトムソンは思い悩んだ。熱素が高温の端から低温の端へ何にも邪魔されずに流れても、バシャバシャという音に相当するものは何も起こらない。では、生み出されるはずだった仕事はどうなってしまったのか？　トムソンには見当もつかなかった。

ジュールも、熱素説にはさまざまな欠陥があるものの、熱が高温の炉から低温のシンクに流れないと仕事は生み出されないというカルノーの結論も無視はできないと考えていた。そこで一八五〇年三月、トムソンに宛てて次のような手紙を書いた。「私がたどり着いた結果とカルノーの理論から導かれる結果とのあいだには、何らかの関連性があるはずです。あなたならすぐにそれを発見できるかもしれません。私は困り果てるばかりです」

カルノーとジュールは、いわばジグソーパズルの二つのピースだった。しかしトムソンも、さらには誰一人、どんなに努力しようが、それらをつなぎ合わせる方法を思いつかなかった。それが成し遂げられるには、野心的な新興国家の才能と取り組みが必要となる。

第Ⅱ部　古典熱力学

第5章　物理学の最重要問題　ヘルムホルツとエネルギーの謎

筋肉が蒸気機関のシリンダーのように働く様子は何とも壮観だ。
——ベルリンの生理学者エミール・デュ・ボア゠レイモン*[1]

ベルリンの南西端、ポツダムの街と境界を接するあたりで、ハーフェル川が網の目のように枝分かれして、湖や運河や水路に流れ込んでいる。*[2] その岸辺には公園や庭園や宮殿が広がっていて、一九世紀前半にはホーエンツォレルン家の保養地だった。当時ホーエンツォレルン家が統治していたプロイセン王国は、現在のドイツの北西おおよそ四分の一に相当する領土を所有していた。

庭園の一つであるグリーニッケ公園は、噴水や温室や広々とした花壇を備えていて、イギリスの風景式庭園に似ている。訪れた軍人ヘルムート・フォン・モルトケは、「ドイツ有数の美しさ」と形容した。*[3]

いまでも、フォン・モルトケの足跡をたどるとほとんど同じ光景が見られる。しかし、眼下を水が勢いよく流れ、あたかも朽ちかけたかのように作られた橋など、失われているものもいくつかある。そこから数百メートル進むと、当時なら奇妙な音が聞こえてきたことだろう（いまでは絶えて久しいが）。ルネサンス期のフィレンツェさながらの屋敷からたえず響いてくる、「カタカタ、シュウシュウ」という音である。その屋敷に入ると、イングランドで学んだ技術者が設計したプロイセン初の蒸気機関が目に飛び込んできたはずだ。

フォン・モルトケはその機械について次のように記している。「朝から晩まで動いて、ハーフェル川の水を砂地の高台に汲み上げ、青々とした草地を作っている。この機関がなかったらヒースしか生えていなかっただろう。橋の下の断崖を滝が激しい勢いで下って、暴れるかのようにその橋を半ば濡らし、その先で突然、五〇フィート（約一五メートル）の落差でハーフェル川に流れ落ちている。慎ましき母なる自然なら、この一帯にバケツ一杯分すらも水を流そうとは考えなかったはずだ」。要するに、機械仕掛けによって美しく仕立て上げられた人工的な風景だったのだ。

蒸気機関は、イギリスでは商業的利益のための、フランスでは社会発展のための、そしてプロイセン（少なくともエリートの仲間内）では自然の改造のための手段ととらえられていた。プロイセンでは蒸気動力が文字どおり自然界と結びつけられており、そのような地で科学者は初めて、蒸気動力から学んだ事柄が蒸気機関そのものよりもはるかに幅広く当てはまることに気づいた。自然を改造できる蒸気機関なら、自然の解明にも使えるのではないか？　グリーニッケ公園に一台、その近郊の庭園に二台の蒸気機関が設置される場面を目にした一人の若者が、のちに蒸気機関のもっと幅広い意味合いに初めて気づいた科学者の一人となる。

一八二一年にポツダムで生まれたその若者、ヘルマン・ヘルムホルツは、中流階級の出身だった。父親は、実学よりも理論を重視する中等学校、ギムナジウムの教師だった。[*4] 子供時代のヘルムホルツは、本人の言によると病弱で、ベッドで長い時間過ごしたり部屋に閉じこもったりしていた。しかし大きくなるにつれて身体も強くなり、父親からさまざまな文学作品や詩を教わったり、ポツダム市内の公園や庭園に連れていってもらったりした。それとともに数学や科学にも惹かれはじめ、物理学の教科書をむさぼり読んだり、使わなくなった眼鏡のレンズを使って顕微鏡を自作したりした。一〇代後半になると自分の知的才能に自信を深め、一八三八年、ベルリンにある軍医養成機関、フリードリヒ・ヴィルヘルム医科大学で医学を学ぶための奨学生に選ばれた。その年には、蒸気機関車が走るプロイセン初の鉄道がポツダムからベルリンまで開通した。若きヘルムホルツは、近所の公園で蒸気機関による自然の改造を目にしただけでなく、自宅から大学までの交通手段というもっと実用的な役割も経験したことになる。

一八三〇年代後半から四〇年代前半、ヨーロッパのドイツ語圏は、いくつもの王国や大公領、司教区や公国などが入り乱れた状態だった。経済でも蒸気動力技術でも、イギリスとフランスに後れを取っていた。[*5] 一八四〇年、この地域の工場に設置されていた据え付け式蒸気機関の出力の合計はわずか二万馬力、イギリスの三五万馬力やフランスの三万四〇〇〇馬力には遠くおよばなかった。[*6]

だが一八四〇年代に入ると、それまで何十年かにわたって進められてきた改革が実を結びはじめる。プロイセンでは一八〇七年に農奴制が廃止されて、[*7] 小作人が好きなところで暮らして好きな仕事に就けるようになり、結果として融通の利く大量の労働力が生み出された。加えて一八三四年には、ドイツ各国が関税同盟を結成した。[*8] それまでは、北部のハンブルクから南部のアルプスまで行くには一〇か国を通過して、国境を越えるたびに「意地悪な収税官や税関職員」[*9] とやり合うしかなかった。しかし関税が撤廃されたことで、織物や鉱石や鉄鋼の生産が増えはじめた。一八四〇年から六〇年までに据え付け式蒸気機関の出力は一〇倍に増え、[*10] 一八六九年までに鉄道の総延長は一万マイル（約一万六〇〇〇キロメートル）を超えた。[*11]

それとともに教育制度も大幅に改革されて、予算も増えた。[*12] 一九世紀前半のあいだに、プロイセンの大学に充てられる政府予算は五倍に伸び、大学の目的も改められた[*13]。既存の知識を一方的に教えることはなくなり、新たな学びのための場となった。学者は学識だけでは十分でなく、独自の研究を進めて創造性を発揮することが求められるようになった。

そんな社会の中で若きヘルマン・ヘルムホルツは育った。その強みを最大限に活かして、野心のある若い医師や物理学者や化学者と長く続く親交を築いた。そうして志を同じくする者たちが、生物の研究を従来の非生物界の研究に近づけるという共通の使命のもと集結する[*14]。現代の言葉で言えば、生物もほかの物体と同じく数学的な物理法則や化学法則に従っていることを示すのが目標だった。しかしそのやり方ゆえ、ヘルムホルツとその仲間たちは、生物界と非生物界の融合は不可能だと考えるヨーロッパ科学界の大部分と衝突することとなる。当時の多くの科学者は生気論を信じていた。生気論とは、生物は食物や水や空気などに支えられているとともに、「生命力[*15]」というものを持っているとする考え方である。生物の体内で起こっている物理的および化学的プロセスは、この生命力に支配されているというのだ。死ぬと生命力は消え、死体は非生命体のように朽ちていく。この生気論にヘルムホルツらは首をかしげ、それが間違いであることを証明できれば生物学を物理学や化学と同じ舞台に引き上げられると考えた。

一八四三年にヘルムホルツは医科大学を卒業し、地元ポツダムの軽騎兵隊の軍医助手となった。午前五時の起床ラッパとともに軍務は始まったが、ヘルムホルツはかまわず科学研究に取り組みつづけた。そして兵舎の中に自費で小さな実験室を作り、生気論の真偽を調べる一連の実験を始めた。とくに関心を持ったのが、論争を生んでいた、動物の体温の源に関する最新の研究である。

生気論に否定的な学派は次のように考えていた。温血動物の体温の発生はゆっくりとした燃焼プロセスに似ていて、原理的には石炭を燃やすのと何ら変わらない。それを証明できれば、生気論に致命的な一撃を加えられると。

この仮説は一七八〇年代にまでさかのぼる。当時、偉大なフランス人化学者のアントワーヌ・ラヴォアジェが、動物の肺を、ちょろちょろと食物を燃やす暖炉にたとえて次のように論じた。「呼吸は燃焼の一形態であり、確かにきわめてゆっくりではあるが、それでも木炭の燃焼と完全に類似している」[*16]。つまり動物は酸素の中で食物を燃やし、それによって熱を発生させるとともに、廃棄物として二酸化酸素を放出しているということだ。

しかしそれから何年かのうちに、このプロセスはもっと複雑であることが明らかとなっていった。食物は、炭素だけでできている木炭とは違う。たとえば糖などの炭水化物は、炭素原子だけでなく水素原子や酸素原子も含む複雑な分子である。そのため、炭素の燃焼だけでなく水素の燃焼も動物の体温に寄与していることになる。水素の燃焼でも熱が発生し、最終生成物として水（H_2O）ができる。動物が二酸化炭素を吐いて水を排泄（はいせつ）するという観察結果は、この仮説を裏付けるものだ。

それを念頭に、ベルギー人科学者のセザール＝マンシュエト・デプレとフランス人科学者のピエール・ルイ・デュロンが、呼吸はゆっくりとした燃焼であるというラヴォアジェの仮説を検証した[*17]。二人は一八二〇年代にそれぞれ独自に、ウサギやモルモット、ハトやニワトリ、フクロウやカササギ、ネコやイヌを銅製の箱の中に入れ、箱ごと水タンクに沈めた。この仕掛けを使って、一定時間のあいだに動物が吸い込んだ酸素の量を測定した。そして、その酸素のうちのどれだけが炭素と結合して二酸化炭素になったか、どれだけが水素と結合して水になったかを推定した。その後、タンクの水の温度がどれだけ上昇したかを測った。次に、動物が出したのと同じ量の二酸化炭素と水が生成するよう、酸素の中で炭素と水素を燃焼させた。最後に、その際に発生した熱の量を測定した。

二人の結果によると、酸素の中で炭素と水素を燃焼させたときに発生する熱の量は、動物が同じ量の二酸化炭素と水を出すときに発生する熱の量よりもおよそ一〇パーセント少なかった。

この結果は、動物の体内にはほかにも熱源があって、それは非生物界を支配する物理法則や化学法則には縛られないとする生気論の見方と合致するものだった。だが、ポツダムの兵舎でその議論を追いかけたヘルムホルツは疑念を抱いた。そして、自分の手で動物の体温について調べることにした。

デュロンとデプレの研究結果に攻撃を加える上で、ヘルムホルツは三本槍の戦法を取った。一本目として、二人の実験は間違った仮定に基づいていると論じた。二人は、酸素の中で炭素と水素が燃えるときに発生する熱を測定していた。しかしヘルムホルツは、食物に含まれる炭水化物が燃えるときには炭素と水素が燃えるときよりも多くの熱が発生すると指摘した。[*18] 炭水化物の分子には、炭素原子と水素原子に加えて酸素原子も何個か含まれているからだ。それらの酸素原子は炭水化物の分子の中に組み込まれている。そのため動物が呼吸するときには、炭素および水素が空気中の酸素と結合するだけでなく、それに加えて食物に含まれていた酸素も供給される。それを計算に含めると、動物が発生させる熱の量と燃焼による熱の量との差はなくなってしまうのだ。

二本目の槍のためにヘルムホルツは、大学で身につけた医学の腕に頼った。精緻な実験によって、カエルの脚の筋肉は通常の化学プロセスによって動くのであって、生命力で動くのではないことを証明しようとしたのだ。簡単に言うと、まずカエルの脚を、水と、続いてアルコールに浸して、液体中に溶け出してきた物質の量を量った。次に、別に用意したカエルの脚に電流を流した。すると筋肉がピクピクと動いた。そしてその脚を水とアルコールに浸し、溶け出してきた物質の量を量った。その結果、筋肉が動くことで、水に溶け出す物質の量が減り、アルコールに溶け出す物質の量がそれと同じだけ増えることが分かった。

要するに、筋肉の動きに伴って、水に溶ける物質がアルコールに溶ける物質に変化したわけだ。そこから導き出される結論ははっきりしていた。筋肉の動きはある物質が別の物質に変化する際に放出される化学エネルギーによって駆動されるのであって、原理的にはやはり燃焼と何ら違いはないのだ。

ヘルムホルツの戦法をなす三本目の槍は、蒸気機関から着想を得たものだった。具体的に言うと、サディ・カルノーが蒸気機関の効率に関するあの先駆的な論文で置いたのと同じ、永久運動は実現不可能であるという仮定を用いたのだ。もしも生気論が正しくて、動物は炭素の燃焼よりも多くの熱を発生させられるとしたら、動物の体内には物理法則に従わない別の熱源が存在するはずだ。しかしそうだとすると、動物は食物や燃料をいっさい消費せずに熱の一部を生み出せることになる。本当に動物が無から熱を発生させられるとしたら、原理的にはその熱を仕事の源として使えることになる。つまり、燃料をいっさい消費せずに、錘を持ち上げたり噴水を動かしたり列車を引っ張ったりできる。ということは、もし動物の熱の一部が非物質的な「生命力」によって発生しているとしたら、それを使って永久機関を駆動させられるはずだ。しかし永久機関は存在しえない。したがって、動物も燃料を使わずに熱を発生させることはできない。動物の身体の熱はすべて、消費される食物と酸素に由来しているはずだ。カルノーは永久運動が不可能であることに基づいて、蒸気機関における仕事の源が熱であることを示したが、ヘルムホルツはその同じ仮定に基づいて、動物が発生させる熱はすべて、非生物界を支配するのと同じ法則に従う化学反応に由来すると論じたのだ。

生気論に対するヘルムホルツの反論は、仲間の医師の多くに好意的に受け止められた。それに勇気づけられたヘルムホルツは、一八四七年初め、生気論を否定する主張を科学全般に拡張することを目指す、新たな論文の執筆に取りかかった。そこで鍵として用いたのは、またもや、永久運動は実現不可能であるという仮定だった。しかし今度はそれをまったく新たな方法でとらえた。それまで人々は、労力も燃料も使わずに井戸から水を汲み上げるなど、無から仕事を得るのが不可能であることを、否定的なことと受け止めていた。何か役に立つことをするには、必ず代償を払わなければならない。だがヘルムホルツは、永久運動が不可能であることはけっして悪いことではなく、この宇宙のしくみを根本的なレベルで理解するための貴重な道しるべになると見抜いた。重力や運動、熱や電気や磁気など、互いにかけ離れた現象が互いにどのように結びついているか、そこに光を当ててくれるかもしれない。のちにヘルムホルツは次のように述べている。「永久運動が実現不可能だとしたら、自然のさまざまな力のあいだにはどのような関係性が成り立っていなければならないか？　このように逆向きに疑問をとらえることで、すべてが導き出されたのだ[*19]」

一八四七年七月にヘルムホルツは、プロイセンの新たな専門家コミュニティーを代表する医師や化学者、物理学者や工学者が設立した組織、ベルリン物理学会の会合で、このテーマに関する論文を読み上げた。『力の保存について』（*Über die Erhaltung der Kraft*）というタイトルが付けられたその論文は、一本の科学論文であると同時に、自信と野心にあふれた二六歳の若者による理論物理学への宣誓書でもあった。

この論文に明確に記されているのは、いずれも以前に誰かが示した考え方にすぎない。このヘルムホルツの研究の意義は、永久運動の不可能性という指導原理によってすべての自然現象をとらえて理解できることを示したところにある。では、なぜこの原理はそれほど含蓄に富んでいるのか？　平たい言葉で答えるならば、「ただでは何も手に入らないからだ」となる。ヘルムホルツがKraft（力）と名付けたものの総量は、宇宙全体で保存される。つまり一定である。熱や電気や運動などあらゆる形態の力は、相互に変換することはできるが、変換の際に消滅したり生成したりすることはない。これに似た結論は、以前にジェイムズ・ジュールも、さらにはヴュルテンベルク出身のドイツ人医師ユリウス・ロベルト・フォン・マイヤーも導き出していた。しかしヘルムホルツの論文は、大風呂敷を広げて、力の保存という旗印のもとにすべての科学を統一するという目標をはっきりと示した点で、ほかに類のないものだった。

この主張の中でもっとも理解しにくいのは、Kraft という言葉である。直訳すると「力」となる。使われている文脈を考えると「エネルギー」と訳した方がふさわしいだろうが、エネルギーは一筋縄で定義できる代物ではない。今日のほとんどの人はエネルギーを、ガソリンや食物の中に含まれていたり、電気やガスとして家に供給されたりするものととらえているが、互いにかけ離れたこれらの現象をすべて「エネルギー」という言葉でひとくくりにできるのはなぜかを、直感的には理解していない。一九世紀の多くの科学者もこれと同じ問題に悩まされていた。そこでヘルムホルツは、永久運動の不可能性に結びつけることで、「エネルギー」という概念を明確なものにした。その理由をさらに深く理解するために、ヘルムホルツの論文から着想を得た次のような思考実験を考えてみよう。

長さ一メートル、水平面からの角度四五度の摩擦のない斜面を思い浮かべてほしい。[*20] この斜面の頂上に、重さ一キログラムの立方体の金属塊が置かれている。この錘の頂上側の面にロープを結わいて発電機とつなげる。すると、錘が斜面を床まで滑り降りるとともに、発電機が回転して電気が発生する。そこで、その電気でモーターを動かして、錘を斜面に沿って再び持ち上げる。この込み入った仕掛けを使えば、地球の重力からエネルギーを取り出して、錘の下向きの運動に変換できる。そしてその運動エネルギーを電気エネルギーに変換し、さらにそれを運動エネルギーに変換すれば、錘を重力に逆らって持ち上げることができる。

ここでヘルムホルツは考えた。もしもこれらの変換が完璧におこなわれて、途中で何も失われなければ、錘は最初とまったく同じ位置に戻ってくるはずだ。それ以上のことは望めない。どんな条件であっても、この変換をパワーアップして、錘を最初の位置よりも高いところに持ち上げることはできない。

このような解析をおこなえば、重力と運動と電気という、見た目は互いにまったく違う現象どうしを定量的に関連づけることができる。どんな種類のエネルギーのあいだにも「最良の」交換レートというものが存在していて、それは自然法則に組み込まれているのだ。

ヘルムホルツは同じ論文の中でもう一つの重要な概念を導入した。今日ではポテンシャルエネルギー（位置エネルギー）と呼ばれているものだが、ヘルムホルツはこれを「張力」と記している。簡単に言うと、蓄えておいて後から放出させられるエネルギーのことだ。先ほどの仕掛けに話を戻すと、斜面の頂上にあるときの錘は重力ポテンシャルエネルギーを蓄えていて、斜面を滑り落ちるとともにそれが放出される。それによって発電機を回して、発生した電気で電池を充電すれば、このエネルギーは今度は電気ポテンシャルエネルギーとして蓄えられ、後からそれをたとえばモーターの駆動に利用できる。ここでヘルムホルツは、食物には化学ポテンシャルエネルギーが蓄えられていて、動物が食物を消化すると「ある量の化学張力が使われて、熱と力学的な力が発生する」と指摘した。そうしてここから、食物に蓄えられている化学ポテンシャルエネルギーのおおもとは太陽光に違いないと結論づけた。

ヘルムホルツはこの論文の中で、それぞれの形のエネルギーどうしの交換レートがどのような値なのかはまだ分からないと認めている。しかし交換レートは確かに存在していて、実験や観察によってそれを導き出すことが物理学の目標の一つだとは主張している。そして論文の最後で次のように呼びかけている。「物理学者の目の前に示されたこの法則は、理論的、実用的、発見的にこの上ないほど重要なものであって、その完全な裏付けを得ることを、近い将来における物理学の最重要問題の一つとみなすべきである」[*21]

ヘルムホルツのこの論文は物理学の歴史を画するものといえる。しかし当時は疑念を持って受け止められ、プロイセンでもっとも権威ある学術誌『物理学紀要』(*Annalen der Physik*)には、あまりにも理論的で思弁的であり、実験による新発見がいっさい含まれていないとして、掲載を拒否された。カルノーやジュールの場合と同じく、科学界はヘルムホルツの研究に関心を示さなかったらしい。六〇ページにおよぶヘルムホルツの原稿は、ベルリン物理学会の友人たちが出版社を探してくれてようやく小冊子として出版できたのだった。

成果自体は確かにめざましいものだったが、この論文にはいくつも問題点があった。とくに、熱の挙動をエネルギー保存則の考え方に当てはめるところに無理があった。ヘルムホルツもウィリアム・トムソンと同じく、力学的な仕事や電気エネルギーが熱に変換しうることを示したジェイムズ・ジュールの実験結果を高く買っていた。その実験によるし、熱はエネルギーの一形態にすぎない。その一方でヘルムホルツは、やはりトムソンと同じく、カルノーによる蒸気機関の解釈にも納得していた。その解釈は、熱の量は変化せずに、熱が高温の場所から低温の場所へ流れることで仕事が生み出されるという考え方に基づいていた。ということは、熱の作用は非対称なのだろうか。ほかの形態のエネルギーを熱に変換することはできるが、熱をほかのエネルギーに変換することはできないように思えるのだ。ヘルムホルツは次のように述べている。

「力が保存されるためには、力学的エネルギーが増えるとともに熱が消えることが絶対条件となるが、これまで誰一人、それが起こるかどうかなんてわざわざ考えようとはしてこなかった[*22]」

確かに言うとおりだが、当時の人々にそれを求めるのはかなり酷だ。ジェイムズ・ジュールはある量の熱を発生させるのに必要な仕事の量を測定したが、その逆の実験を工夫して、仕事がおこなわれるとともに熱が「消える」かどうかを調べるのは、現実的に不可能だった。そのためには、蒸気機関の炉から流れ出す熱とシンクに流れ込む熱を測定しなければならないが、それは一八五〇年代の技術を超えていたのだ。

熱の正体は何か、熱がどのようにして仕事を生み出すのか、それは依然として謎のままだった。

第6章　熱の流れと時間の終わり　クラウジウスと熱力学の第一法則・第二法則

マグヌス教授は、科学に対する直接の貢献に加え、若き探求者たちに対する真摯な助力と支援を通じて、間接的にも大きな影響力を発揮した。

――一八七〇年に『ネイチャー』(*Nature*) 誌に掲載されたグスタフ・マグヌスの追悼文より。筆者・アイルランド出身のイギリス人物理学者ジョン・ティンダル[*1]

グスタフ・マグヌスは学生たちに慕われた。

ベルリン大学の教授だったマグヌスは、プロイセンの大方の学者と違って、「イギリス人を思わせるような[*2]」簡潔な言葉で講義をおこなった。また講義の効果を高めようと、裕福な商人だった父親から相続した遺産で購入した装置を使って、印象的な演示実験をおこなった。

マグヌスが体現していたとおり、ドイツ語圏では一九世紀前半に科学の教え方が一変した。たとえば、数々の大学でセミナーが開かれるようになった。教授が大勢の学生に延々と話すだけの講義と違って、セミナーでは少人数のグループで教官と自由に議論する。マグヌスも、ベルリンのミッテ区に建つバロック様式の屋敷に優秀な学生を一〇人ほど招き、週に一度「物理研究会」を開いていた。学生が科学のさまざまなテーマについて発表し、ほかのメンバーからの批判に抗弁する。マグヌスも対等な立場で加わり、けっして年長者であることを盾にはしなかった。

ヘルムホルツがエネルギー保存則に関する小冊子を出版した数か月後、マグヌスは研究会に備えてそれを一冊購入した。[*3] その担当に選んだのは、プロイセンのケスリン（現在はポーランド領）出身の二六歳の学生、ルドルフ・クラウジウスだった。ルター派の牧師の六男として生まれたクラウジウスは、父親が教える学校に通ったのちにベルリン大学に進学して、空の色に関する研究で博士号を取得した。[*4] その博士論文の説明は間違っていたが、抽象的な推論の才能に審査官たちは舌を巻いた。実験を避け、論理と数学によって真理を追究するクラウジウスの学者人生において、その才能は十分に発揮されることとなる。マグヌスに学んだ卒業生たちは一八五〇年代から六〇年代にかけてドイツの科学界を牛耳ることになるが、その中でもクラウジウスは異彩を放ち、のちに理論物理学の父と呼ばれるようになる。[*5]

クラウジウスがエネルギー保存則について発表したときの研究会の記録自体は残っていない。しかしクラウジウスは研究会の準備のために、ヘルムホルツやカルノー、トムソンやジュールの研究成果を詳しく読み込み、先人たちを悩ませてきた問題をついに解決した。熱はエネルギーの一形態であって、別の形態のエネルギーに変換できるという考え方と、熱が高温の場所から低温の場所に流れることで初めて仕事が生み出されるというカルノーの考え方とを、どのようにして折り合わせるかという問題だ。

クラウジウスはどのような答えを出したのか？　どちらの考え方も正しいという答えだ。熱は生成することも消滅させることもでき、しかも高温の場所から低温の場所に流れないと仕事を生み出さないというのだ。

クラウジウスはこの画期的な結論を論文にまとめ、その歴史的な論文は一八五〇年に『物理学紀要』に掲載された。[6]

水も漏らさぬロジックに基づくクラウジウスの論法は、次のようなものである。[7]

カルノーは熱機関を水車にたとえた。水車では、水が斜面を流れ下ることで、仕事という形のエネルギーが生み出される。熱機関の場合は、熱素流体が高温の炉から低温のシンクに流れることで、同じことがおこなわれるとされていた。どちらの作動物質も、それぞれの装置に入ってきたときと同じ量で装置から出ていく。水も熱素流体も消滅することはない。

クラウジウスはこのような比較をあきらめた。水車は水によって動くが、水を仕事に変えるわけではない。仕事の源は重力だ。高いところにある水はポテンシャルエネルギーを持っていて、水が斜面を流れ下るとそのポテンシャルエネルギーが仕事に変わる。クラウジウスはこのことをヘルムホルツから学んでいた。

熱機関では様子が違う。クラウジウスはジュールの研究から、仕事が熱に変換可能であることを受け入れていた。しかしそこから、誰もが避けていた一歩を踏み出す。その逆方向の変換も可能で、熱機関の中では実際に熱の一部が仕事に変わっていると考えたのだ。さらに、この仮定がサディ・カルノーの説と矛盾しないことも明らかにした。カルノーの学説をわずかに修正すれば済んでしまうのだ。

クラウジウスは次のように推論した。カルノーは、熱機関に流れ込んだすべての熱が最終的には流れ出すと説いたが、それは間違っている。しかし一部の熱は確かに流れ出す。その熱は仕事には変換されずに捨てられる。自動車の排気口の近くに手をかざせばその熱を感じられる。そのように温かさを感じられることから分かるとおり、どんなにうまく設計したシステムでも、一部の熱はどうしても逃げていってしまうのだ。

その理由を理解するのはなかなか難しい。単純な熱機関として、一本のシリンダーの中に入っている気体が膨張してピストンを押し出すという仕掛けを思い浮かべてほしい。内燃機関の場合、シリンダーの内部でガソリンが燃えることで熱が生み出される。しかしクラウジウスは、外にある何らかの熱源から熱が流れ込んで、その熱が失われたり摩擦によって無駄になったりすることのない、仮想的な熱機関を考えた。このような理想的な熱機関であれば、動作原理を見抜くのが容易になる。

初めに、熱がシリンダー内の気体に流れ込んで気体が膨張し、ピストンが押し出される。このとき、エネルギー保存則に従って熱が仕事に変わる。もしもシリンダーが無限に長ければ、膨張は永遠に続くだろう。そして原理的にはすべての熱が仕事に変わる。しかし、無限に長いシリンダーなんて実際にはありえない。

熱機関を動かしつづけるには、膨張の際に生み出された仕事の一部を犠牲にして、ピストンを最初の位置に押し戻さなければならない。そのとき無駄になる仕事を最小限に抑えるために、シリンダー内の気体を冷やして、楽に押し戻せるようにする。

しかしピストンがもとの位置に戻るとき、シリンダー内の気体は圧縮される。そして再び温度が上がり、ピストンの押す力に抗（あらが）うようになる。それを体感するには、パンパンに膨らんだ風船を押しつぶしてみればいい。徐々に温度が上がるのが感じられるだろう。

したがってこの圧縮段階では、シリンダーからシンクへ熱を流し出さなければならない。それをしないと、膨張段階で生み出された仕事がすべて無駄に使われてしまう。そうなるとこの熱機関は無用の長物だ。一般的な自動車のエンジンでは、この反復プロセスを高速で繰り返す。一秒間に何回も、熱が生み出されてはシリンダーから流れ出すのだ。

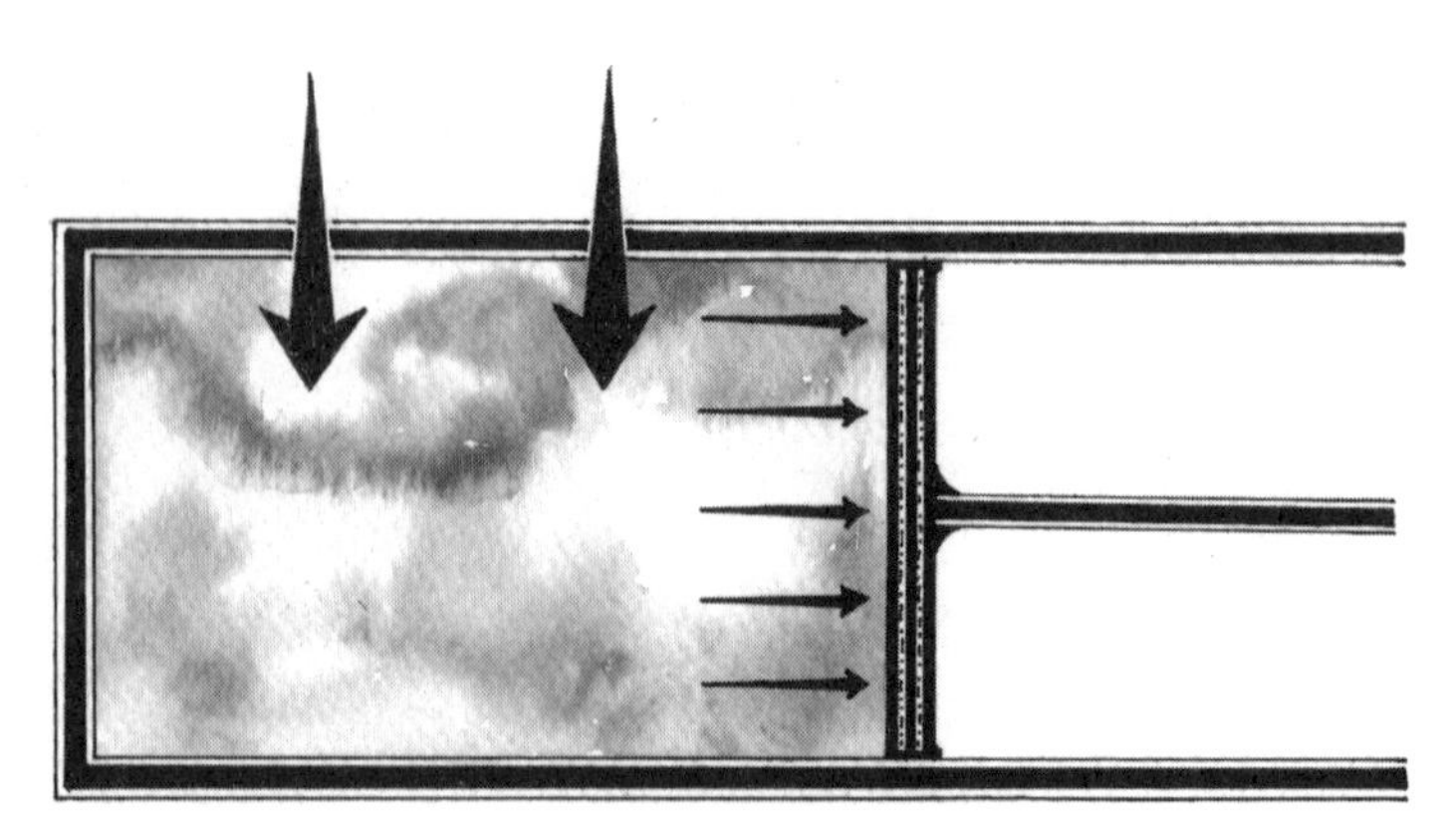

熱が流れ込んでシリンダー内の気体が膨張し、ピストンが押し出される

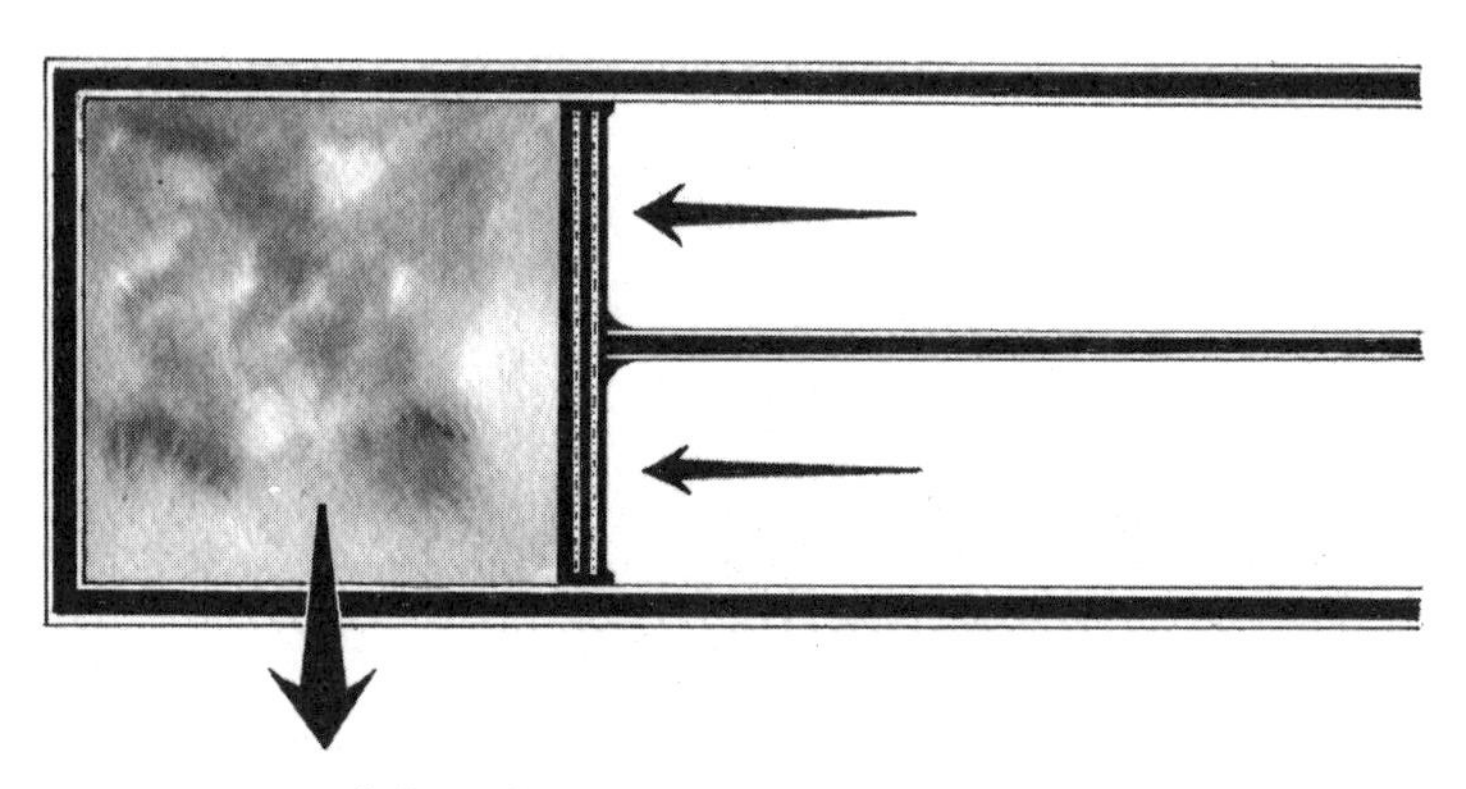

気体から熱が流れ出して、ピストンが元に戻る

クラウジウスはこれらの原理を組み合わせて、左の図のような理想的な熱機関を思い浮かべた。まとめると次のようになる。

初めに、炉から理想的な熱機関に熱が流れ込むと、エネルギー保存則に従ってその熱がすべて仕事に変わる。しかし熱機関を動かしつづけるために、その仕事の一部を熱機関に戻す。その仕事は、やはりエネルギー保存則に従って熱に戻る。その熱は廃熱として捨てられる。

この熱機関の効率を高めるには、炉をもっと高温にすればいい。するとシリンダー内の気体がもっと激しく膨張して、もっと多くの仕事を生み出す。また別の方法として、シンクをもっと低温にすれば、気体をもっと楽に圧縮できるようになり、圧縮段階で使われる仕事が少なくなる。

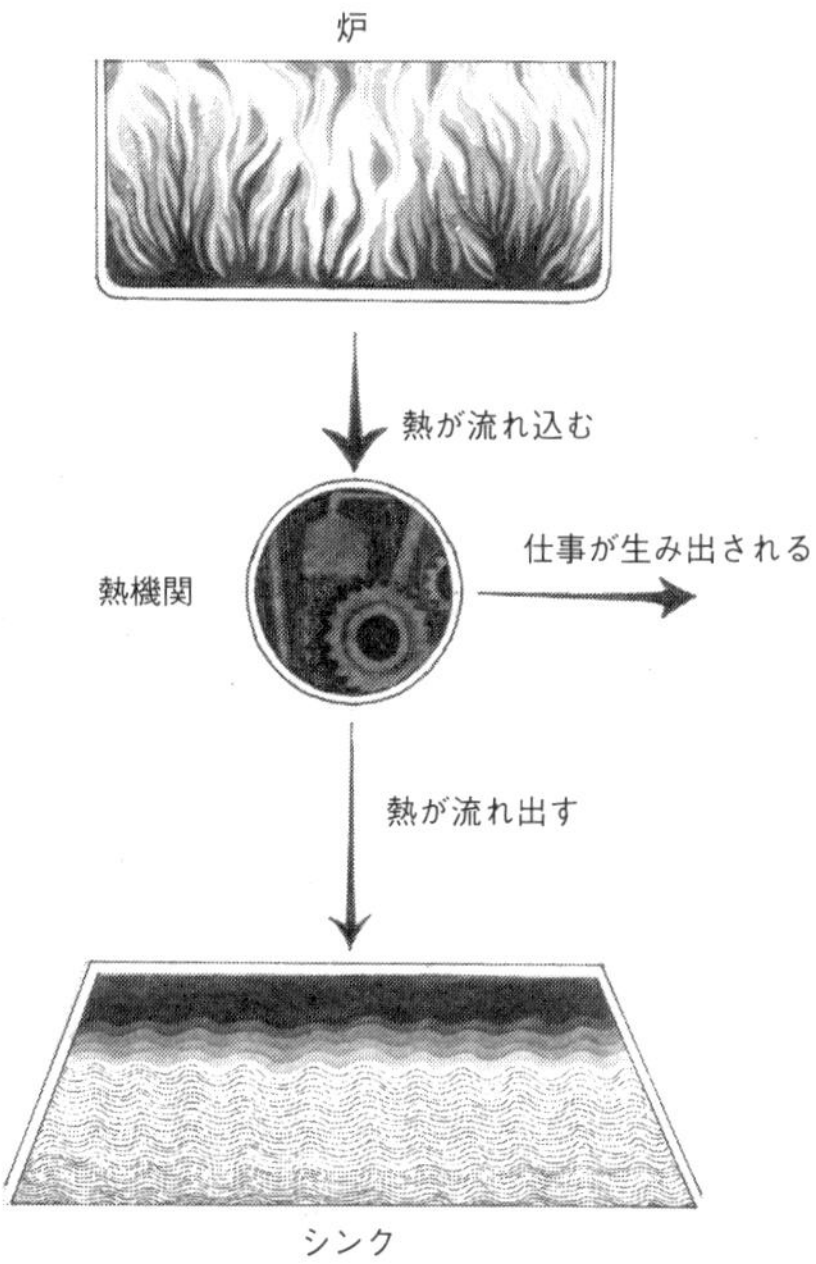

逆に炉とシンクの温度差が小さくなると、正味で得られる仕事は減っていく。そして温度差がゼロになると、膨張の際に生み出された仕事がすべて圧縮に使われてしまう。すると仕事はいっさい生み出されない。

この結論は、カルノーが熱機関と水車の比較から導き出したものに近い。理想的な熱機関の場合、一定量の熱の流れから取り出せる仕事の量は、炉と

クラウジウスの理想的な熱機関

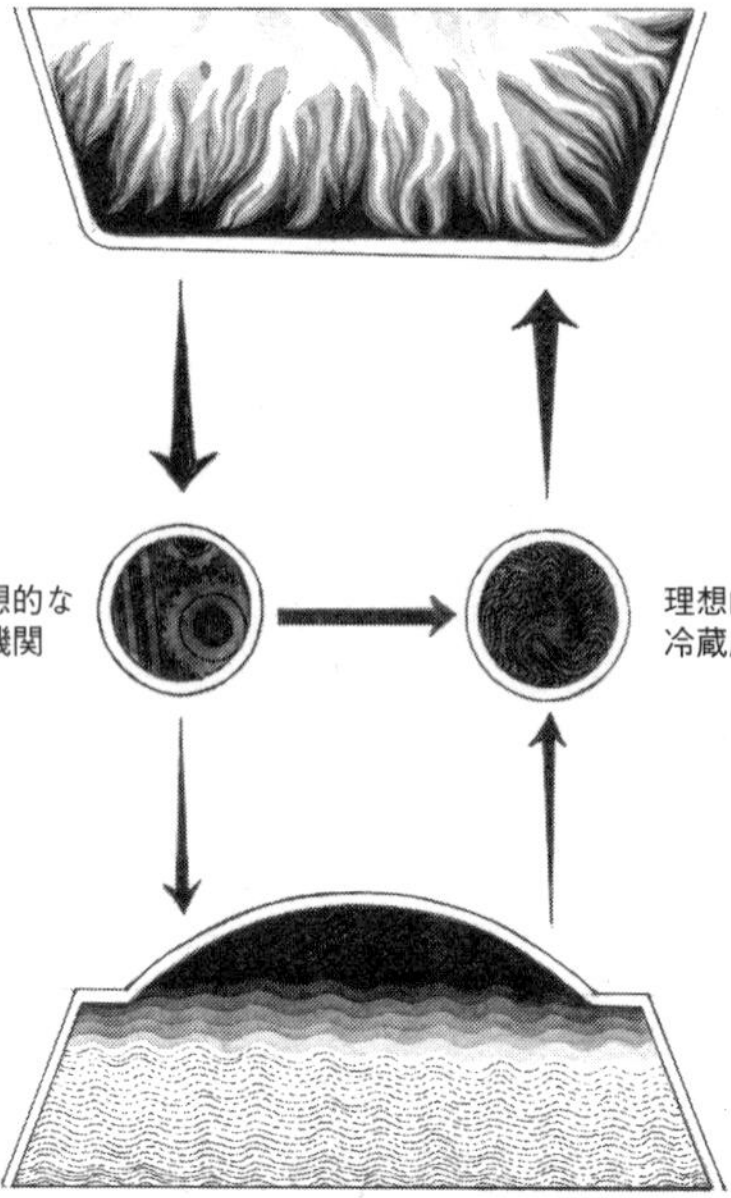

シンクの温度差だけで決まるという結論である（詳しくは付録2を）。

では、この結論はあらゆる場合に成り立つのだろうか？　作動物質が違うと、仕事と排熱の比率は変わってくるのだろうか？　空気駆動の熱機関と蒸気駆動の熱機関があって、どちらも同じ炉とシンクを使って作動させるとしよう。蒸気駆動の熱機関よりも空気駆動の熱機関の方が、膨張段階で生み出される仕事が多く、圧縮段階で犠牲になる仕事が少ないということは、はたしてありえるのだろうか？

理想的な熱機関
理想的な冷蔵庫

クラウジウスの理想的な熱機関によって、理想的な逆機関（冷蔵庫）を駆動させる

クラウジウスはこの問題に答えるために、新たな物理法則を発見しなければならなかった。

手始めにクラウジウスは、カルノーに着想を得た次のような思考実験をおこなった。理想的な逆機関を考えるのだ（右図）。その装置に対して仕事をおこなうと、低温の場所から高温の場所へ、つまりシンクから炉へ熱が汲み上げられる。現代の冷蔵庫もほぼ同じで、庫内から庫外に熱を運んでいる。[*8] だがここでエネルギー保存則を忘れてはならない。冷蔵庫に対してなされた仕事は消滅することはなく、熱に変わる。熱機関に流れ込んだ熱の一部が仕事に変わるのと逆の変化だ。冷蔵庫の裏側に手をかざして感じられる温

かさは、庫内から汲み出された熱と、ポンプで発生した熱が足し合わされたものである。

そこでクラウジウスは、同じ炉とシンクを使って作動する理想的な熱機関と理想的な冷蔵庫を思い浮かべた。

そして、その理想的な熱機関で生み出された仕事を使って、理想的な冷蔵庫を駆動させるとした。説明のために、この理想的な熱機関は炉から一〇〇カロリーの熱を取り入れて、そのうちの半分を仕事に変え、残り五〇カロリーをシンクに捨てるとしよう。[*9]

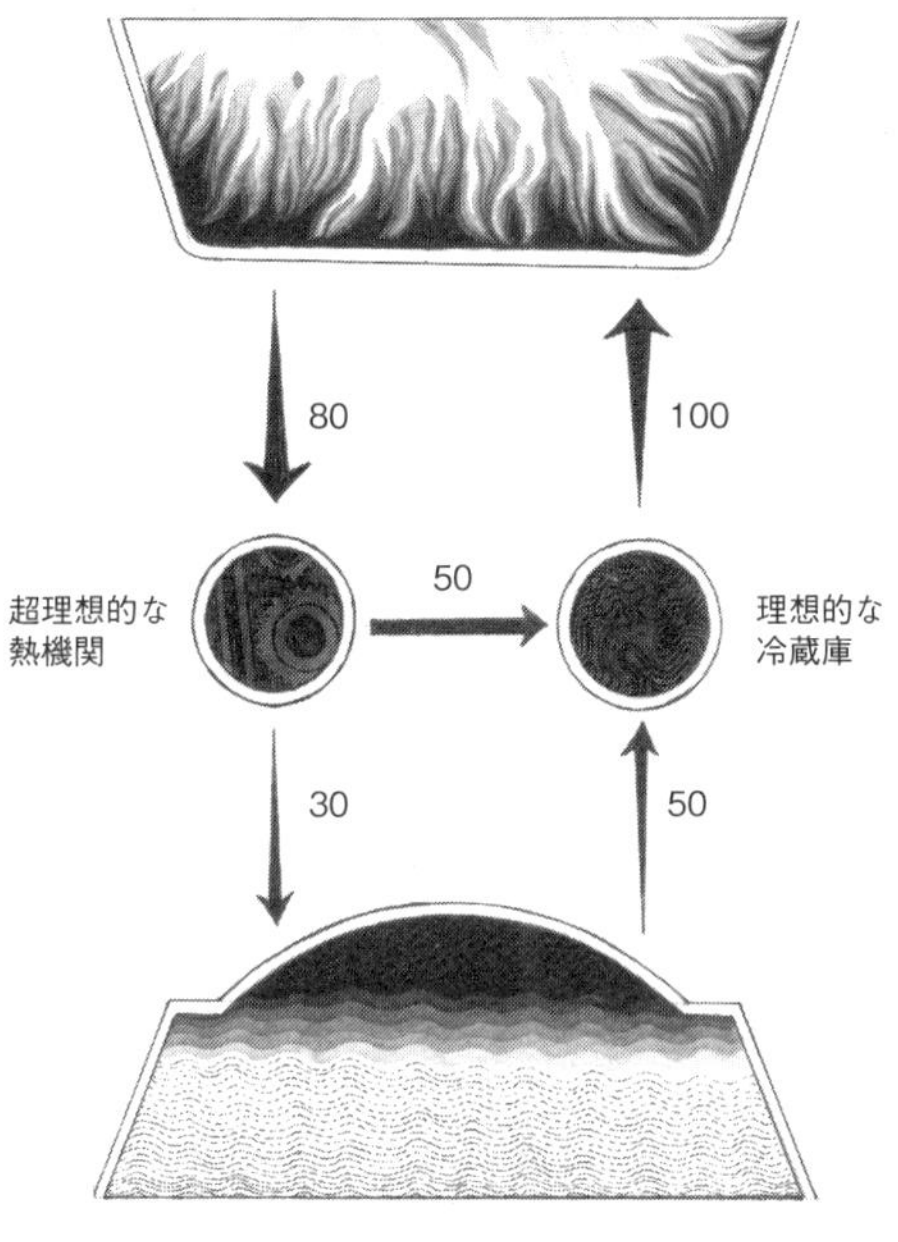

超理想的な熱機関によって理想的な逆機関（冷蔵庫）を駆動させる

冷蔵庫の方は熱機関から五〇カロリー相当の仕事をされて、シンクから五〇カロリーの熱を吸い上げ、炉に一〇〇カロリーの熱を汲み出す。

この仕掛けは永遠に動作しつづけるはずだ。炉から流れ出した熱はすべて再補給されるし、シンクに流れ出した熱も元通りに汲み上げられる。しかし正味では仕事はいっさい生み出されない。

次にクラウジウスは、超理想的な熱機関というものを思い浮かべた（上図）。受け取った熱のうち仕事に充てられる割合が、理想的な熱機関よりもさらに高い熱機関だ。理想的な熱機関では五〇対五〇だったが、超理想的な熱機関では五〇対三〇といった具合だ。この熱機関は炉から八〇カロリーの熱を受け取って、そのうちの五〇カロリーを仕事に変換し、残り三〇カロリーをシンクに捨てる。

そこで、この超理想的な熱機関で理想的な冷蔵庫を駆動させるとしよう。

炉から超理想的な熱機関に八〇カロリーの熱が流れ込む。そのうちの五〇カロリーが仕事に変換され、三〇カロリーがシンクに捨てられる。

その超理想的な熱機関が生み出した仕事を使って、理想的な冷蔵庫がシンクから五〇カロリーの熱を汲み上げる。そして合計一〇〇カロリーの熱を炉に戻す。

次が重要な点である。どの段階でもエネルギー保存則は破られていない。熱と仕事の総和は一定のままだ。ところが何か奇妙なことが起こっている。

炉は超理想的な熱機関に八〇カロリーの熱を奪われて、理想的な逆機関から一〇〇カロリーの熱を得るので、正味で熱が二〇カロリー増える。

一方、シンクは超理想的な熱機関から三〇カロリーの熱を得て、理想的な逆機関に五〇カロリーの熱を奪われるので、正味で熱が二〇カロリー減る。

結果として、外部から何ら仕事がなされていないのに、二〇カロリーの熱が低温の場所（シンク）から高温の場所（炉）へ流れることになる。この仕掛けは、何ら動力を必要としない冷蔵庫として作動するのだ。

だがそんなものは存在しえない。むりやりでなければ、つまり何らかの仕事をしなければ、熱が低温の場所から高温の場所へ流れることなんてけっしてない。ひとりでに熱が流れる方向は必ずその逆で、高温の場所から低温の場所へである。超理想的な熱機関はこの原理に反するのだから、存在不可能なのだ。

こうしてクラウジウスは、カルノーの学説に対する疑念をすっきりと晴らした。カルノーが導き出した、ある量の熱から取り出せる仕事の最大量は炉とシンクの温度差で決まるという結論は、やはり正しかった。取り出せる仕事の最大量は熱機関の作動物質や構造には左右されないのだ。

エネルギー保存則と、熱がひとりでに低温の場所から高温の場所に流れることは絶対にないという原理の両方を受け入れてもなお、カルノーの学説は成り立つのである。

クラウジウスがこの論文で示したもっとも重要な結論、それは、熱の挙動はこの二つの原理によって規定されるというもので、これらの原理はいまでは熱力学の第一法則と第二法則と呼ばれている。

第一法則：熱と仕事はジュールが発見した一定の「交換レート」で相互に変換することができるが、熱と仕事を足し合わせた総量は変化しない（この法則は、熱と仕事にエネルギー保存則を当てはめたものにほかならない）。
第二法則：熱が低温の場所から高温の場所へひとりでに流れることはけっしてない。

この二つの法則によって、熱力学という科学の一分野は正式に産声を上げたのだった。

クラウジウスの論文は好意的に受け止められた。その発表後にクラウジウスは、ベルリンにある王立砲術工学学校の物理学教授に任命された。論文の英語版も数週間のうちに出版された。一八五〇年夏、その英語版をグラスゴーで読んだトムソンは、複雑な感情を抱いたに違いない。[*10] 一方では、自分の働きによって科学界の目がカルノーとジュールの学説に向けられたことを、クラウジウスにも認めてもらえた。しかし他方では、自分が二年間にわたって格闘してきた難問をほかの人にあっさり解かれてしまった。それから数か月後にトムソンは、クラウジウスの第二法則を自分なりに導いた結果を発表した。

クラウジウスとトムソンが実際に顔を合わせることは一度もなかったが、二人は学術誌を介してある意味一緒に研究を進め、熱の正体に関する考察をどんどんと深めていき、生まれたばかりの熱力学にしっかりとした足場を与えた。そして、熱力学が蒸気機関だけに限らない幅広い場面に当てはまることを示す道を切り拓いた。

その方向へ向けた最初の劇的な一歩は、一八五二年四月にトムソンが発表した論文によって踏み出された。[*11]トムソンもかつてのジュールと同じく、熱の挙動に創造主の業を感じ取ったといえる。熱力学の第一法則、すなわちエネルギー保存則の中に、「自然の大いなる作因」が存在することに気づいた。そして第二法則の中に、宇宙の運命に関する神の計画を見て取ったのだ。

トムソンがどんな境遇の中でこの研究を進めたのか、それを掘り下げるのは価値がある。

グラスゴーの産業は急速に発展していたが、その一方で多くの人々は苦しんでいた。アイルランドのじゃがいも飢饉（ききん）によって、極貧にあえぐ一〇万人近い人々がこの街に押し寄せた。[*12]そして栄養不良と、医療体制および衛生設備の不備のせいで、伝染病が大流行した。免疫を持っている人など一人もいなかった。一八四七年前半、トムソンの弟で医学を学んでいたジョンも病院でチフスにかかり、一週間もせずに世を去った。[*13]チフスに続いてコレラも流行し、二年もせずに今度はトムソンの父親が病に倒れた。この年にはグラスゴーで四〇〇〇人以上がコレラで命を落とした。トムソンはサブリナ・スミスという若い女性にプロポーズしていたが、この二度目の死別の直後ににべもなく断られた。

肉親を失った上に、求婚相手にも振られてしまったのだ。そんな悲しみの中でトムソンは、一八五二年、『力学的エネルギーの散逸という自然の普遍的傾向について』（*On a Universal Tendency in Nature to the Dissipation of Mechanical Energy*）というタイトルの論文を書いた。このときにはもはや、蒸気機関のことだけを考えているわけではなかった。

その四年前の一八四八年には、カルノーに関する論文の中で、鉄の棒の一方の端を加熱してもう一方の端を冷やすとどうなるかという問題について考察していた。高温の端から熱が流れていって、最終的に棒の温度は均一になる。そこでトムソンは考えた。熱機関の中では熱の流れによって仕事が生み出されるが、鉄の棒では同じように熱が流れても仕事は生まれない。ではその仕事はどこに行ってしまったのか？

一八五二年にはトムソンはその答えを見つけていた。最初にあった棒の温度差は、仕事に変換されることはなく、熱として「拡散」する。その熱はもはや役に立たない。エネルギー保存則のとおり、熱が消滅することはないが、分布が変わって棒の一方の端に集中しなくなったら、仕事をする能力を失ってしまうのだ。

したがって、温度が均一になった鉄の棒は、効率ゼロの熱機関とみなすことができる。理想的な熱機関では、熱の一部が仕事に変換されて、残りの熱が捨てられる。鉄の棒では、すべての熱が捨てられる運命にある。そしてどちらの場合にも、ひとたび捨てられた熱はもはや仕事を生み出すのには使えないのだ。

自然は真空を嫌う、という言葉がある。それと同じように、熱は温度差を嫌う。熱はつねに拡散して温度差を均(なら)そうとする。その際に仕事を引き出すことができるが、それも一時的にすぎない、とトムソンは論じた。生み出された仕事も、最後は熱として拡散して運命を終えるのだ。それは、たとえば車輪と路面のあいだの摩擦とか、船体にかかる水の抵抗などを通じて、どうしても起こってしまう。さらに困ったことに、このプロセスを巻き戻すことはできない。自然は仕事を熱の拡散に変換することは認めるが、その逆は認めないのだ。

この論文の中でトムソンは、一九世紀半ばの物理学にとっては目新しい、不可逆性という概念に着目した。ニュートンの法則は可逆であって、不可逆性といった概念は含んでいない。たとえば、誰かがある高さの窓からある重さのボールを落としたとしよう。すると地上にいる別の人は、ニュートンの法則を使って、そのボールが地面に衝突する直前の下向きのスピードを計算できる。そこで地上の人は、そのボールをそのスピードで投げ上げる。するとボールは最初の人のところにぴたりと戻ってくる。しかし車輪が道路にこすれる場合は、話がまったく違ってくる。車輪の力学的エネルギーの一部が、摩擦によって熱に変わる。その摩擦熱を回収して車輪に戻すのは不可能である、とトムソンは論じたのだ。

トムソンは熱の科学の中に、自分が人生で経験したのと同じ不可逆性を感じ取った。この宇宙で起こる多くの事柄が一方向にしか進まないのには、れっきとしたわけがある。それはエネルギーが一方向にしか拡散しないことの表れであって、時間が過去から未来へ流れる原因でもある。トムソンは時間の矢を見つけたことになる。時間の矢は、拡散が進んでいない過去から拡散が進んだ未来へという一方向を向いていて、その拡散が済んでしまったら時間は終わるのだ。

トムソンは、冷めていく鉄の棒を宇宙全体のたとえとして使ったことになる。宇宙におけるすべての変化は、一か所に集中していた熱が拡散することで起こる。論文の初期の草稿には次のように書かれている。「どのような物理的作用をもってしても、太陽から発せられた熱を回収することはできないはずだし、その熱源も無尽蔵ではない。『地は衣のように朽ちる』〔イザヤ書、第五一章第六節〕。物理世界の現在の形態や状態は、限られた時間しか持ちこたえられないのだ」[*14]

トムソンは、自らの信じる神と自身の経験、そして自らの進める科学とを合体させたといえる。出版された論文では聖書の一節こそ削除されているが、未来への絶望感は薄れていない。「地球は過去の有限の時間しか存在しなかったはずだ。また、地球は未来の有限の時間しか存在せず、現在と違って人間が住むには適さなくなるはずだ」

宇宙のぜんまいがほどけていって、すべての熱が拡散すると宇宙は死ぬというこの考え方は、「宇宙の熱的死」と呼ばれるようになった。当時の人々は、鉄の棒が冷めていくという日常の現象から、宇宙全体に関する壮大な結論を導いたトムソンの大胆さに気づいた。ヘルマン・ヘルムホルツは一八五四年に次のように記している。「トムソンの聡明さには感服するしかない。物体の熱と体積と圧力のみを扱う、ほとんど知られていない数式の記号の中に、この宇宙を悠久の歳月ののちに永遠の死に追いやる帰結を見出したのだ[*15]」

第7章　エントロピー　すべてを支配する法則

この世のエントロピーは最大量に向かう。

――ルドルフ・クラウジウス[*1]

ウィリアム・トムソンは、時間に終わりが存在するという予測を示しただけでは満足できなかった。それからすぐのちに、科学の辞書に名を残すある概念を考えついたのだ。その概念とは、いわゆる絶対温度である。

当時も、そしておおむね現在も、水銀などの物質の膨張度合いが温度の尺度として使われている。しかし次の例から分かるとおり、その方法には思いがけない落とし穴がある。

水銀温度計を冷蔵庫に入れたとしよう。水銀柱は摂氏一度を指している。次にこの温度計を冷蔵庫から出す。すると水銀は膨張して温度計の管を上昇し、摂氏四度を指すようになる（この例では、キッチンの温度は冷蔵庫内の温度より高いものの、かなり寒い日だったとする）。

この温度計の目盛は、水銀が約〇・〇一八パーセント膨張すると摂氏一度上昇したことになるという取り決めに基づいて振られている[*2]（温度計の管はとても細く作られていて、こんなに小さな体積変化でも読み取れるようになっている)。
　ではこの方法は、温度の測り方としてどれほど当てになるのだろうか？　別の物質を使っても同じだけの温度変化が測定されるのだろうか？　たとえば管に水を封入した温度計を思い浮かべてほしい。そして先ほどと同じ測定をおこなう。
　すると、冷蔵庫から出したときに水は膨張するどころか収縮する。冷蔵庫とキッチンの実際の温度は先ほどと同じなのに、測定に使う物質の振る舞いがまったく違ってしまうのだ。水銀を使うと庫内よりも部屋の方が暖かいという結果になるが、水は一見したところそれと逆の結果を示すのだ。どちらの物質を信頼すべきなのだろうか？[*3]
　トムソンは、加熱または冷却されたときに物質が膨張するか収縮するかに関係なく、一貫した形で温度を測定する方法を思いついた。要するに「絶対的な」温度スケールを考え出したのだ。そのためにトムソンは、カルノーの理想的な熱機関を温度計としてとらえた。そのロジックを追いかけるには頭を柔らかくする必要

水車を使って高さを測る

がある。

中世の村の広場に建っていたような塔を思い浮かべてほしい。その側面に窓を何枚か、すべて同じ高さに取り付けたいが、当てになる物差しがない。しかし代わりに可搬式の水車があって、その水車が発生させる仕事の量を「パフ」という単位で測ることができる。[*4]

そこで村の技術者が、塔のてっぺんに水タンクを置き、そのすぐ下に水車を取り付けた。そして水を流し、仕事を発生させた。

そこから水車を少しずつ下ろしていって、発生する仕事の量が一パフになるようにした。そしてその場所に印を付け、てっぺんからその場所までの高さを「一度」と定義した。

さらに水車を下げていって、「パフォメーター」の指す値が二になるようにする。その場所はてっぺんから二度低いことになる。

これを繰り返していく。生み出される仕事が一パフ増えるたびに、塔のてっぺんからの高さが一度ずつ大きくなっていくとするのだ。村の住民は五度の高さに窓を取り付け、すべての窓が同じ高さになったと満足した。

トムソンはこれに似た方法論を用いて温度を定義した。水車の代わりに理想的な熱機関を使い、高さを温度に置き換えたのだ。

初めは炉とシンクの温度が同じである。熱は流れず、熱機関は仕事をいっさい生み出さない。

そこからシンクの温度を徐々に下げていって、熱機関が一パフという量の仕事を生み出すようにする。このときのシンクの温度を、炉より一度低いと定義する。

これを繰り返していく。熱機関が二パフの仕事を生み出したら、シンクの温度は炉よりも二度低い。三パフであれば三度。以下同様。

この熱機関は温度計として使えるのだ。[*5]

たとえば冷凍庫の温度を測るには、その冷凍庫を熱機関のシンクとして使って、生み出される仕事の量を記録する。その量が一〇〇パフだったら、冷凍庫の温度は炉よりも一〇〇度低いということになる。

この値は絶対的であって、物質の熱的性質には左右されない。

このように温度を概念的に定義したところで、実用的なメリットはほとんどない。理想的な熱機関を作ることはできないし、温度を測るのにわざわざ熱機関を作動させなければならないなんてばかげている。

しかしメリットはある。前に説明したとおり、炉から熱機関に流れ込んだ熱の一部が仕事になって、残りの熱は捨てられる。そこからシンクの温度を下げていくと、仕事になる分が増えていく。

どんどん温度を下げていくと、最終的に、炉から流れ込んだすべての熱が仕事に変わる状態に達する。

そこが限界だ。流れ込んだ熱よりも多くの仕事を生み出すことはできない。もしも無から仕事を生み出すことができたら、エネルギー保存則が破られてしまう。したがってこのときのシンクの温度は、存在しうる最低の温度ということになる。

この宇宙にはいくつもの限界がある。たとえば、光の速さを超えることはけっしてできない。トムソンが導き出した、存在しうる最低の温度も、そんな限界の一つなのだ。

その温度を「絶対零度」という。この概念によって、多くの科学者が気づいていたがなかなか説明できなかった、温度によって気体の体積が変化する様子の解明に向けた道が開けた。風船を空気で膨らませ、圧力が変わらないよう海抜〇メートルに置いたまま冷やしていく。すると温度が下がるにつれて、空気は収縮していく。収縮する割合も温度の低下とともに上がっていく。摂氏一〇〇度から五〇度まで五〇度分下がったときよりも、五〇度から〇度まで五〇度分下がったときの方が、もっと大幅に収縮するのだ。

一九世紀には、気体を摂氏マイナス一三〇度くらいまで冷却することはできたものの、それよりも温度が下がるとどうなるかはよく分かっていなかった。気体の中には液化するものもあったが、何種類かの気体、とくに酸素や窒素は途中で液化せずに、そのまま収縮しつづけた。温度と体積の関係をグラフにしてその線を延長していくと、摂氏マイナス二七三度で気体の体積はゼロになり、圧力もいっさいおよぼさないようになってしまうように思われた。

この結果は、熱機関で無駄な熱がいっさい発生しないような温度が存在するという、トムソンの理論的結論と見事合致している。

理想的な熱機関のシリンダー内の気体が摂氏マイナス二七三度であれば、その気体はいっさい圧力をおよぼさない。すると、労力をまったく必要とせずにピストンを最初の位置に押し戻すことができる。

このロジックに基づいてトムソンは、気体の振る舞いから導き出される摂氏マイナス二七三度という温度が、自らが存在を証明した絶対零度に相当すると考えた。そして便宜上、自分が導いた温度スケールの一度の大きさを、摂氏一度と同じに定義した。

それから一〇〇年後の一九五四年、パリ近郊のセーヴルで開かれた第一〇回国際度量衡総会で、その絶対温度スケールにトムソンを讃えた名称を付けることが決定された。トムソンはケルヴィン卿という称号で世に知られていたため、その単位はケルヴィンと命名された。最新の測定によると、摂氏マイナス二七三・一五度が〇ケルヴィンに相当する。海抜〇メートルにおける氷の融点は二七三・一五ケルヴィン、水の沸点は三七三・一五ケルヴィンとなる。

トムソンのおかげで、温度は質量と同じく物体の基本的性質としてとらえられるようになった。目玉焼きや金塊や空気などどんな物体も、何でできているかに関係なくキログラムで重さを表すことができる。ケルヴィンという単位によって、温度にもそれと同じことが当てはまるようになった。質量と同じように温度も、それぞれの物質の性質に左右されないよう定義された数式を使って、その振る舞いや効果を調べられるようになったのだ。いまではブラックホールの温度までもが論じられるようになっている。

一八五〇年代を通じてクラウジウスは、ベルリン、続いてチューリヒで熱心に研究を重ね、熱の拡散に関して次々に洞察力を発揮していった。[*6] その取り組みの中から生まれたのが、エネルギーに匹敵する重要性を帯びた新たな物理量、「エントロピー」である。これが、熱の流れに隠された秘密の鍵だったのだ。

部屋がたくさんある大きな家を思い浮かべてほしい。いくつかの部屋は暖房があって暖かい。それ以外の部屋は暖房がなくて寒い。壁はすべて断熱されているし、部屋どうしをつなぐ扉は閉まっている。

ここで暖房を切り、部屋どうしをつなぐ扉を開ける。すると、暖かい部屋から寒い部屋へ熱が流れていく。やがて家じゅうが同じ温度になる。

クラウジウスは、このように熱がひとりでに拡散していく様子を数学的に表現するために、エントロピーという概念を考えついた。[*7] 家の例で言うと、外壁の内側で熱がどの程度拡散しているか、その尺度をエントロピーと定めたのだ。最初、ほとんどの熱は限られたいくつかの部屋に集中していて、それ以外のたくさんの部屋は寒い。熱はあまり拡散しておらず、温度は部屋によって大きく違う。クラウジウスは、このような状態のエントロピーは小さいと定めた。

扉を開けると熱が拡散して、各部屋の温度が均一に近づいていく。クラウジウスの定義によると、このとき家のエントロピーは大きくなっていく。温度のばらつきが小さくて、熱が均一に拡散しているほど、エントロピーの値は大きくなる。

熱が流れるとともにエントロピーがどのように変化するかを理解するために、部屋が二つしかない家を思い浮かべて、一方の部屋が暑く、もう一方の部屋が寒いとしよう。

エントロピーは、熱がどの程度拡散しているかを表す尺度である。したがって、各部屋の中で熱がどの程度拡散しているかに応じて、それぞれの部屋のエントロピーは異なる。それらをエントロピー（暑い部屋）、エントロピー（寒い部屋）と表すことにしよう。

すると家全体のエントロピーは、エントロピー（暑い部屋）＋エントロピー（寒い部屋）となる。

ここで扉を開けると、熱が流れて、暑い部屋は涼しく、寒い部屋は暖かくなっていく。

すると、暑い部屋に拡散している熱が少なくなって、エントロピー（暑い部屋）は小さくなる。

逆に寒い部屋に拡散している熱は多くなり、エントロピー（寒い部屋）は大きくなる。

クラウジウスはこのエントロピーの**変化**を、次のように定義した。

> 暑い部屋からある量の熱が流れ出したとき、その暑い部屋のエントロピーの減少分は、同じ量の熱が流れ込んだ寒い部屋のエントロピーの増加分よりも必ず小さい。[*8]
> したがってこの二部屋の家の場合、熱が流れたときのエントロピー（寒い部屋）の**増加**分は、エントロピー（暑い部屋）の**減少**分よりも**大きい**。
> ゆえに、家全体のエントロピーは大きくなる。

クラウジウスはこのようにエントロピーを定義することで、熱は必ず温度の高い場所から低い場所へ流れるという法則を数学的に表現した。外部から断熱されているどんな系でも、エントロピーは必ず増えていくのだ。

これを数式で書くと、$\Delta S \geqq 0$となる。短い数式だが、科学全体でもっとも重要な式の一つだ。Δはギリシャ文字の「デルタ」で、数学では変化を表すのによく使われる。$\geqq$は「……以上」という意味。Sはクラウジウスがエントロピーを表すのに選んだ文字。真偽のほどは分からないが、サディ（Sadi）・カルノーに敬意を表してこの文字を選んだという説がある。

同じ量の熱でも、高温の場所よりも低温の場所の方がエントロピーの変化が大きくなるというのは、何とも奇妙ではないだろうか？　そこでこんなたとえ話で考えてみよう。混み合った騒々しいパブの隣に、静かな図書館がある。そのパブから荒くれ者が五人出ていった。パブの騒々しさは下がったが、ほとんど気づかないくらいだ。その五人が図書館になだれ込んできた。すると、図書館の騒々しさはかなり上がる。騒ぐ連中が静かな場所に入ってきたときにその場の平穏が乱される割合は、その連中が騒々しい場所から出ていったときにその場が落ち着く割合よりも大きいのだ。

それと同じように、ある量の熱が暑い部屋から流れ出したときにその部屋のエントロピーが減少する量は、その熱が寒い部屋に流れ込んできたときのエントロピーの増加量よりも小さいのだ。

要するに、ある系のエントロピーが増加するというのは、その系の中で熱がどんどん拡散していくという意味である。

クラウジウスの不等式には、それが必ず起こるということだけは示されているが、それが起こる速さについては何も語られていない。

部屋の壁を断熱して扉を閉めておけば、エントロピーが増加するスピードを遅くしてほぼゼロにできる。

このようなとらえ方にはもう一つ利点がある。熱機関を、小さいエントロピーを利用する装置として理解できるのだ。

先ほどの家の扉をすべて外して、代わりに熱機関を取り付ける。すると、暑い部屋の熱が熱機関を通って寒い部屋に流れていき、その熱の一部がそれぞれの熱機関によって仕事に変換される（たとえば鉱坑から水が汲み上げられる）。残りの熱はそのまま拡散し、最終的にはすべての部屋の温度が等しくなる。そのようなエントロピー最大の状態に達してしまえば、熱機関は動作しなくなる。家の中の熱はもはや使いようがない。

つまり、エントロピーが増加するというのは、熱の有用性が下がっていくことにほかならないのだ。部屋がたくさんある家の例なんて風変わりに思えるだろうが、熱が拡散するどんな系を考える上でもこの例は役に立つ。現代の世界はまさにこの家そっくりだ。化石燃料や核燃料、太陽光や風[*9]に蓄えられている熱を解放させて流し、その一部を仕事に変換して、家や工場や輸送機関のために使っているのだ。生命もこの原理に従っている。植物は太陽光エネルギーを拡散させることで、動物は食物中のエネルギーを拡散させることで、生きているのだ。

$\Delta S \geqq 0$ という法則は、我々すべてを支配しているのだ。

一八六五年にクラウジウスは、一五年前の論文で最初に示した熱力学の二つの法則を改めて取り上げた。そして、“Kraft”の代わりに「エネルギー」という言葉を使って表現しなおすとともに、自ら考案した「エントロピー」という言葉を付け加えた。[*10] その結果、二つの法則は次のような形になった。[*11]

1．宇宙のエネルギーの量は一定である。

2．宇宙のエントロピーの量は最大量に向かって増えていく。

（ここでいう「宇宙」とは、閉じている〔周囲から切り離された〕系という意味である。しかし我々が住むこの宇宙の外側には何もないので、実際の宇宙のエネルギーの量も変化しないし、エントロピーも増えていく）

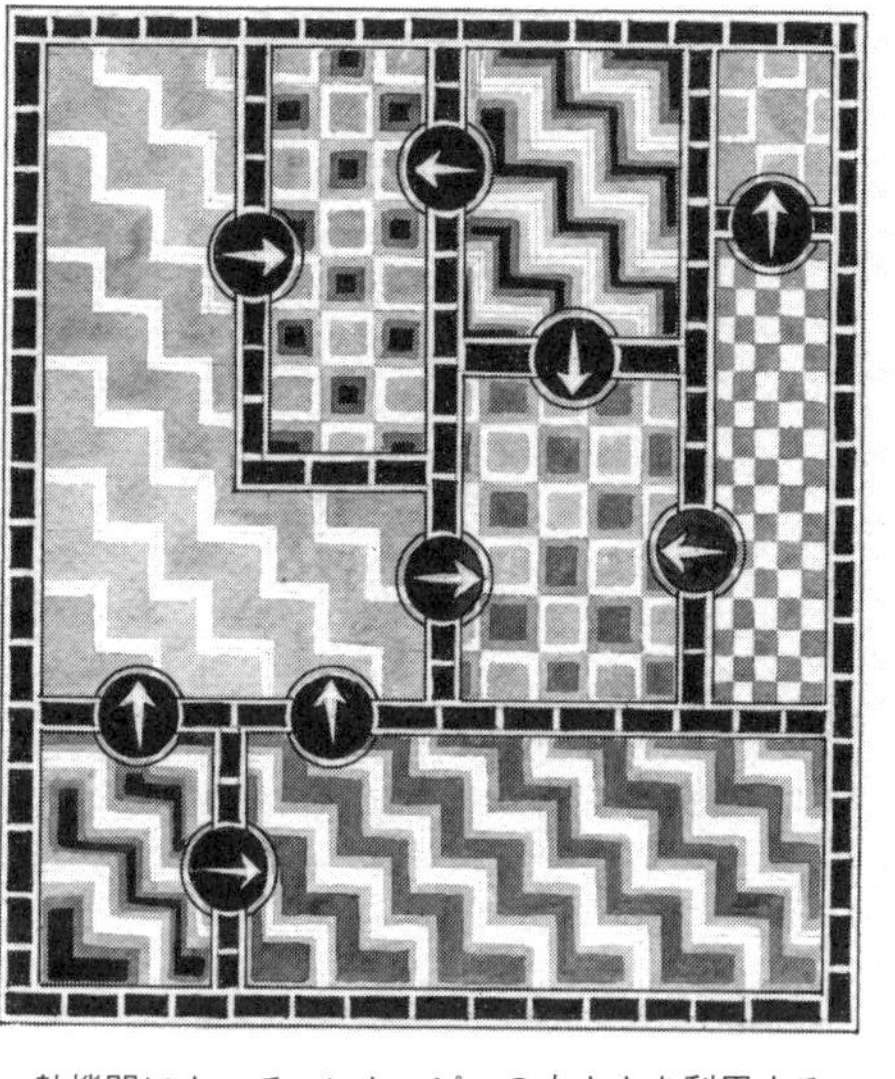

熱機関によってエントロピーの小ささを利用する

簡潔で力強いこの二つの文は、人類の知性と想像力の証と言える。科学史の節目として、その二〇〇年前に発表されたニュートンの運動の法則に匹敵する重要性を帯びている。

一八六五年にクラウジウスによって発表されて以降、これらの原理は物理学で中心的な役割を果たし、人類が原子や細胞からブラックホールまであらゆるものを理解する上で役に立ってきた。まさに人類の知性と想像力の証だ。

しかし科学の原理は、たとえ真理であっても誤解されたり誤用されたりしかねない。世界の舞台に躍り出た熱力学も、別のある科学分野における最新の学説を攻撃するための武器として使われてしまう。主役は一九世紀イギリスにおける二人の知の巨人、ウィリアム・トムソンとチャールズ・

ダーウィンである。

「一つの生物種が別の生物種に変化する」[12]。チャールズ・ダーウィンがノートにこの一節を記したのは、イギリス軍艦ビーグル号に博物学者として乗船して五年間航海したのちの、一八三七年のことだった。南アメリカやガラパゴス諸島など各地でさまざまな生物を目にしたことで、生物種は別の種に変化し、そのプロセスは食物をめぐる競争などの環境圧を受けて進行すると確信したのだ。しかし、それが途方もない主張であることを悟ったダーウィンは、それから二〇年をかけて裏付けとなるデータを集める。自ら標本を観察したり収集したりするだけでなく、ほかの博物学者の研究結果を精査したり、家畜を長期間にわたって調べたり、ツルアシ類（フジツボなどの甲殻類）や甲虫やフィンチ（アトリ科の小鳥）の形態変化を記録したりしたのだ。

飛び抜けて慎重な科学者であるダーウィンは、反論の余地のない仮定の一つとして、この地球は計り知れないほど古いと考えた。ビーグル号での航海の際には、いまでも地質学の祖とされているスコットランド人チャールズ・ライエルの著書、『地質学原理』（*Principles of Geology*）を携えていた。この本が説いていたのは、気象や潮汐（ちょうせき）、風や水による浸食などの自然のプロセスによって地表が徐々に変化してきたとする、斉一説（せいいつせつ）という考え方である[13]。さらに、海岸線が浸食されていく様子を思い浮かべれば分かるとおり、そのプロセスはとてつもなく遅いのだから、地球は何億年も昔から存在していたはずだと論じていた。この斉一説に真っ向から対立するのが、激変説というものである。地球はもっと若くて、人類が経験してきたものよりもはるかに激しい地震や噴火や洪水など、地球規模の猛烈な出来事によって突然変化したとする説だ。とくにイギリスでは多くの学者が、この激変説はノアの洪水など聖書に描かれている出来事と合致すると主張していた。

ダーウィンは、自然選択による進化には悠久の時間が必要で、ライエルによる斉一説が正しければそのような長い歳月が確保できると考えた。一八五九年に出版した『種の起源』（*On the Origin of Species*）の中では、もしも地球が若かったら自分の学説は崩れると認めている。また、地球は古くて徐々に変化してきたと説く斉一説に否定的な人たちは、「すぐさまこの本を閉じてしまうだろう」とも書いている。ダーウィンは執筆中、神学者や、いまだに激変説を信じる地質学者が自分の説を非難してくるだろうと覚悟していた。しかし、二三年後に世を去る前に熱力学の不等式に苦しめられることになるなんて、夢にも思っていなかった。

ウィリアム・トムソンは大学生の頃から地質学に興味を持っていて、地質にまつわる数々の謎を物理学で解明できないかと考えていた。当時、科学の各分野はまだはっきりとは区別されておらず、トムソンは実験室で発見された物理原理を地球や宇宙全体に当てはめられるはずだと信じていた。一八五〇年代になると、斉一説には欠陥があるという確信に至り、いくつかの学術誌で斉一説を批判する論文を発表したが、一般の人々の目にはほとんど留まらなかった。[*14]『種の起源』が出版された一年後の一八六〇年末、トムソンは脚を骨折した。そのせいで寝たきりになったため、思索にふけり、斉一説が間違っていればダーウィンの説も破綻するという結論に至った。そしてダーウィン説に対する批判の第一弾を、教養ある一般人に現代文学を紹介する雑誌『マクミラン誌』（*Macmillan's Magazine*）に投稿した[*15]（詩人アルフレッド・テニスンや小説家ラドヤード・キプリングもこの雑誌に寄稿している）。

トムソンは信仰心こそ厚かったものの、単に聖書を文言どおりに解釈して、地球は六〇〇〇年前に誕生したと信じていたわけではない。自らが苦心して確立させた科学原理、すなわち、エネルギーは生成も消滅もせず、熱は拡散していくという法則が、地球は古くて徐々に変化してきたとする考え方と真っ向から矛盾すると考えていたのだ。その法則を使えば、地球の年齢をはじき出して、進化が起こるほど古いかどうかを調べることができる、そうトムソンは説いた。

一八六二年四月に発表した論文の中でトムソンは、地球内部の熱の流れを熱力学的に解析した結果、地球は斉一説、ひいてはダーウィンが信じているよりも若くなければならないことが直接証明されたと主張した。論文の冒頭には、「熱力学の根本原理を地質学者はこれまで見過ごしてきた」と記されている。[*16] トムソンの主張で鍵となったのが、熱の拡散である。鉱坑やトンネルの中での記録から、地中深くなるほど温度が高くなることが分かっていた。トムソンの友人であるスコットランド人物理学者のJ・D・フォーブズが、エディンバラ周辺で測定をおこなったところ、五〇フィート（約一五メートル）深くなるごとに華氏一度（摂氏約〇・五六度）上がると算出された。その結果を受けてトムソンは、地球は大気に熱を奪われて冷えつづけていると確信した。

そこで、フォーブズの測定値と、熱伝導や岩石の融点に関する測定結果を、見事な数学を駆使して結びつけた。そしてデータに不確かさがあることを踏まえて、地球の年齢は二〇〇〇万年から四億年のあいだであると結論づけた。進化が起こるにはあまりに短すぎる。たとえ古いほうの推定値が正しかったとしても、地球はほとんどの期間にわたって現在よりもかなり高温だったはずだ。いまから約二〇〇〇万年前より以前は、地球全体があまりに高温でどろどろに融けていただろう。進化が起こるためには、地球が長い年月にわたって現在とほぼ同じ状態でなければならないが、熱力学的に考えてそれはありえないというのだ。

ダーウィンは心かき乱された。友人たちに宛てた手紙には以下のような記述が見られる。「地球の現在の年齢に関するトムソンの見解に、しばらくのあいだ何よりもひどく悩まされている」。「W・トムソン卿による地球の若さにとても悩まされている」[17]。「そうしてW・トムソン卿が忌まわしいもののけのごとく現れた」[18]。ダーウィンの支持者たちは、自分にはトムソンの主張を批判する資格はないと感じて、進化はこれまで考えられてきたよりも速く進むのではないかと提唱したが、その解決策にダーウィンは納得できなかった。

ダーウィンはトムソンに対する満足のいく反論を、生きているうちに見つけることはできなかった。この問題に関して発表した最後の文章の中では、自説に対するトムソンの反論は「これまでに示された中でもっとも深刻なものの一つである」と認めている[19]。記述はさらに次のように続く。「私にせいぜい言えるのは、第一に、年数で表した生物種の変化の速さが分かっていないこと、第二に、この宇宙の成り立ちや地球の内部に関して十分に分かっていいて、過去どれだけ存続してきたかを確実に推測できるとは、多くの学者がいまだ認めていないことだけである[20]」

ダーウィンは地球の古さに関する自らの直感を生きているうちに立証することはできなかったが、トムソンのほうは自分が間違っていたと知ることとなる。一八九〇年代、新たなエネルギー源である放射能が発見されたのだ。それによって、原子の内部には大量のエネルギーが隠されていることが明らかとなった。恒星中での核融合のメカニズムが解明されるのはそれから数十年後のことだが、放射性元素から出てくるエネルギーの測定によって、太陽ほどの大きさの天体なら数十億年にわたって熱を放出できることが示された。さらに、放射性年代測定法という新たな手法によって、地球にもそれに匹敵する年齢の岩石が存在することが分かった。新たな放射線科学の開拓者の一人であるアーネスト・ラザフォードは、一九〇四年にロンドンの王立協会でおこなった講演の中で次のように言い切った。「放射性元素の発見によって、あの地質学者兼生物学者〔ダーウィン〕が進化のプロセスにかかったと主張する歳月の長さは受け入れられるようになった[*21]」

しかしこのとき七九歳だったトムソンは納得せず、三年後に世を去るまで受け入れようとはしなかった。科学とはそういうものだ。トムソンも取り立てて頑固だったわけではない。科学者も人間であって、創造的な活動に携わるどんな人とも同じく、愛着のある考えに突き動かされ、直感に付き従うものだ。これらは真理に達するための強力な道具ではあるが、間違った道に連れていってしまうこともある。トムソンは、カルノーが熱の流れを重視したのは正しかったと直感し、その直感を裏付ける証拠を探した。最初の何年かは不十分な証拠しか得られなかったが、それでも熱力学の基礎を築くことができた。その同じ本能、同じ直感が、今度は、ダーウィンの言う地球の年齢は間違っていると語りかけてきて、トムソンはそれを裏付ける証拠を探した。カルノーに関しては正しかったが、ダーウィンに関しては間違っていたのだ。

トムソンと一八六〇年代の物理学の実力を物語るように、彼の説はあらゆる分野の科学者に受け入れられた。熱力学の法則は、産業化時代のいわば勝利の雄叫びだった。熱が世界を未来へと導き、科学者は熱の挙動を理解した。

しかし熱とはいったい何だろうか？　この疑問はまだ解決していなかった。

第8章　熱は運動である　気体分子から地球大気まで

ならば、部屋の中でたばこの煙が層をなしてこれほど長いあいだ動かずに留まっているのは、いったいどうしてだというのか？

——オランダ人気象学者クリストフ・ボイス・バロット

ルドルフ・クラウジウスが、熱はひとりでに高温の場所から低温の場所に流れると明らかにしたことで、熱の挙動をかつてなく正確に理解できるようになった。しかしクラウジウスはその論文の中で、熱の正体に関するいかなる具体的な説にも基づいてはいないと、いちいち念を押している。[*1] のちの文書から明らかなとおり、熱の本性に関する自分なりの見解を持ってはいたが、もしもそれを公表して間違っていたら、これまでの成果がすべて傷つけられてしまうと恐れていたのだ。[*2]

しかし一八五七年にそんな状況も変わった。熱素説に代わる、のちに運動論と呼ばれるようになる説が浮上してきたのだ。そうして多くの人が運動論に関する文章を発表したことで、一九世紀半ばのヨーロッパを代表する学者であったクラウジウスも、熱の正体に関する自らの考えを記した論文を書くことにした。[*3]

クラウジウスの説を理解するために、夏と冬とでの温度の違いを考えてみよう。クラウジウスがベルリンから離れ、チューリヒに開校したばかりの連邦工科大学（ＥＴＨ）の数理物理学教授になったのは、ある夏の日のことだったとする。記録によると、チューリヒでは七月の日中の気温は摂氏二〇度ほどだった。しかし一二月になると太陽の光が弱くなり、正午でも気温は摂氏〇度に届くか届かないかだった。では、暖かい空気と冷たい空気とでは何が違うのだろうか？　七月も一二月も空気の見た目は同じだが、感じ方は大きく違う。なぜだろうか？

＊＊＊

それに答える上でクラウジウスがよすがとした考え方は、一七三八年、スイスの大学者ダニエル・ベルヌーイによって提唱されて以降、科学の本流から外れたところで忘れられかけていた。[*4]　一〇〇年間、熱素説の陰に隠れてほぼ顧みられていなかったのだ。ベルヌーイの説は多くの点で時代を先取りしすぎていて、本人ですら単なる思いつきにすぎないとみなしていた。おそらく最大の関心が熱ではなく血液にあったからだろう。[*5]

ベルヌーイは学者が君主に仕える時代に生まれ、二五歳のときにロシア皇帝エカテリーナ一世からサンクトペテルブルク大学の数学教授に招聘（しょうへい）された。[*6]　医学も学んでいたため、その地で、体内を血液がめぐるしくみに惹きつけられた。そして、患者の前腕の動脈に細いガラス管の一方の端を差し込むと、血液がガラス管の中を数センチメートル上昇してくることに気づいた。その高さを測ることで、患者の血圧を測定したのだ（この血圧測定法は一八九〇年代まで広く使われつづけた）。

医師であるとともに数学者・物理学者でもあったベルヌーイは、一連の実験によってさらに探究を進めようと心に決めた。そこで、腕の中で起こっていることを模すために、小さい穴を開けた細いパイプにポンプで水を送り込み、その穴にストローを差し込んだ。すると腕を流れる血液と同じように、水がストローの中をある高さまで上がり、パイプを流れる水が圧力をおよぼしていることが分かった。しかしベルヌーイを本当に驚かせたのは、パイプの中での水の流速を速くするにつれて、ストローの中を水が上がる高さが下がっていくことだった。流れが速くなると圧力が下がるのだ。興味をそそられたベルヌーイは、この現象を数学的に説明することにした。

まずは、当時の数学で説明がついていた物理世界の一側面である、砲弾やビリヤードボールといった固い物体の運動のしかた、いわゆる力学の原理に注目した。力学の原理は一六八〇年代にアイザック・ニュートンによって確立され、ベルヌーイが研究に取り組んだ一七三〇年代にはすでに洗練された道具となっていた。

ベルヌーイはこの力学の原理を血液や水などの流体に応用し、自らの観察結果が正しく予測されることを示した。[*7] いまではベルヌーイの定理と呼ばれているその法則は、液体だけでなく気体にも当てはまる。その作用は飛行機に乗るたびに見ることができる。翼をよく見ると、上側の面が膨らんでいて下側の面は平らであることが分かるだろう。このような形をしているせいで、翼の上側よりも下側の方が空気の流れが遅くなって、翼にかかる上向きの圧力が下向きの圧力よりも大きくなり、機体が上向きの「揚力」を受ける。

一七三八年にベルヌーイは、ニュートン力学をさまざまな形で流体に応用した、『流体力学』(*Hydrodynamica*) というタイトルの本を出版した。その第一〇章『弾性流体、とくに空気の性質と運動について』(*De affectionibus atque motibus fluidorum elasticorum, precipue, autem aëris*) では、温度の変化とともに気体がどのような振る舞いを見せるかという疑問に挑んだ。そして、それもまたニュートン力学を使って説明できると論じた。

初めに、気体を圧縮しようとすると抵抗される理由について考える。たとえば風船を押しつぶそうとすると、少し力が要る。それは、中の空気が押し返してくる、つまり圧力をおよぼすからだ。この現象を説明するためにベルヌーイは、気体は「超高速で運動する微小な粒子」からできていると仮定した。[*8] その粒子は小さすぎて見ることはできないが、ちっぽけなビリヤードボールのように振る舞う。そのため、風船を押しつぶそうとしたときに感じられる圧力は、これらの微小粒子が風船のゴムの内側に衝突することで生じたものにほかならない。粒子が内側に衝突するたびに、ゴムが少しだけ外側に押し出される。粒子が一個だけ衝突しても気づかないが、すべての粒子が集団となってぶつかってくるので、それが空気の圧力として感じられるのだ。ベルヌーイは、空気の粒子もビリヤードボールと同じくニュートン力学の原理に従うと仮定することで、温度が一定の場合に空気の圧力と体積が数学的にどのような関係にあるかを導き出すことができた。引きつづき風船の例を使えば、風船を押しつぶして半分の体積にすると、中の空気がおよぼす圧力は二倍になる。体積が三分の一になると圧力は三倍。体積が四分の一になると圧力は四倍。この予測は実験によって確かに裏付けられている。

では、温度を変えるとどうなるのだろうか？　ベルヌーイは、気体を熱すると圧力が高くなることに気づいた。風船を熱すると、中の空気が膨張するとともに、空気がゴムにおよぼす圧力が上がる。逆に、膨らんだ風船を冷蔵庫に入れて冷やすと、風船は小さくなって圧力が下がる。

ベルヌーイは次のように推論した。気体を加熱すると圧力が上がる。圧力は空気粒子の運動スピードによって直接決まる。したがって、気体に熱を加えると、粒子の運動スピードが上がるはずだ。要するに、熱い空気が冷たい空気よりも熱く感じられるのは、熱い空気の粒子が冷たい空気の粒子よりもずっと速く飛び交っているからだ。

見事な眼識で、後から見ると画期的な瞬間だったように思える。「高速の」粒子が皮膚にぶつかったのを、我々は「熱い」と解釈するのだ。ゆっくり運動する粒子が皮膚にぶつかると、「冷たい」と感じる。つまり温度とは、気体粒子の運動スピードの表れなのだ。粒子のスピードが速いほど、温度は高くなる。夏と冬の空気の違いは、詰まるところ空気の粒子の運動スピードの違いなのだ。ベルヌーイの言葉を借りれば、暑い日は寒い日よりも粒子が「激しく運動している」[*9]ということだ。

しかしこの「気体運動論」に対する当時の人々の反応は、後世の我々が考えるのとはまったく違っていた。一八世紀の物理学者はこの理論をほとんど相手にしなかったのだ。蒸気機関の改良といった差し迫った必要性がなかったため、耳を傾けるまでもなかったのだろう。どんなに優れた科学理論でも、文化や社会や経済と関わりがなければ視界には入ってこないものだ。熱に関するベルヌーイの著作は一〇〇年以上早すぎたのだ。

それでもベルヌーイの運動論は生き長らえ、一〇〇年以上にわたって科学界の片隅で時折取り上げられた。そして一九世紀半ば、蒸気機関によって熱の性質に多くの視線が向けられ、熱素説が道半ばでつまずくと、運動論が再び人々の視界に入ってきた。マンチェスターやベルリンで発刊されている学術誌にも、運動論に関連するさまざまな学説が登場した。たとえば一八四五年、ボンベイ(現在のムンバイ)にある学校のイギリス人校長が、運動論に関する自らの見解を論文にまとめて王立協会の学術誌に投稿したが、あっさりと掲載拒否された。査読者のコメントには、「本論文はナンセンス以外の何ものでもない」と記されている。[*10]

まもなくしてそんな見方も変わりはじめる。一八五七年にチューリヒでルドルフ・クラウジウスが、運動論を擁護する論文『我々が温かさと呼ぶ運動の性質について』（*Über die Art der Bewegung, welche wir Warmenemen*）を発表したのだ。

物理学に対するクラウジウスの取り組み方に、運動論はぴたりと当てはまった。理論家で数学者としても才能あふれるクラウジウスは、実験室と同じく頭の中でも物理学を前進させることができると感じていた。[*11] そんなクラウジウスは運動論に基づいて、目に見えない微小な物理世界の姿を思い描いただけでなく、あらゆる気体の振る舞いに関する幅広い予測を導き出したのだ。

クラウジウスの論文は珍しいスタイルで書かれている。[*12] わずか二七ページの長さでありながら、最初の三分の二には数式がいっさい登場しない。平たい言葉で読者に説いてから、最後の三分の一でそれを数学的論証によって裏付けているのだ。

初めに、気体の温度はその気体の構成粒子の運動スピードの表れであるという、ベルヌーイの仮説を改めて紹介している。ただし、その粒子は必ずしものっぺらぼうの球体であるとは限らないと付け足している。塊になって複雑な構造を作ることもあるというのだ。たとえば、二個の原子がつながって小さなダンベルのような形になることもありえる。この構造体は、ダンベルの両端が近づいたり遠ざかったりして振動することもできる。こうしてクラウジウスは、気体の温度と、気体に含まれている熱エネルギーの総量とを区別するに至った。あらゆる種類の運動を足し合わせたものが、気体の熱エネルギーに相当する。しかしその中で温度に寄与するのは、直線的な運動、クラウジウスの言う「並進運動」だけだ。

このように考えると、我々の住むこの世界にあまねく見られるある特徴にも説明がつく。同じ量の熱でも、物質の種類が違うと温度の上がり方が違ってくるという特徴だ。たとえば石炭一キログラムを燃やして発生した熱で、ヘリウム原子が入った箱と、それと同じ個数の酸素分子が入った箱を加熱する。すると、酸素よりもヘリウムの方が温度が大幅に上がる。

クラウジウスが推測するしかなかった事柄を、現代の我々は事実として知っている。分子の構造によって、取りうる運動のタイプが決まるという事実だ。ヘリウム原子はのっぺらぼうの球体だが、酸素分子は先ほど説明した小さなダンベルに似ている。

そのため、ヘリウムの入った箱を加熱すると、そのエネルギーがすべて、粒子の直線運動を加速させるのに使われる。それに対して酸素では、エネルギーの一部が粒子の振動を速くするのに使われてしまい、直線運動の加速に使えるエネルギーが減ってしまう。したがって同じ量の熱でも、酸素分子よりヘリウム原子の方が速く運動するようになり、結果としてヘリウムの温度の方がより大幅に上がるのだ。

クラウジウスはまた、気体は粒子からできているとするベルヌーイの説を液体や固体にまで拡張し、すべての物質は絶えず運動していると論じた。固体の場合、分子は一定の位置を中心に振動する。液体の場合には粒子はつねに漂っていて、結合の生成と切断を同じスピードでおこなうことで流体を形作っている。そして気体の場合には、分子は互いに独立にあらゆる方向へ自由に運動している。

これらのイメージを固めた上でクラウジウスは、蒸発がどのようにして起こるのかを説得力のある形で描き出した。鉢に水を入れて数時間放置しておくと、さほど暑くない日でもかなりの量が空気中に消えてしまう。それは、液面でとある現象が起こるからだ。液面でも液体中と同じように結合の生成と切断が起こっているが、液面より上には結合の相手となる粒子が存在しない。そのため、液面にある粒子がときどき下側の粒子と結合を切って自由の身になる。その粒子が上向きに運動すると、結合する相手が何もないため、液体から飛び出していく。そうして時間とともに次々と粒子が飛び出していき、鉢に張った水の大部分が蒸発によって失われてしまうのだ。

クラウジウスは気体粒子の運動と温度を関係づけた上で、酸素や窒素など大気中に多く存在する分子の平均スピードも推定した。摂氏〇度における酸素分子の平均スピードは、秒速四六一メートルと算出された。つまり時速一五〇〇キロメートルを優に超えるのだ。この値は現代の算出値と一パーセント以内の差で合致している。

図らずもクラウジウスは、大気中に大量の酸素や窒素が留まっていられる理由にもたどり着いたことになる。ニュートンの法則を使うと、地球の脱出速度と呼ばれるものを計算できる。その値は秒速約一一キロメートル。これよりも速く運動する物体は、地球の重力を逃れて宇宙空間に飛んでいってしまう。しかし酸素分子の平均スピードは秒速わずか〇・五キロメートルと、地球の脱出速度よりもかなり遅い。そのおかげで酸素分子は大気中に留まっていられるのだ。[*13] もっと小さい天体で、脱出速度が気体分子の平均スピードに近いかそれ以下だと、気体分子が宇宙空間に漂っていって、その天体からは大気が失われてしまう。このような計算は、現代の天文学者が居住可能な惑星を探すのにも役立っている。

クラウジウスの一八五七年の論文は、我々が住むこの世界の秘密を偉大な科学が解き明かした見事な実例といえる。涼しい風が吹く理由や、地球の大気中に我々が呼吸できる酸素が含まれている理由を説明してくれたのだ。だが皮肉なことに、これと同じような推論によってクラウジウスの運動論は危うく頓挫しかける。クラウジウスの発表からわずか一年後の一八五八年、オランダ人気象学者のクリストフ・ボイス・バロットが、気体分子は高速で飛び交っているとするクラウジウスの主張と、現実の気体に共通して見られるある性質とが相容れないと論じる論文を発表したのだ。[*14] ボイス・バロットいわく、もしも気体がクラウジウスの言うとおりに振る舞うとしたら、気体どうしはあっという間に混ざり合うはずだ。塩素など臭いの強い気体の入った瓶を開けて部屋の隅に置いたら、〇・〇〇一秒ほどでその分子は部屋の反対端にも飛んできて、瞬時に臭いが感じられるはずだ。ところが実際には、臭いがするまでに何分もかかる。ボイス・バロットはクラウジウスの説に対する反論を、次のような真に迫った描写で締めくくっている。「ならば、部屋の中でたばこの煙が層をなしてこれほど長いあいだ動かずに留まっているのは、いったいどうしてだというのか?」 葉巻に火を点けながら「それ見たことか」とほくそ笑んでいるボイス・バロットの声が聞こえるかのようだ。

クラウジウスは科学者にふさわしく、筋の通った批判なら真剣に受け止めた。「たばこの煙」問題に対する反論を示した、運動論に関する二本目の論文では、この理論に巧妙なひねりを加えた。[*15] 分子は小さいながらもある程度の大きさを持っていると論じたのだ。気体分子は微小な球体または球体の集合体で、遊園地のゴーカートのように絶えず衝突しあっている。一個一個の分子は猛スピードで運動しているが、ちょっと進んだところで別の分子と衝突して進行方向が変わる。そこからちょっと進むと、また衝突して進行方向が変わる。それが繰り返される。そのため分子は直線的には進まず、前後左右上下にジグザグに運動する。衝突してから次に衝突するまでのスピードは速いが、ある程度の距離を進むには長い時間がかかるのだ。

クラウジウスによる気体の挙動のとらえ方は、いまでは高校の物理の授業でも教えられている。この理論を教わって育った我々には、クラウジウスの論文に納得いかなかった当時の人々の心境はなかなか理解できない。問題は、論文に示されている予測がいずれも検証不可能であることだった。クラウジウスは、気体は絶えず運動している分子からできていると主張したが、その分子の大きさを算出する方法は示していない。分子の平均スピードを予測したが、それもまた検証しようがなかった。検証可能な新たな予測を示さない限り、運動論はただの仮説にすぎないのだ。

だが幸いなことに、クラウジウスのこの論文が英語に翻訳された。そして一八五九年二月、運動論に関する二本目の論文の英語訳が、スコットランド北東部のアバディーンにあるマーシャル・カレッジのとある物理教官の机の上に届いた。[*16] その偶然の出来事は、誰が書いたかと同じくらい、誰が読んだかも重要であることを物語っている。

第9章　衝突　マクスウェル、熱の正体に挑む

この世界では、確率論こそが真の論理だ。

――ジェイムズ・クラーク・マクスウェル

二月、スコットランド北東岸のアバディーン沖の北海では、平均海水温が摂氏六度にまで下がる。この時期にはイギリスのどこの海も浸かりたくはない冷たさだが、メキシコ湾流の温かい海水が流れ込まない北海の大部分ではとりわけてそうだ。しかもアバディーンは北緯五七度に位置しているため、冬の太陽は正午でも地平線から一〇度の高さまでしか昇らず、顔を出しているのはわずか八時間だ。海上の気温は摂氏〇度前後より上がらない。

一八五七年二月、ルドルフ・クラウジウスが温度の物理について思索を重ねていたのと同じ頃、アバディーンのマーシャル・カレッジに自然哲学教授として着任したばかりの、ジェイムズ・クラーク・マクスウェルという名の二五歳の若者が、街のすぐ南の海岸線に沿って延びる黒っぽい断崖の麓を散歩していた。[*1] すると途中で立ち止まって服を脱ぎ、凍えるような海に飛び込んだ。「このシーズン二度目」だった。気合いを入れたマクスウェルは、それに続いて「ポールの上に乗って体操」をした。[*2]

一八五〇年代にマーシャル・カレッジとして使われていた御影石の立派な建物は、いまでもアバディーンの街で威容を誇っている。そんな由緒あるマーシャル・カレッジでジェイムズ・クラーク・マクスウェルは、ほかの教授陣より一五歳も年下の最年少教授だった。教授になるためにマクスウェルは、スコットランドの法務長官とイギリス政府の内務大臣から許可を取り付けなければならなかった。しかし以前から物理学と数学の才能がよく知られていたため、許可は容易に得られた。一八三一年にエディンバラで生まれたマクスウェルは、一八世紀の啓蒙運動を牽引した人物を祖先に持つ中間富裕層の地主の家の出身で、わずか一四歳にしてデカルトの卵形と楕円に関する自身初の科学論文を書いた。[*3] 論文はエディンバラ王立協会に受理されたが、スコットランドを代表する科学者が集まって議論する会合に出席することは、若すぎるとして認められなかった。もし出席していたら、その場の雰囲気に圧倒されていたことだろう。八歳のときに母親を腹部のがんで亡くし、またスコットランド南西部に父親が所有するグレンレアという邸宅で個人教師から教育を受けたせいで、世慣れない孤独な子供に育っていた。少年時代の友人ルイス・キャンベルの記憶によると、マクスウェルは近視で、真面目で心優しいがおしゃべりは苦手だったという。「ふつうの会話の受け答えも回りくどくてわけが分からず、ためらいがちに話すことも多かった。食卓に着いているときには、周りをいっさい気にせずに、フィンガーボウルで光が屈折する効果を夢中で観察していた」[*4]

しかしエディンバラ大学とケンブリッジ大学で学問を修め、アバディーンで教職に就く頃になると、マクスウェルと出会った数学者や物理学者は誰しも、その風変わりな行動など気にせずに、抽象数学の才能と手製の実験への愛情を合わせ持った彼独特の精神に惹かれるようになっていた。マクスウェルは自宅で位相幾何学に関する文章を書く一方で、色つきの円盤を作って回転させ、赤と緑と青を組み合わせると白に見えることを実証した。

熱の正体は何であって、なぜ熱は高温の場所から低温の場所に流れるのかという疑問にマクスウェルが関心を持ったのは、アバディーンに来てからのことだった。それは教官としての向上心ゆえだった。マーシャル・カレッジの自然哲学のカリキュラムに熱の科目が含まれていたため、マクスウェルはできるだけ優れた授業をしようと、学生たちと一緒におこなう一連の実験を考え出した。その中には、何種類かの物質を融解させたり沸騰させたりするのに必要な熱の量を測定する実験もあった。この努力は見事功を奏した。

アバディーンで教職に就いてからまもなくして、マクスウェルは上司の娘に言い寄るようになる。マーシャル・カレッジの学長でスコットランド教会の司祭であるダニエル・デュワーは、若きマクスウェルにいたく感心し、自宅に何度か招待したり、スコットランド南東海岸への家族旅行に招いたりした。その訪問を通じてマクスウェルは、デュワーの娘で自分より六歳年上の三二歳のキャサリン・メアリーと親交を築いたのだ。二人ともクリスチャンだったことで関係はさらに深まった。言い寄っていた頃にマクスウェルがキャサリンに送った手紙のあちこちには、聖書の一節に関する長い議論が展開されている。一八五八年二月、二人は決心を固めて婚約した。マクスウェルがおばにそのことを知らせた手紙には、「互いに相手を大いに必要としていて、これまでに見てきたほとんどのカップルよりも互いのことを深く理解していますと書かれている。[*5]

「互いに相手を大いに必要としていて」というフレーズは何とも奇妙に聞こえるが、実は二人の人生は愛情よりも義務感に支配されていた。マクスウェルの初恋相手はいとこのリジー・ケイだったが、近親交配を恐れて結婚は避けたという話すらある。[*6] 残念なことに、マクスウェルの家族や友人の中でキャサリンと親しくなった人はほとんどいなかった。マクスウェルのいとこジェマイマ・ブラックバーンは、キャサリンについて次のように書いている。「あの女性は美人でもないし、健康でもないし、愛嬌もないが、ジェイムズにすごく惚れ込んだ。話によると、彼女の姉が、あの娘はあなたをすごく愛しているのにと突っかかってきたので、とても心優しいジェイムズは感謝の気持ちから彼女と結婚したそうだ。その後、彼女は気もそぞろになったが、ジェイムズはいつも優しくしてあげて何でも我慢した。彼女は嫉妬深く、ジェイムズを友人たちに近寄らせようとしなかった」[*7]。後年、二人がケンブリッジで暮らしていたときには、ジェイムズが人付き合いをするとキャサリンは機嫌を悪くするという噂が広まった。真偽のほどは分からないが、「ジェイムズ、もう帰る時間よ。羽を伸ばしすぎよ」としょっちゅう言っていたという[*8]。

しかし、マクスウェルの結婚生活に関する記録は断片的にしか残っていない。一九二九年、スコットランド南西部にある先祖伝来の邸宅グレンレアが火事に遭って、一家の文書のほとんどが燃えてしまった。その中には二人の結婚生活を別の視点からとらえた手紙も含まれていたはずだ。さかのぼって一八五八年、キャサリンにプロポーズしたすぐ後にジェイムズは、相手への愛をあらわにした次のような詩を詠んでいる。

僕と一緒になってくれるかい
爽やかな春の大潮の中
こんなに広い世界のどこででも
僕を慰めてくれる人よ[*9]

二人は長年にわたって寄り添い、大病のときには互いに世話をしあい、ときには一緒に科学の研究もした。それどころか、キャサリンは熱の科学の進歩にきわめて重要な貢献を果たすこととなる。

＊　＊　＊

一八五九年二月にマクスウェルは、熱の運動論に関するクラウジウスの二本の論文と出合った。最初、これは間違っていると感じた。そして、数学的に厳密に分析すればその間違いを証明できるだろうと考えた。

そのためにマクスウェルは、偶然の法則、正式に言うと確率と統計の法則に頼ることにした。

それは一九世紀半ばにしては革新的な一歩だった。当時の物理学者は、絶対に確実な予測を導き出せる自然法則を発見することが自分たちの仕事だと考えていた。何が起こりそうかではなく、何が起こるはずかを示すことに取り組んでいたのだ。そのような法則の見事な例がニュートンの運動の法則と重力理論であり、これらを組み合わせると、惑星の軌道や砲弾の飛行経路など、単純な運動の様子をきわめて高い信頼性で予測できる。ところがマクスウェルは、熱の運動論を検証するには、ニュートンの法則と、基礎物理学の範疇（はんちゅう）外とみなされていた偶然の数学とを合体させればいいと提案したのだ。

それは天文学者の研究から得た発想だった。[*10] 天文学者は、天体の振る舞いに偶然や確率の入り込む余地なんてないとは信じていたものの、人間には完璧な観測ができないことが研究の足枷（あしかせ）になっているのは自覚していた。移動している惑星の位置をしばらくのあいだ測定しても、真の軌道は分からない。どんなにがんばっても、測定結果には小さな誤差が付きまとってくる。そこで、不完全な測定結果からどのようにして惑星の真の軌道を決定するかというのが大きな問題となる。それを解決するために、一九世紀初めの天文学者は、サイコロの出る目にオッズを付ける方法を応用した。マクスウェルは一八歳のとき、天王星の発見者の息子ジョン・ハーシェルがその方法について記した論文を読んだ。[*11]そしてそれがとても役に立つことに衝撃を受けた。友人には次のように書いている。「この世界では、確率論こそが真の論理だ。数学のこの分野は、世間ではギャンブルやサイコロ遊びや賭け事のためのもので、とても不道徳だと考えられているが、実は唯一『実践的な人間のための数学』なのだ[*12]」

確率論について説明するには、その発想のおおもととなった運試しゲームに立ち戻ってみるのが一番だ。コインを一回投げて、表か裏かを言い当てたら賭け金をもらえるという、単純なゲームを思い浮かべてほしい。コインは公正で、表か裏のどちらかに偏ってはいないとすると、一回投げたときの表裏を予想して当たるチャンスは五分五分だ。では一〇〇回投げたら？　一回一回の結果を予想するのは難しいが、表が一〇〇回出て裏が一回も出ない確率がとてつもなく低いことは直感で分かるだろう。それに対して、表が五〇回、裏が五〇回出る確率はかなり高い。正確な値は次のようになる。

表がちょうど五〇回、裏がちょうど五〇回出る確率は、約一二分の一。
表が〇回、裏が一〇〇回出る確率は、およそ一兆の一兆の一〇〇万分の一（10^{30}分の一）。

こんなに確率の低い出来事に賭ける人なんてほとんどいないだろう。当然、ちょうど五〇回と五〇回に分かれるという結果がもっとも起こりやすく、表と裏の回数の差が大きくなるにつれて確率は急速に下がっていく。

コインを一〇〇回投げたときに起こりうるすべての結果の確率をグラフに表すと、昔ながらの教会の鐘を真っ二つにしたような形の滑らかな数学的曲線が得られる（「鐘型曲線」と呼ばれることが多い）。その鐘の頂点は、グラフの横軸の真ん中に来る。これは、表が五〇回、裏が五〇回と均等に分かれるのがもっとも起こりやすいことを表している。そこから左右へ進むにつれて、グラフの曲線は下がっていく。これは、表と裏の割合が五分五分から離れるにつれて、確率が下がっていくことを表している。グラフの左端は、表が一回も出ない場合に対応している。右端はすべて表の場合だ。これらの極端なケースでは、曲線の値は〇にかなり近い。

この曲線の頂点は、一〇〇回投げるのを一セットとしてそれを何セットも繰り返したときの、表の平均回数（五〇回）に対応する。この曲線のもっとも重要な特徴は、平均より大きくなる確率と小さくなる確率が等しいことである。表が五五回出る確率と、表が四五回出る確率は等しい。このような鐘型曲線が成り立つためには、各データが互いに独立している必要がある。つまり、ある回のコイン投げが別の回のコイン投げに影響を与えないということだ。

多くの科学的データがこれらの条件に当てはまるため、鐘型曲線はよく使われる。例として、男女いずれかの成人の身長や血圧をグラフにプロットすると、鐘型曲線になる。あるいは、腕の立つ射撃選手に、的の中心を狙って一〇〇発撃ってもらったらいい。[*13] そして、中心から一インチ以内の範囲に当たった回数、一インチから二インチの範囲に当たった回数、二インチから三インチの範囲に当たった回数……を数えていく。それらの回数をグラフにプロットすると、鐘型曲線になる（優秀な射撃選手ほど鐘型曲線は細くなる）。このプロセスを逆にたどることもできる。弾痕が鐘型曲線を描き出していれば、その頂点から的の中心の位置を推定できるのだ。それと同じように天文学者も、不正確な測定を何度もおこなうことで、星の実際の位置を導き出すことができる。

一八五〇年代末のこと、マクスウェルは、マーシャル・カレッジの天井の高い御影石造りの居室の中で椅子に腰掛けて、クラウジウスの説に鐘型曲線の原理を当てはめてみた。そうして導き出された結果はのちに、統計力学と呼ばれる科学分野へと成長する。マクスウェルはまず、気体の温度は気体粒子の平均スピードに比例するというクラウジウスの主張を改めて取り上げた。[14] しかしそこから、新たな方向へ進んでいく。平均よりも速く運動している粒子や遅く運動している粒子もあって、そのどちらもが気体の振る舞いに寄与していると論じたのだ。

だが、それを考慮に入れるにはどうすればいいのか？　一立方センチメートルの気体の中に一兆の一〇〇〇万倍個ほどの粒子が含まれているので、一個一個の粒子の影響を計算するのは非現実的だ。そこでマクスウェルは確率の法則を持ち出した。一個一個の粒子のスピードは気にせずに、ある体積の気体中をある範囲内のスピードで運動しているであろう粒子の割合をはじき出したのだ。そして次のように論じた。ある温度においてももっともたくさんの粒子が取るスピードというものがある。しかしその値より速く運動している粒子も、遅く運動している粒子も存在する。スピードがその値から離れれば離れるほど、粒子の個数は下がっていく。その下がり方は、コイン投げにおいて表と裏の回数の差が開くのにつれて確率が下がっていく様子に似ている。[15]

その様子を理解するために、あなたの身の回りにある空気の七八パーセントを占める窒素分子について考えてみよう。窒素分子はつねにあなたの身体に衝突している。マクスウェルの解析によると、室温の場合、もっとも多数の窒素分子が取る衝突スピードは、秒速およそ四二〇メートル。これは時速一五〇〇キロメートル超に相当する。しかし、この値とほぼ同じスピードでぶつかってくる分子一〇〇個あたり、もっと遅い時速七〇〇キロメートルでぶつかってくる分子が約五〇個存在する。また、もっと速い時速二四〇〇キロメートルでぶつかってくる分子も同じ数存在する。これまでに地上で観測された最低気温は、南極のヴォストーク基地における摂氏マイナス九〇度ほど。この温度でもっとも多数の分子が取るスピードは、時速約一二〇〇キロメートルにまで下がる。しかし、そのスピードで運動する分子一〇〇個あたり、時速一五〇〇キロメートルで運動する分子が九〇個近く、時速わずか八〇〇キロメートルで運動する分子も八〇個近く存在する。

この数年前にウィリアム・トムソンは、温度を、熱が仕事をする能力の尺度としてマクロ的に定義していた。それに対してこのときマクスウェルは、微小な分子の運動に基づいて温度をミクロ的に定義したことになる。

一八六〇年初めにマクスウェルは、気体の振る舞いに関するこの統計学的解析の結果を、『気体の力学的理論の例証』(*Illustrations of the Dynamical Theory of Gases*)というタイトルの論文で発表した。その時点では、この理論は単なる「推測」(マクスウェル本人の弁)にすぎなかった。それを一躍大成功へと導いたのは、論文の終わりの方で提案されたある観察実験である。マクスウェルは、この統計的解析から予測される気体のある振る舞いを、実験で検証できることに気づいた。その予測は運動論に特有のものなので、この理論の真偽を証明する手段になる。

その予測は熱と直接は関係がなかった。気体の粘性、つまり粘り気に関する予測である。気体がはちみつなどの液体のようにねばねばしているなんて思えないが、実は弱いながら粘り気がある。手を広げて空気中でゆっくり動かしてみてほしい。空気の粘性による小さな抵抗力でその動きは妨げられるのだ。

この現象を運動論で説明するために、次のような場面を思い浮かべてほしい。薄い金属板を地面から少し離して水平に持ち、一定のスピードでゆっくり動かす。金属板と地面のあいだの空気には、一定スピードで運動する微小なビリヤードボールのような粒子が何兆個も含まれている。その中で金属板に接触している粒子は、金属板とともに引きずられる。その金属板の影響は、金属板から下の方に離れるにつれて小さくなり、粒子が金属板と同じ方向に運動する傾向は下がっていく。それとともに地面の影響が強くなり、粒子のスピードは遅くなっていく。そして地面の上には、地面と直接接触して静止している空気分子が存在する。

だが運動論によれば、空気分子は金属板と同じ方向だけでなく、あらゆる方向にランダムに運動している。そのため、金属板の近くで高速運動している粒子の中には、下向きに運動しているものもある。それらの粒子は、下方でもっとゆっくり運動している粒子に衝突して、その粒子をわずかに加速させる。同様に、地面の近くで上向きにゆっくり運動している粒子が、上方にあるもっと高速の粒子に衝突し、その粒子を減速させる。

これらの衝突がすべて足し合わされた累積効果が、金属板にかかる抵抗力となる。

マクスウェルが運動論を数学的に解析したところ、この抵抗力について直感に反する予測が導かれた。気体の圧力が変化しても抵抗力は変化しないと予測されたのだ。[*16] 圧力が下がれば金属板と地面のあいだの空気分子の数は少なくなるのに、空気の粘り気は変わらないというのだ。

それは、空気分子の個数が少なくなると二つの効果が作用して、それらが打ち消し合うからだ。一方では、上下方向に運動する粒子どうしの衝突回数が減って、金属板にかかる合計の抵抗力が下がる。しかし他方では、一個一個の粒子がほかの粒子と衝突する回数が減るため、衝突から衝突までに長い距離を進むようになる。到達範囲が広がり、もっと遠くの粒子を減速させるようになる。そうして、地面の近くの低速粒子による「減速力」の効果が強まる。結果として、動かしている金属板にかかる抵抗力は変化しないのだ。

逆に圧力を上げていくと、単位体積当たりの粒子の個数は増えるが、衝突から衝突までに進む距離はずっと短くなる。膨大な数の粒子が盾となって、金属板を減速させる力を遮ってしまうのだ（ここでは、空気の温度は変化せず、分子のスピードも変わらないと仮定している）。

圧力が粘性に影響を与えないというこの予測の重要な点は、それが運動論から必然的に導かれることである。もしも実験で裏付けられなければ、運動論そのものも、運動論に基づく熱や温度の解釈も破綻する。そこでマクスウェルは科学文献を当たって、気体の粘性と圧力との関係に関するデータがないかどうか調べた。そうして見つかったわずかなデータは、予測と矛盾しているように見えた。マクスウェルは論文の中で、問題の方程式の数行下に、「この問題に関して唯一見つけたこの実験結果は、運動論を裏付けていないように思われる」と記している。[*17]

マクスウェルがにらんでいたとおり、運動論は間違っているのだろうか？　過去のデータはあまりにも不完全で、白黒付けられるものではなかった。また、マクスウェルは研究を進めるにつれて徐々に運動論に取りつかれていったようで、ある手紙には次のように書いている。「この理論にかなり思い入れが強くなってきたので、実験で少々冷や水を浴びせなければならない」[*18]

こうなったら、圧力を変化させながら気体の粘性を測定する実験を自分で計画して実行するしかない。マクスウェルは腹を決めた。しかしそれが叶う前に、実験どころではなくなってしまう。

論文発表からわずか数か月後、マクスウェルは失職したのだ。アバディーンは小さな街だったが、大学がマーシャル・カレッジとキングス・カレッジと二校もあり、一八六〇年に市はコスト削減のためにこの二校の合併を決定した。そして、新たな大学に自然哲学教授を二人も雇う余裕はないと判断した。マクスウェルにとっては不幸なことに、身長一九八センチ、その体格に似合って横柄なキングス・カレッジの自然哲学教授デイヴィッド・トムソンが、合併の主導者だった。[*19] しかもマクスウェルの方が年下だった。結果、マクスウェルの方が辞める羽目になったのだ。

さらなる不運がマクスウェルを襲う。一八六〇年秋、スコットランド南西部にある一家の邸宅グレンレアに滞在中、天然痘にかかってしまったのだ。一〇人中三人が死に至るその重い病気に、マクスウェルは一か月間苦しめられた。だが物理学にとって幸いなことに、ジェイムズは生き延びた。のちに友人たちには、キャサリンが毎晩看病してくれたから助かったのだと語っている。後年、キャサリンが慢性の病気にかかったときには、今度はジェイムズの方が仕事を差し置いてキャサリンを世話した。

一八六〇年一〇月、マクスウェル夫妻はロンドンに移り住んだ。一八二九年に創設されたイギリスでもっとも新しい大学の一つ、キングス・カレッジ・ロンドンの応用科学教授の職にジェイムズが就いたのだ。夫妻は、ハイドパークに近いケンジントン区にテラスハウスを借りた。

この地でマクスウェルは、アバディーンで考察を重ねていたあの疑問に再び挑みはじめる。[*20] キャサリンは夫の研究の数学的側面にはほとんど関心を示さなかったが、一八六〇年代前半には実験物理学に情熱を傾け、実験の腕を磨いた。そして夫婦でテラスハウスの屋根裏に即席の実験室を作った。そこで取り組んだ問題の一つが、気体の粘性は圧力に影響されないというマクスウェルの予測を確かめて、熱の運動論を実証することだった。

そのためにマクスウェル夫妻が組み立てた装置は、巧妙ながらシンプルで、丸太小屋にあるようなストーブに似ている。基本的な構造としては、ガラス容器の上部に、長さ一二〇センチメートルほどの細長い真鍮（しんちゅう）管が取り付けられている。ガラス容器の中には、真鍮管のてっぺんから通した針金で水平に吊り下げた金属の円盤が七枚入っていて、そのうちの三枚は可動式、四枚は固定されている。ガラス容器の下に取り付けた磁石を使うと、可動式の円盤を時計方向または反時計方向にひねることができる。真鍮管とガラス容器を含めこの装置全体に空気を詰め、真鍮管に取り付けたゲージで空気の圧力を測定する。

マクスウェル夫妻は磁石を使って円盤をひねってから手を放し、自由に回転振動するようにした。そして空気の圧力をさまざまに変えながら、円盤が一回回転振動するのにかかる時間を測定した。もしもマクスウェルの数学的予測が正しければ、空気の圧力にかかわらず円盤は同じスピードで回転振動するはずだ。

その測定には巧妙な手法を使った。円盤を吊している針金に鏡を取り付けて、そこに光を当てたのだ。円盤が回転振動するとともに、鏡も回転する。鏡で反射した光線は、二メートルほど離れた壁に貼り付けた罫紙（けいし）の上を行き来する。こうして鏡の小さな動きを拡大し、高い精度で測定できるようにしたのだ。

マクスウェル夫妻は数か月間にわたり、ケンジントンの屋根裏部屋でこの装置を使って丹念に測定をおこなった。容易な測定ではなかった。空気の圧力の値を読み取ったり円盤の回転振動の時間を精確に計ったりするだけでなく、装置内の空気の温度を一定に保つ必要もあり、そのため夏の暑い時期でも何時間も大きな火を焚（た）きつづけていなければならなかった。

最終的に得られた結果は、マクスウェルの数学と運動論の勝利だった。水銀柱

気体の粘性を測定するためにマクスウェルが作った実験装置

で〇・五インチ（約一・三センチメートル）に相当する低圧から、三〇インチ（約七六センチメートル）に相当する高圧まで、幅広い範囲の圧力において、円盤はまったく同じ時間をかけて回転振動した。この圧力範囲全体にわたって空気の粘性は一定だったのだ。

運動論からしか導かれない予測が裏付けられたことで、熱の正体と熱い・冷たいという感覚に、理にかなった説明が与えられた。[*21] そして熱の運動論によって、小さすぎて目に見えないスケールで何が起こっているかを具体的にイメージできるようになった。身の回りのあらゆるものは、つねに運動している微小な粒子からできていて、マクロのスケールで我々が熱いとか冷たいとか感じるのは、単にその粒子の運動を感じているにすぎないのだ。

今日ではマクスウェルの業績としては電磁気の研究がもっとも有名だが、一八六〇年代当時は運動論に関する論文がよく知られていた。王立協会の公開講義が終わり、ホールから出ようとごった返す群衆をマクスウェルがかき分けて進んでいると、誰あろうマイケル・ファラデーが声を掛けてきた。そして、ぶつかり合っている人々を気体の中で衝突し合う粒子に見立ててこう言った。「やあマクスウェル、出られないのかい？　群衆をかき分ける方法を見つけられる人がいるとしたら、君しかいないはずだ[*22]」

だが、熱の正体を見事な形で説明した運動論も、一つ重要な点でいまだ不十分だった。熱が熱い物体から冷たい物体へひとりでに流れていく理由が説明できていなかったのだ。その熱の流れ方の発見は一九世紀前半の傑出した科学的偉業で、このときすでに熱力学の第二法則として普遍的な自然法則になっていた。ところがマクスウェルは運動論に関する考察の中で、それが成り立つ理由についてはいっさい触れなかったのだ。

マクスウェルが点と点をつないで自らの統計学的解析を拡張することで、第二法則を説明しようとしなかったのは、少々不可解である。せっかく物理学に統計学を持ち込んで、キャサリンとともにおこなった重要な実験でその方法論の有効性を証明したというのに。いくつかの文書から読み取れるとおり、マクスウェルは第二法則が統計学と何かしら関係があるとは直感していた。[*23] ところが、関心が気体論や熱力学から電磁気に移ってしまったのだ。一八六〇年代はもっぱら電磁気の問題に知力を集中させ、一八七三年に電磁気の画期的な数学的解析の結果を発表した。それは電気と磁気のあらゆる現象を説明するだけでなく、光の真の正体を暴き、ラジオの発明を可能にし、アインシュタインが相対論を編み出すためのきっかけにもなるのだった。

加えて一八七一年にマクスウェルは、ケンブリッジ大学に新設されたキャヴェンディッシュ研究所の初代所長に就任し、何よりも教育に没頭するようになる。この研究所では、続く五世代の科学者たちによって電子や中性子や核分裂が発見され、DNAの構造が解明されることとなる。マクスウェルは研究所の立ち上げに専心し、建物や装置の設計を指揮した。だが不幸にも、母親と同じ腹部のがんにかかり、一八七九年、四八歳で世を去った。キャサリンはその後もスコットランド南西部の邸宅でひっそりと暮らし、七年後に死んだ。

一八六〇年代前半には、運動論は広く受け入れられるようになっていた。しかし熱力学の第二法則は、以前と同じく謎のままだった。お茶を入れたコップが熱く感じられる理由は分かるのに、なぜそれを放っておくと冷めるのかは分からなかったのだ。

第10章　何通りあるか　エントロピーは増大する

数学は言語である。

――ジョサイア・ウィラード・ギブズ[*1]

ベートーヴェンの交響曲『英雄』の冒頭に響くスタッカートのコードは、ウィーン・フィルハーモニー管弦楽団のホールじゅうに反響して、まるで大砲の音のように聞こえた。[*2] 一八六六年夏のことだった。聴衆の中に、ひげを生やして眼鏡を掛けたルートヴィヒ・ボルツマンという名前の二二歳の青年がいた。[*3] 身長は平均より低く、巻き毛の黒髪が見事なボルツマンは、ウィーン大学で物理学を専攻する博士課程の学生だった。子供の頃からピアノが得意で、ベートーヴェンが西洋クラシック音楽の首根っこをつかんでまったく新たな方向へ引きずっていった経緯にも詳しかった。そしてこのときは知るよしもなかったが、まさに『英雄』のようにムードやテンポが激しく移り変わる人生の中で、それから四〇年をかけてボルツマンは物理学を同じように変えていくこととなる。

同じ頃、別の大陸でジョサイア・ウィラード・ギブズというもう一人の男が、熱力学の謎に関する、生涯を懸けた重要な探究に乗り出すこととなる。[*4] 一八六六年、ボルツマンがウィーンの文化に浸って博士論文を書いていたとき、二七歳のギブズはアメリカから蒸気船に乗って大西洋を渡り、ヨーロッパの大都市をめぐる三年間の旅行に出発した。地元ニューイングランドを出るのは、このときが最初で最後だった。ヨーロッパでは科学や数学の講義に出席し、エネルギーとエントロピーに関するのちの研究に必要な知的道具を身につけた。

ギブズとボルツマンは、科学的興味こそ重なっていたものの、それ以外の面ではことごとく正反対だった。ギブズは痩せていて孤独を好み、禁欲的だったが、ボルツマンはずんぐりで社交的で短気、元気になったり落ち込んだりと気分が激しく揺らいだ。ボルツマンの人生をベートーヴェンの『英雄』にたとえるとしたら、ギブズの人生はエリック・サティの簡素で内面的な音楽にたとえられるだろう。二人とも熱力学の法則を出発点としたが、進む方向はそれぞれ違っていた。ボルツマンは内側に目を向けて、熱力学の法則が成り立つ理由を解明しようとしたが、ギブズは外側に目を向けて、そのさまざまな帰結を明らかにしようとした。

ルートヴィヒ・ボルツマンは一八四四年二月二〇日にウィーンで生まれた。その日はキリスト教の暦で懺悔(ざんげ)火曜日に当たり、毎年、受難節の禁欲生活に入る前日のお祭りが開かれていた。のちにボルツマンは冗談で、自分が幸せな気分から一瞬にして落ち込むのはそのせいだと言っている。父親はハプスブルク帝国の徴税官(正式な肩書きは「地方財務委員」)、母親はザルツブルク出身の裕福な商人の娘だった。*5 学校では優秀な生徒で、いつもクラスでトップの成績を取り、自然界への好奇心と音楽の才能を見せつけた。蝶や甲虫を採集する一方で、当時は大聖堂のオルガン奏者だった偉大な作曲家アントン・ブルックナーからピアノを教わった。将来の同僚いわく「指が短くて手も丸々としていた*6」が、ピアノの腕のハンディにはならなかった。

しかし一九世紀には、いくら金持ちでも病気から身を守ることはできなかった。一八五九年、ボルツマンが一五歳のときに父親が結核で命を落とし、それから一年もせずに弟アルベルトも同じ病に倒れた。一家は国からの恩給と遺産でしばらくは食いつないだが、それにも限界があった。結果として、ボルツマンが一人で母親と妹を養うことになった。大学で科学者としての道を歩むのが才能にもふさわしいし、経済的にも安定するが、はたして一九世紀半ばのオーストリアでそんな人生を選べたのだろうか?

オーストリアでは、ハプスブルク家が現代国家にとっての科学の重要性にようやく気づき、プロイセンなど北方のドイツ語圏各国よりも遅れて産業革命が始まっていた。もしもボルツマンが二〇年早く生まれていたら、オーストリア国内に有給の物理学者としての道を歩めるような場所などどこにもなかっただろう。ボルツマンにとって幸いなことに、一八五〇年、ハプスブルク家はウィーン大学の物理学部に資金を提供することに同意した。[*7] 教員はわずか二人か三人、学生は二〇人足らずで、中等学校の教師になるための勉強をすることがおもな目的だった。物理学部が収まっていたのは、ウィーンの街を二分するドナウ川にほど近いエルトベルクという地区にある、急ごしらえの狭苦しい建物だった。

設備も用具も不足していたが、それを補うように教員たちには、強い仲間意識と科学研究への情熱があった。後年ボルツマンは当時のことを、科学者人生の中でもっとも幸せな時期だったと振り返っている。[*8]

ウィーンのこの小規模な科学者グループを年長者として引っ張っていたのは、ボルツマンの二三歳年上の講師、ヨーゼフ・ロシュミットだった。[*9] ロシュミットは父親のいない若きボルツマンを指導し、科学や芸術、詩や音楽への共通の思い入れを通じて長く続く交友関係を築いた。二人でウィーン市内の劇場やコンサートホールに足繁く通い、一八六六年のベートーヴェンの『英雄』の演奏も聴きに行った。芸術と科学の境界線をあまり意識せず、物理学部の建物内でホメロスやシスティナ礼拝堂の絵画について語り合ったり、オペラ観劇のために列に並んでいる最中に硫黄の結晶の性質を議論したりした。ボルツマンがのちに書いた文章や、どんどん体重を増やしていったことから見て、このように出掛けた折にはビールやワインや食事も大量に取ったのだろう（のちに結婚した妻のヘンリエッテは、ボルツマンのことを「愛しいおデブちゃん」と呼んでいた）[*10]。

運動論に関するルドルフ・クラウジウスとジェイムズ・マクスウェルの論文に感心したロシュミットは、二人の説に基づいて空気粒子一個の直径をはじき出していた[*11]。一〇〇万分の一ミリメートルというその値は、分子の大きさに対する史上初の概算値で、空気を構成する酸素分子と窒素分子の直径に対する現代の値のおよそ三倍である。そんなロシュミットは入学してきたボルツマンに、運動論、とくにマクスウェルの研究を紹介した。ボルツマンにとってベートーヴェンが芸術界の英雄だったとしたら、マクスウェルはこのとき科学界の英雄になったといえる。ボルツマンはマクスウェルの科学研究に、ベートーヴェンの音楽と同じように感情を揺さぶられたのだ。運動論に関するマクスウェルの論文についてボルツマンは次のように書いている。

「数式のカオスはますます深まっていく。すると突然、簡潔なフレーズが響いてくる。『$V=5$とせよ』。忌々しいVが消え、音楽を台無しにするベースの主題が突然止んだかのように、乗り越えられそうにないと思えていたものが魔法の一振りで克服される[*12]」

マクスウェルが物理学に確率の法則を持ち込んで先鞭（せんべん）を付けた研究、それを完成させることが、ボルツマンの研究人生を支配することとなる。統計学を使って熱力学の第二法則に説明を与え、宇宙のエントロピーがつねに増大する理由を明らかにすることが、ボルツマンにとってどうしても叶えたい研究目標、いわばエイハブ船長にとっての白鯨〔メルヴィルの同名小説より〕となったのだ。

だがすぐには事は進まなかった。ウィーン大学で物理学の博士号を取得したボルツマンの一番の心配事は、お金だった。学部長ヨーゼフ・シュテファンの助手としてしばらく働いたが、家族を十分に養えるほどの給料ではなかった。しかし幸いにも、ボルツマンの才能を見抜いたシュテファンが、絶賛する推薦状を書いてくれた。そのおかげでボルツマンは、ウィーンの南西約二〇〇キロにあるオーストリア第二の都市グラーツで、数理物理学教授の職を得た。一八六九年九月、二五歳のボルツマンは家族を連れてこの街に移り住んだ。

グラーツは、中世からドイツ人やイタリア人やスラヴ人が入り交じって暮らしていて活気があり、一五八五年創設の由緒ある大学もあった。しかしこの大学で物理学が教えられるようになったのは、ようやく一八五〇年になってからだった。設立間もない物理学部はウィーン大学よりもさらにみすぼらしく、聖職者の住まいをとりあえず研究室に改造した部屋と、小さな階段教室しかなかった。研究室には暖房がなく、バルト海沿いのリガ〔現在のラトビアの首都。当時はロシア領〕から赴任してきた学部長のテプラー教授は、冬のあいだも研究ができるようにと、ボルツマンに分厚い毛皮のコートを貸し与えた。ときに凍えるような寒さの劣悪な環境の中、ボルツマンは熱の謎の解明を目指す、生涯にわたる科学研究に着手した。

目を見張る最初の研究成果となったのは、オーストリアを代表する学術誌で一八七二年に発表した論文だった。『気体分子の熱平衡に関するさらなる研究』（*Weitere Studien über das Wärmegleichgewicht unter Gasmolekülen*）[*13]というタイトルのその論文は、長たらしくて回りくどく、そして大胆不敵だった。その中核をなす主張は、熱力学の第二法則、すなわち宇宙のエントロピーが必ず増大することを、運動論から直接導き出せるというものだった。

ボルツマンは第二法則と運動論をどのようにして結びつけたのか？　それを理解するために、広いキッチンに一台のオーブンがあるとイメージしてほしい。オーブンが熱くなったら、スイッチを切って扉を開ける。クラウジウスとトムソンが示したとおり、熱はつねに高温の場所から低温の場所に流れるので、オーブン庫内の空気の温度は徐々に下がっていって、最終的に室温と同じになる。しかしそれはなぜだろうか？　ボルツマンはその答えを探した。まず、オーブンのスイッチを切った瞬間、庫内の温度は庫外よりもかなり高い。運動論によると、庫内の空気分子が庫外の空気分子よりもずっと速く運動しているからだ。ここで、オーブンの開口部で熱い空気と冷たい空気が出合うと何が起こるか想像してみよう。ときどき偶然に、庫内から来た高速で運動する粒子が、庫外から来た低速で運動する粒子と衝突する。ボルツマンは、この衝突こそが熱力学の第二法則の謎を解く鍵になるだろうと考えた。

だが、何兆回もの衝突が時間とともにどのように起こっていくかを導き出すのは、数学的にすさまじく難しい。ボルツマンの友人で恩師のヨーゼフ・ロシュミットが、一個一個の空気粒子はとてつもなく小さく、一立方センチメートルの空気の中に一兆の一〇〇〇万倍個ほど含まれていることを明らかにしていた。それらの衝突で何が起こるかを正確に計算するのは不可能だろう。

この問題にボルツマンは、独創的かつ見事な方法論で迫った。高速で運動する粒子は、低速で運動する粒子よりも多くの運動エネルギーを持っている。そこで、運動している物体の運動エネルギーを、その物体を静止状態からそのスピードまで加速するのに要する労力の尺度と考えてみよう。あるいは同じことだが、その物体を静止させるのに必要な「ブレーキングの労力」の尺度と考えてもいい。いずれの場合にも、スピードが速くて重い物体ほど多くの労力が必要で、それゆえ運動エネルギーは大きいことになる。

衝突について解析するには、この運動エネルギーの概念が役に立つ。たとえば、ビリヤード台の上で静止しているボールにキューボールが近づいていく様子を思い浮かべてほしい。キューボールの運動エネルギーの一部は台の上を転がっている最中に摩擦熱として失われ、一部は静止しているボールと衝突したときの音に変わり、一部は静止しているボールに移動してそのボールを動かす。キューボールは、衝突したボールに運動エネルギーの一部を与えてから、徐々に減速して最終的に静止する。ボルツマンは気体粒子を、理想化したビリヤードボールとしてイメージした。衝突するとき以外に運動エネルギーが音や摩擦で失われることはなく、エネルギーの多い粒子からエネルギーの少ない粒子に移動するだけだ。

部屋の中の空気には膨大な数の粒子が含まれていて、それらが頻繁に運動エネルギーをやり取りしている。ボルツマンはそのイメージを頭の中に描いた。そして簡単に解析できるよう、ある数学的トリックを用いた[*14]。一個の粒子が持っている運動エネルギーの量を、ある単位量の整数倍として扱ったのだ。つまり、運動エネルギーの量は一単位や六単位や三五単位にはなりえるが、二・三単位や五・七八単位のように非整数倍にはなりえないということだ。

それによって計算が簡単になり、分子の運動エネルギーが移動する様子を現実に近い形で表現することができた。またこの手法によって、分子の振る舞いを具体的に描き出すことも可能になった。それを理解するために、膨大な数の空気分子がさまざまなエネルギーで運動している場面の代わりに、ポケットにそれぞれ違う枚数の硬貨を入れた大勢の人が押し合いへし合いしているとイメージしてほしい。一人一人はばらばらな方向へ進んでいるが、一歩か二歩進んだところで誰かにぶつかってしまう。このたとえでは、何単位ものエネルギーを持っている高速粒子が、硬貨を何枚も持っている人に対応し、低速粒子が、硬貨を少ししか持っていない人に対応する。したがって、寒い部屋の中に熱いオーブンが置かれている様子は、貧乏人がひしめき合っている大きな部屋の一角に少数の金持ちが群れているととらえることができる。

この二つの分子集団の温度に相当するのは、各メンバーの所持金の平均である。それぞれの集団の中には、所持金が平均より多い人も、少ない人もいる。それと同じように、それぞれの温度の気体の中には、平均より速く運動する粒子も、逆にゆっくり運動する粒子も存在している。高速粒子が低速粒子にぶつかってエネルギーの一部を失うのは、金持ちが貧乏人にぶつかって硬貨を何枚か手渡すことで、金持ちの所持金が減って貧乏人の所持金が増えるのに相当する。これらのルールを踏まえた上で、お金の流れを追いかけてみよう。

最初のうちは、金持ち集団の端にいる人たちが周囲の貧乏人と一番ぶつかりやすいので、端にいる金持ちだけが所持金を減らしていく。その端に面した貧乏人は、その衝突のおかげで所持金を少し増やす。衝突があまりにもたくさん起こるので一つ一つ記録することはできないが、全体での硬貨の分布が時間とともにどのように変化していくかは予測できる。

初めの頃は、お金の受け渡しはおもに金持ち集団と貧乏人集団の境界線上でしか起こらないが、やがてその範囲が広がりはじめる。境界線に近い金持ちが最初ほど金持ちではなくなるため、境界線から離れたところにいる金持ちも所持金を減らしはじめるのだ。同様に、境界線に近い貧乏人はせっかく所持金を増やしても、やがてそれを、貧乏人集団の奥深くにいる人に渡してしまう。そうしてしばらくすると、金持ち集団の中に集まっていたお金が貧乏人のあいだに広がっていく。

この思考実験を定量的なものにするために、人数を減らしてみよう。部屋の中の人数をたとえば一二人にする。部屋の左側にいる六人はそれぞれ硬貨を一枚持っていて、右側にいる六人は硬貨を持っていない。さらに単純にするために、一人一人が同時に硬貨を二枚以上持つことはできないとする。すると、それぞれの人が硬貨を交換したり持っていない人にあげたりすることで、硬貨がランダムに動き回っていく。

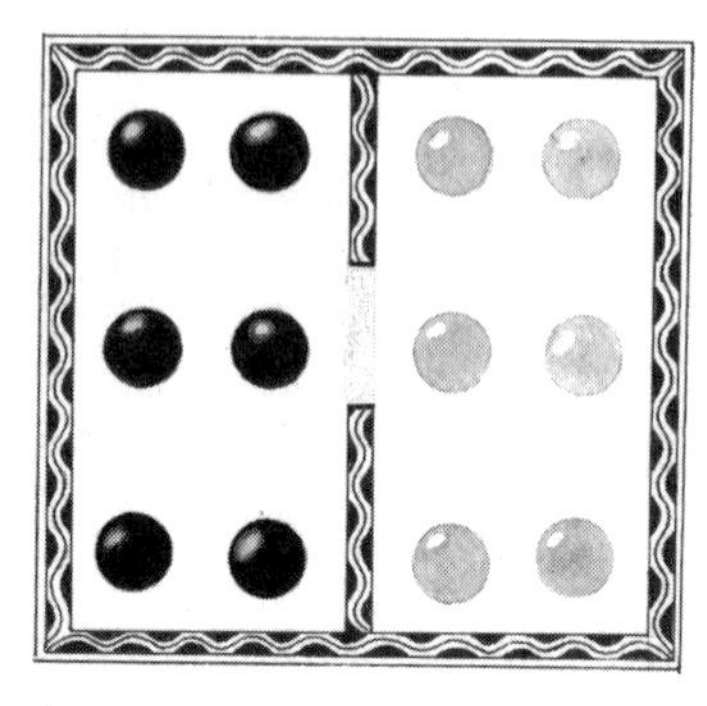

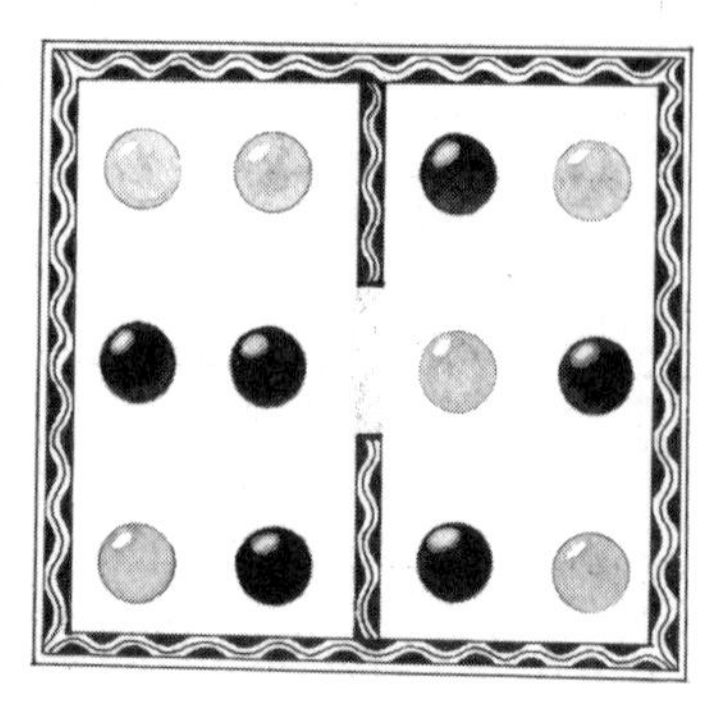

部屋の左右で硬貨の枚数が等しい右図のような分布は、左図のような分布よりも20倍起こりやすい

最終的に硬貨はどのような分布に落ち着くだろうか？

それに答えるために、硬貨の分布のしかたの中で互いに同じに見えるものが何通りあるか、それを数えてみよう。この例では、硬貨にそれぞれ違いがないので、左側に六枚全部あって右側に一枚もないような分布はすべて同じに見える。では、左側に五枚、右側に一枚あるような分布は？それもすべて同じに見える。左側に四枚で右側に二枚という分布もすべて同じに見える。ほかの場合も同様だ。

では、六枚すべてを左側の人たちが持っているような分布は何通りあるだろうか？　そのような分布はかなり多い。一人目が六枚のうちのどれか一枚を持っていて、二人目が残り五枚のうちのどれか一枚を持っていて……、と続いていく。したがって、すべての硬貨が左側にあるような分布は、6×5×4×3×2×1で七二〇通りということになる。

左側のどこかに五枚、右側のどこかに一枚あるような分布は？　それはさらにずっと多く、四三二〇通りある。

左側に四枚で右側に二枚の分布は一万八〇〇〇通り。

左側に三枚で右側に三枚の分布は一万四四〇〇通り。このように均等に分かれる分布は、ほかのどの分布よりも数

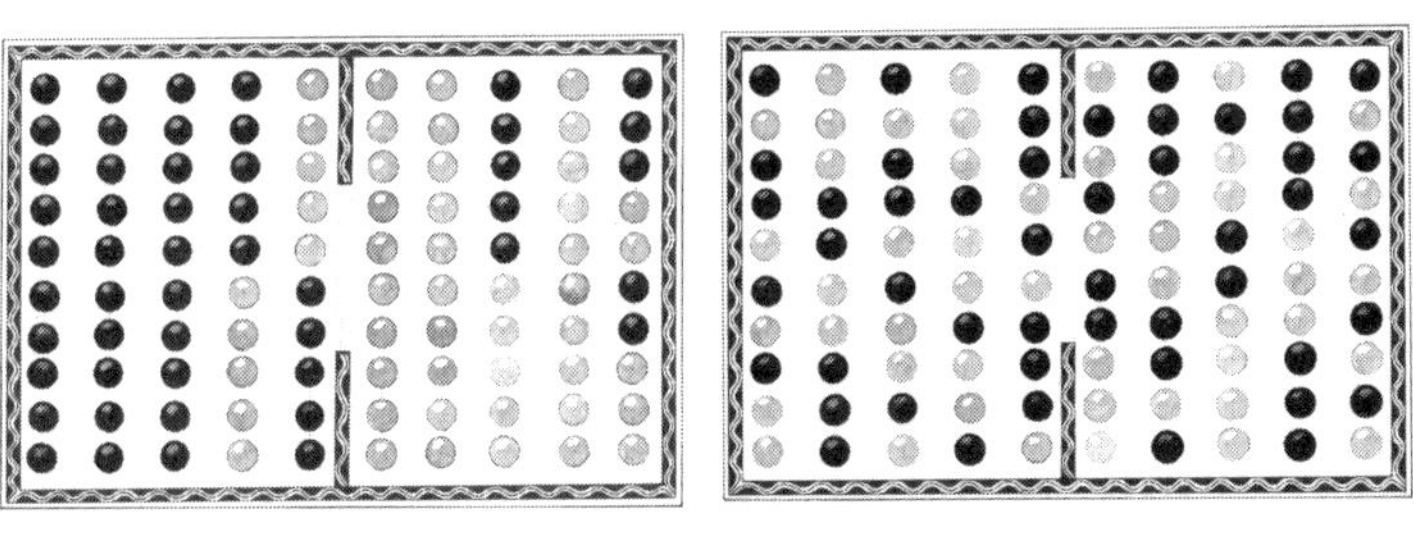

硬貨の枚数を増やすと、左図のような不均等な分布よりも、右側のような均等な分布のほうがはるかに数が多くなる

が多い。

左側に二枚で右側に四枚の分布は一万八〇〇〇通り。
左側に一枚で右側に五枚の分布は四三二〇通り。
左側に〇枚で右側に六枚の分布は七二〇通り。

このように硬貨の枚数が少ない場合でも、左四枚・右二枚、左三枚・右三枚、左二枚・右四枚といった均等な分布の方が、不均等な分布よりもずっと数が多い。硬貨がランダムに一〇〇〇回やりとりされた後でこの部屋を覗(のぞ)き込むと、約三一パーセントの確率で、左側に三枚、右側に三枚という状態になっている。それに対して、すべての硬貨が左側にある確率はわずか一・六パーセントほどだ。最初、左側の人たちしか硬貨を持っていなくても、時間とともに硬貨は均等に散らばっていくのだ。

もっと人数が多いと、この効果はますます顕著になってくる。部屋の中に一〇〇人いて、五〇枚の硬貨がやりとりされるとしよう。この場合、硬貨がほぼ均等に散らばっている分布の数は、不均等に散らばっている分布の数十億倍に達するのだ。

ここで注意してほしいのが、均等かどうかにかかわらず一つ一つの分布自体はきわめて起こりにくいことだ。それでも、互いに区別できない均等な分布は何兆通りもあるので、コインの最終的な分布はほぼ間違いなくそのうちのどれか一つになる。

ボルツマンはこれと同じロジックを熱の拡散に当てはめた。違うのは、人がコインをやり取りするのでなく、分子が運動エネルギーを受け渡すという点だけだ。

ボルツマンが示した事柄をかいつまんで説明すると、次のようになる。少ない個数の分子にたくさんの個数のエネルギー単位が集中しているような分布よりも、キッチン全体にエネルギー単位が均等に散らばっているような分布のほうが、はるかに数が多い。最初はほとんどの熱がオーブンの庫内に集中しているような稀なタイプの分布を取っていても、最終的にはもっとありふれた分布、つまり熱が拡散して均等に広がっているような分布にたどり着くのだ。

別の言い方をすると、高温の場所から必ず熱が拡散していくのは、ランダムな衝突がひとしきり起こった後では、そのような状態になる確率が圧倒的に高いからである。

ボルツマンのこの考察に基づくと、エントロピーとは単に、ある系の構成要素の分布として互いに区別できないものが何通りあるか、その数を表していることにほかならない。「ある系のエントロピーが増大する」という文を言い換えると、「その系が、取る可能性の高い分布へと徐々に移り変わっていく」となる。熱力学の第二法則が成り立つ理由は、きれいに揃ったトランプの束をシャッフルすると順番がめちゃくちゃになる理由と同じだ。めちゃくちゃに並んでいる状態は互いに区別ができないし、順番に並んでいる状態よりもはるかに数が多いので、シャッフルするとめちゃくちゃな方向へ変化していくのだ。

このようにエントロピーを「分布の個数」で定義するという方法は、熱の拡散よりもはるかに幅広い場面に当てはまる。この方法を使うと、自然界で起こる多くの不可逆なプロセスを容易に説明できるのだ。たとえば、風船の口を開くと空気が吹き出して二度と戻ってこないのは、空気粒子が風船の中に押し込められているような分布よりも、部屋中に散らばっている分布のほうがはるかに数が多いからだ。同様に、紅茶にミルクを注いでかき回すと混ざってしまって、二度と紅茶とミルクに分離しないのも、ミルクの粒子が一か所に集中した分布よりも紅茶全体に散らばっている分布のほうが数が多いからだ。さらに、卵を落とすと割れて中身が飛び散るが、その中身をかき集めて落としても卵には戻らない。それもまた、卵の破片の粒子が集まって無傷の卵を形作っている分布よりも、飛び散ったままの分布のほうがはるかに数が多いからだ。

したがって、エントロピーが時間とともに増大するのは、エントロピーが減少する確率がきわめて小さいからにすぎない。逆に、エントロピーが増大しているかどうかを観察するだけで、時間の流れる方向を判断できる。そこがボルツマンの論法の衝撃的な点である。我々が過去と未来を区別できるのは、未来の方が全体のエントロピーが大きいからだ。ボルツマンは、熱を原子に基づいて理解しようとしたことで、ウィリアム・トムソンが発見した時間の矢の本質を明らかにしたことになる。八ミリフィルムを観ていたら、キッチンの熱がオーブンに流れ込んでいったり、紅茶の中のミルクが分離したりする様子が映っていたとしよう。きっとそのフィルムは逆再生になっていたのだろう。時間の矢は、統計的に可能性の低い秩序立った分布から、もっと可能性の高い無秩序な分布へと容赦なく進んでいくことの表れでしかない。ただし一つ注意しておこう。熱がオーブンの中に流れ込むというのは、絶対に起こりえないことではなく、起こる可能性がとてつもなく低いだけだ。しかしあまりにも起こりにくいので、そのような現象が見られたら何かがおかしいはずだ。

ボルツマンの一八七二年の論文は、いくつか欠陥がありながらも、熱力学の第二法則を分子レベルで説明する初の本格的な試みとして、科学史上画期的なものだった。ところが当時はほとんど反響がなかった。その一因として、オーストリアには本職の物理学者が少なく、誰もボルツマンの複雑な数学的論証に意見できそうにないと感じたことが挙げられる。その点ではドイツの方が期待できそうだった。一八七二年にボルツマンがベルリンを訪問すると、ベルリン大学の物理学教授ヘルマン・ヘルムホルツがボルツマンの理論に関心を示してきた。しかしそこから特段何かが生まれることはなかった。教授と学生が打ち解けて議論するオーストリアのくだけた大学文化に慣れていたボルツマンは、序列を重んじる格式張ったプロイセンの社会そのものであるヘルムホルツとはなかなか自由に話せなかったのだ。母親への手紙の中では、この著名な物理学者のことを「少々近寄りがたい人物」と形容している。[*15] プロイセンの大学はオーストリアの大学よりも名声こそあったものの、社交的なボルツマンには形式張っていて冷たいと感じられたのだ。[*16] ボルツマンが自説に耳を傾けてもらうのに苦労したのは、このとき限りではなかった。

一八七二年、ボルツマンが自分の論文に対して思わしい反応が得られないことに思い悩んでいたのと同じ年、ジョサイア・ウィラード・ギブズは、母校イェール大学で必死で研究に取り組んでいた。しかしギブズは、物質の構造については何一つ仮定しなかった。熱力学の法則の根拠である微小な分子の世界には目を向けずに、その法則からいくつもの帰結を導くという戦略を取ったのだ。

ギブズは学者一家の出だった。[*17] 同じくジョサイア・ウィラードという名前の父親は、イェール大学の聖典学教授で、優れた言語学者でもあった。奴隷廃止を熱心に訴え、スペイン船ラ・アミスタッド号で反乱を起こしたアフリカ人奴隷たちを解放する上で重要な役割を果たした。その戦法は、のちに息子が科学に取り組む方法を予感させるものだった。事の発端は一八三九年夏、メンデランド（現在のシエラレオネの一部）で捕らえられた五三人の奴隷が、船がハバナを出航した数日後に自らの鎖を解いたことだった。彼らは船を乗っ取り、生まれ育ったアフリカへ戻るよう航海士に要求した。しかし航海士は奴隷たちをだまし、針路を北アメリカへと向けた。そしてアメリカ海軍が船を拿捕し、奴隷たちをコネティカット州ニューロンドンに収容した。ここでアメリカの司法当局は判断を迫られる。ラ・アミスタッド号に囚われたこのメンデ人たちはスペイン人所有者の財産なのか、それとも自己防衛のために反乱を起こした自由人なのか？

アメリカの奴隷廃止論者たちはこの事件に強い関心を持ったが、メンデ人の言葉がニューイングランド人には理解できないことが問題となった。メンデ人が自分たちの主張を訴える手段がなければ、彼らを弁護するのはほぼ不可能だ。そこでウィラード・ギブズ・シニアが立ち上がった。[*18] コネティカット州の監獄に収監されているメンデ人と面会し、指を一本、二本と、一本ずつ立てていった。メンデ人はギブズの意図を理解し、自分たちの言葉で一から一〇まで声に出した。続いてギブズはニューヨーク港へ行き、船から船へと訪ねながら、メンデ人から教わった数詞を聞かせた。すると、奴隷の身分から解放されてイギリスの帆船で働いている一人の水夫が、メンデ人の数詞を理解できて、しかも英語を話せることが分かった。数が世界共通だったおかげで、コネティカット州の囚人たちに必要な通訳を見つけることができたのだ。こうして、彼らの自由を求める裁判が始まった。裁判は二年以上続いたが、連邦最高裁判所は最終的に、メンデ人は違法に拘束されて奴隷として運ばれたのであって、彼らの反乱は正当防衛だったという判断を下した。こうして、生き残っていた三五人の奴隷たちは解放され、無事アフリカに戻ったのだった。

その当時、ジョサイア・ウィラード・ギブズ・ジュニアはわずか二歳だったが、数学は普遍的な言語であるという教訓とともに育った。そしてのちにその普遍的な言語を使って、熱力学の法則のパワーと適用範囲を大きく広げることとなる。

ギブズが研究テーマに熱力学を選んだのは、多くの先人たちと同じく、社会を変える力を秘めた蒸気駆動技術から目が離せなかったからだ。一九世紀半ば、アメリカのあちこちで競い合うように鉄道が建設された。ギブズが博士論文のテーマを探していた一八六三年にもっとも激しさを増した南北戦争は、史上初めて、兵士の移動と物資補給の両面で鉄道が兵站(へいたん)の大部分を担った戦争だった。最終的に北軍が勝利したのは、ナポレオン戦争でフランスに勝ったイギリスと同じく、蒸気技術で優っていたことが一因だった。[*19]ギブズの博士論文のタイトルは『平歯車装置の歯の形状について』(*On the Shape of Teeth in Spur Gearing*)。合わせて鉄道車両のブレーキに関する特許も出願した。

しかしギブズは応用科学の道には進まなかった。一八六一年に父親が世を去り、子供たちには大きな邸宅と中西部の三つの鉄道会社の社債が遺された。相続したギブズと二人の姉妹は、それを元手に三年間のヨーロッパ歴訪に出発する。ギブズはこの旅で科学の視野を広げた。ヨーロッパの大学に正式に入学することはなかったが、抽象数学である数論から、光や音や熱の物理まで、幅広いテーマの講義に出席した。ハイデルベルクでは、エネルギー保存則を打ち立てたヘルマン・ヘルムホルツの講義を聴講した。

アメリカに帰国したギブズは、イェール大学で無給の数理物理学教授となった。大学にとってはありがたいことに、ギブズには給料なんて必要なかった。父親が遺してくれた居心地の良い家と十分な資産のおかげで、それから一〇年間は研究に困ることがなかったのだ。

カルノー、ジュール、トムソン、クラウジウスといった熱力学の開拓者たちは、この学問を、熱と仕事の関係性を解明するための手段ととらえていた。そんな足枷からギブズは熱力学を解き放つ。固体の融解や液体の沸騰から化学反応のしかたまで、物質世界のあらゆる振る舞いが熱力学の法則に従っていることを示したのだ。

しかしギブズも最初のうちは、そこまでの野心は抱いていなかった。公にした目標は、発見されたばかりの熱力学の法則をもっと理解しやすいものにすることだった。とくに懸念していたのが、エントロピーの概念についてである。物質の中で熱がどれだけ拡散しているか、その尺度がエントロピーであるというトムソンとクラウジウスの定義は、ギブズ自身には理解できたが、はたしてほかの人はどうだろうか？「エントロピーの概念は多くの人にとっては明らかに回りくどく、初学者を寄せ付けないだろう」とギブズは鋭く指摘している。[20]

一八七三年にギブズは自身初の二本の論文の中で、この問題を単純だが重要な形で表現した。[21] 地図を描いたのだ。地形図を見れば、その一帯の地形が即座に分かる。それと同じように、物質を加熱したり冷却したり、圧縮したり膨張させたりしたときに、その物質の物理的性質がどのように変化するかを示した熱力学的な地図、いわゆる状態図をギブズは考案したのだ。その状態図を見れば、物質世界で熱力学の法則がどのように作用しているかが分かる。

例として、鍋をコンロに掛けて水を加熱しながら温度を測るとしよう。その場所の標高は海抜〇メートルで、最初の水の温度は室温と同じ摂氏二〇度とする。水に熱が流れ込むにつれて温度は着実に上昇していく。

やがて沸騰が始まり、鍋の中に水と水蒸気の両方が存在する状態になる。すると一つ重要な点に気づく。温度が上がらなくなって、摂氏一〇〇度のまま変化しなくなるのだ。コンロからは相変わらず熱が流れ込みつづけているが、その熱は水蒸気を作るだけで、水をさらに温めることはない。

その後、すべての水が水蒸気に変わるとようやく、再び温度が上がりはじめる。

次にこれとまったく同じ実験を、世界でもっとも標高の高い街、ペルーのラ・リンコナダでおこなったとしよう。標高五一〇〇メートル、大気圧は海抜〇メートルのおよそ半分だ。実験をすると、最初の場所と違う点が二つあることに気づく。水がもっとずっと低温の摂氏八三度で沸騰すること、そして、水と水蒸気が共存する状態がもっと長く続くことだ。ダーウィンもアンデスの山中で野営したときにこの効果に気づいている。[*22] じゃがいもを一晩中茹でたのに、硬くて食べられなかったのだ。

では次に、圧力鍋の中の様子をイメージしてほしい。蓋で密封されているので、水が沸騰すると、水蒸気によって水にかかる下向きの圧力が強くなり、大気圧の二倍に達する。水の沸点は摂氏一二一度まで上昇し、水と水蒸気が共存する時間は短くなる。

この三つの実験結果をグラフで表すと、次ページの上図のようになる（線が水平になっているところでは、水が沸騰中で、鍋の中に水と水蒸気の両方が存在している）。

エントロピーの定義を思い出してほしい。エントロピーとは、物体（この例では鍋の水）の中で熱がどの程度分散しているか、その尺度のことだった。

したがってこの場合の時間軸は、水と水蒸気のエントロピーも表している。なぜなら、コンロの炎で発生した熱が絶え間なく水に流れ込んで、水の中で分散していくからだ。

このグラフを見ると、エントロピーの増え方には二通りあることが分かる。温度上昇を伴う増え方と、水から水蒸気への変化を伴う増え方だ。後者の場合、そのエントロピーの増加は、水蒸気が増えていくことで起こる。

この測定をさまざまな圧力でおこなうと、次ページの下図のような状態図ができる。それを見ると、さまざまな環境のもとで温められたり冷やされたりしたときに、水や氷や水蒸気がどのような振る舞いをするかが分かる。グラフのドーム状の部分の左側では、温度とエントロピーにかかわらず水は液体で存在する。ドームの内側の温度とエントロピーでは、水と水蒸気の混合状態。ドームの右側の温度とエントロピーでは、水蒸気としてのみ存在する。ドームより下では温度がかなり低く、水は氷と水蒸気の混合状態で存在する。そしてドームより上ではエントロピーと温度がかなり高く、水は液体でも気体でもない超臨界状態という状態を取る。

このような状態図の重要性は言い尽くせないほど大きい。たとえば、世界中の電力の大部分を生み出しているタイプの発電所の設計にも広く用いられている。[*23] その多くには現代版の蒸気機関が使われていて、

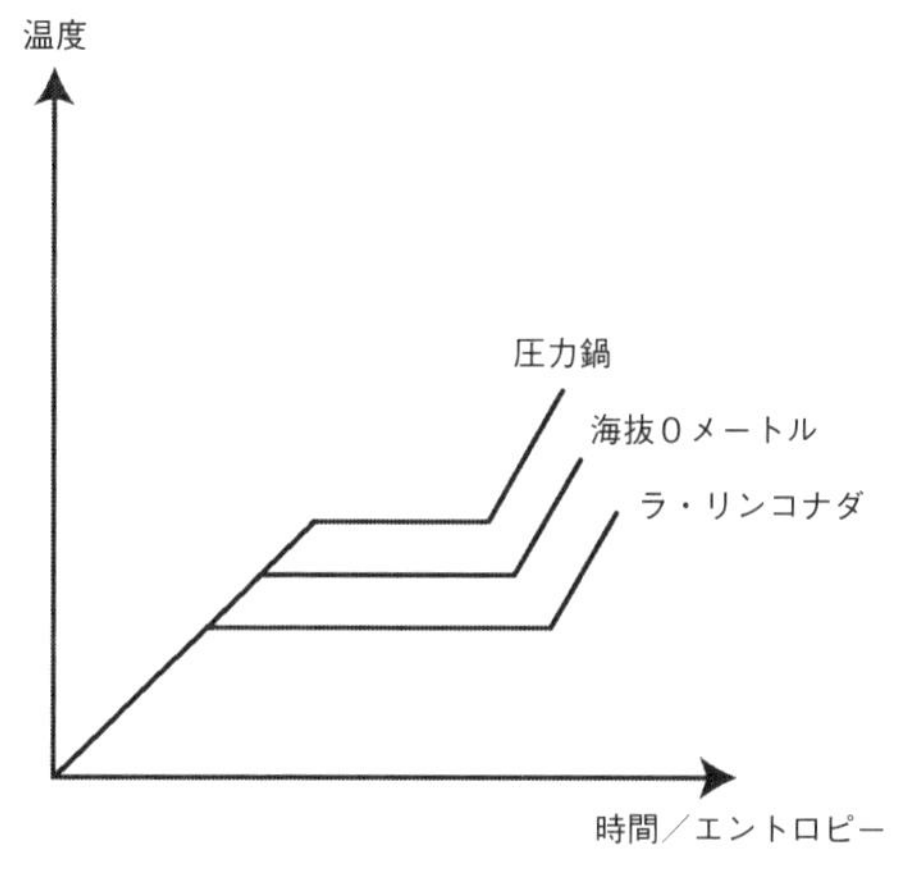

水を加熱したときの温度変化の様子

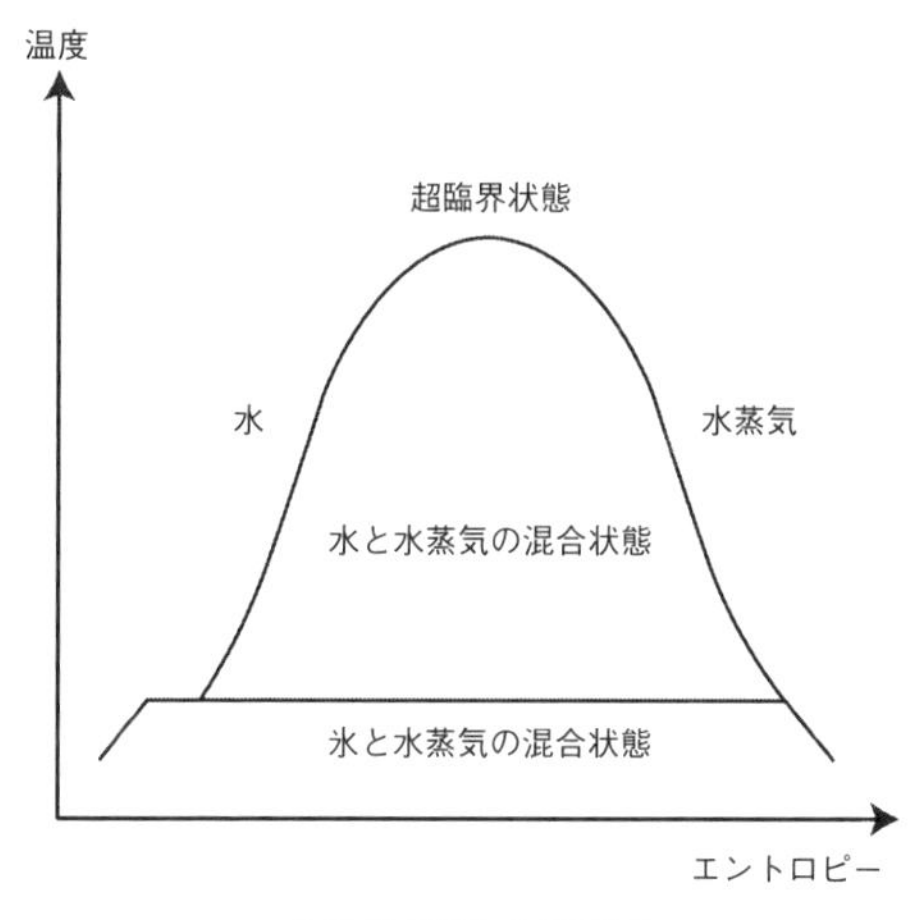

水の相を表した状態図

石炭や核燃料、地熱や太陽光で高温高圧の水蒸気を発生させている。一九世紀の蒸気機関と違って、ピストンを押し出すしくみではない。水蒸気の勢いでタービンの羽根を回転させて、発電機を駆動しているのだ。タービンを回転させた水蒸気は再び水に戻され、そこまでのプロセス全体が繰り返される。ここでもっとも気にすべきなのが効率で、利用可能な熱をできるだけ多く電力に変換したい。サディ・カルノーのおかげで、そのためには水蒸気をできるだけ高温にすればいいと分かっている。しかしそれによって、発電所の各部分の構造が壊れてしまっては元も子もない。

そこで状態図が欠かせない。状態図を使うと、たとえばどれだけの熱エネルギーが水に吸収されて水蒸気に変わるか、どれだけの圧力がかかってどこまで高温になるかを、精確に知ることができる。また、タービンから出てきた水蒸気をどんな温度で水に戻すのが最適かも分かる。そうして安全を確保しながら、発電所の効率を最大限に高めるのだ。

照明を点けたりテレビを観たり、電気オーブンでチキンをローストしたりできるのは、ひとえに状態図のおかげなのだ。

しかしギブズの研究は、発電よりもはるかに幅広い場面で役立っている。ギブズが状態図を用いる視覚的方法を編み出したことで、科学者や技術者は、いわゆる「相転移」、つまりある物質が液体から気体へ、あるいは固体から液体へなどと変化する現象に注目するようになったのだ。[*24] 状態図を見ると、相転移の際には温度が一定のままで物質のエントロピーが大幅に変化することが分かる。不思議に思えるが、相転移の最中には物質は熱を吸収しても熱くならないし、熱を放出しても冷たくならないのだ。沸騰中の水の温度は摂氏一〇〇度に保たれる。たとえば摂氏一二〇度の水蒸気を冷やしていくと、摂氏一〇〇度に下がったところで水に戻りはじめる。そのとき温度は一定に保たれ、すべての水蒸気が水に変わってからようやく再び下がりはじめる。相転移のしくみを解明できたことで、人類はものを冷やす力を身につけたのだ。

考古学者によると、我々の祖先が火の起こし方を発見したのはいまからおよそ一〇〇万年前のことだという。[*25] 氷を作るのはそれよりもずっと難しかったし、現代ではものを冷やす技術は、ありふれてはいるが欠かせないものとなっている。冷蔵庫は人類のどんな発明品よりも熱力学に深く関わっていて、エントロピー増大の傾向にもっとも逆らっている。ひとりでに熱が流れる方向とは反対に、低温の庫内から高温の庫外へ熱を運ぶ。エントロピーの増えるスピードが抑えられた空間を作るためだ。冷蔵庫は見た目は単なる冷たい箱だが、それはあくまでも手段にすぎない。最終的な目的は、エントロピー増大の証である劣化や腐敗を防ぐことである。冷蔵庫は、いわば庫内の時間の進み方を遅くする装置なのだ。

冷蔵庫は人類の進歩と幸福に言い尽くせないほど重要な役割を果たしている。先史時代の祖先たちは、加熱調理をすると病原体を殺せることを発見した。それと匹敵するほどに人類の栄養状態を大きく向上させたのが、食品を安全に保存・輸送できる時間を大幅に延ばした冷蔵庫である。いまではかつてなく安全で健康的な食品が食べられるし、何百万もの人を病気や死から救ってきたワクチンの普及にも冷蔵庫は欠かせない。蒸気機関は産業革命の引き金を引いた発明とされているが、冷蔵庫もけっしてそれに劣らない重要性を帯びているのだ。

低温で保存すると食品が長持ちすることはかなり昔から知られていたが、「採氷」が世界規模のビジネスになったのは一九世紀前半のことである。ボストンの「氷の王」と呼ばれたフレデリック・チューダーは、ニューイングランドで切り出した氷をカリブ海の島々やヨーロッパ、さらにはインドまで輸送して、独立後のアメリカで初の百万長者の一人となった。[*26] 最盛期には推計九万人もの作業員を雇っていたという。[*27] ノルウェーも人造湖で作った氷を年間一〇〇万トン輸出していた。[*28]

しかし、人工的に氷を作ることはできるのだろうか？[29] 液体が蒸発すると温度が下がるという現象に目を付けて、大勢の人が製氷に挑んだ。我々が汗を掻くのもこの現象を利用するためだ。一七五〇年代にはすでに、ベンジャミン・フランクリンなど何人もの人が、洗浄に使うジエチルエーテルが室温で蒸発して、周囲の温度を水よりも大幅に下げることに気づいていた。

それから一〇〇年が過ぎ、この効果を商業規模で利用する機械が次々に登場した。スコットランドからオーストラリアに移住したジェイムズ・ハリソンは、帰化先の国の暑さが堪えたようで、一日何トンもの氷を作れる装置を開発した。現代の冷蔵庫の原型といえるこれらの装置は、水を入れる容器の周りにコイル状に管を巻き付け、蒸気動力を使ってその管に液体のエーテルを送り込む。管の中でそのエーテルが蒸発することで、容器内の水が氷に変わるというしくみだ。

醸造家たちはそうした初期の冷蔵装置を導入し、物理学史に再び大きな足跡を残した。ラガービールは摂氏〇度近い低温で発酵させなければならず、人工的に作った氷が大量に手に入ることで暑い夏でも醸造できるようになったのだ。一八七〇年代、ジョサイア・ウィラード・ギブズが熱力学に関する論文を書いていた頃に、冷蔵装置を搭載した初の冷蔵船が大西洋両岸のあいだで食肉を運搬しはじめた。葬儀屋も遺体の腐敗を防ぐために冷却技術を使うようになった。

蒸気機関のときと同じく、冷却技術を開発した人たちも、冷却装置の基礎をなす物理には目を向けなかった。しかしやはり蒸気機関の場合と同じく、そんな状況も変わりはじめる。科学者で技術者、そして事業家でもあったドイツ人のカール・リンデによって、物理学と工学が結びつけられたのだ。[30] 一八四二年にバイエルンで生まれたリンデは、スイス連邦工科大学で工学を学び、熱力学の祖の一人であるあのルドルフ・クラウジウスからも教わった。その後、ミュンヘンに移り住み、ミュンヘン工科大学の教授となった

（教え子の一人にルドルフ・ディーゼルがいた）。

そんなリンデは、持ち前の才能と熱力学の知識を冷蔵技術に注ぎ込んだ。そして一八七五年、ギブズが考案したのと同様の状態図を使って冷蔵庫の効率を向上させた[*31]。状態図を見れば、原理的にはどんな物質でも、加熱したり冷却したりしたときにどんな振る舞いをするかが分かる。リンデはアンモニアなどの化学物質で実験をおこない、大成功を収めた。そして一八七九年に大学を去り、ヴィースバーデンにリンデ製氷機会社を設立した。リンデの装置は競合機に比べて大幅に性能が高く、おもに醸造家向けに、一〇年間でドイツ国内で一万二〇〇〇台、アメリカで約七五〇台売れた。一八九二年、ダブリンのビール会社ギネスから、きめ細やかな泡を作るために液体二酸化炭素を提供できないかと持ちかけられる。そこでリンデは空気の液化の研究に取り組み、大規模生産に成功した。それによって温度を摂氏マイナス一四〇度以下にまで下げられるようになり、純粋な酸素と窒素の工業生産も可能になった。そして二〇世紀前半に多くの家庭に電気が引かれるようになったことで、家庭用冷蔵庫が実現した。

冷蔵庫、とくに家庭用の冷蔵庫は、相転移の物理を活用した装置である。冷媒には、摂氏四度前後の低温で気化する揮発性の物質が使われている。庫内の壁の内側には、気化器と呼ばれるパイプが縦横に走っている。その中で冷媒が気化して庫内から熱を吸い出し、庫内を摂氏四度という一定の温度に保つ。しかし、熱がひとりでに低温の場所から高温の場所に流れることはない。ではどうやって、摂氏四度という低温の冷媒気体から、摂氏二〇度ほどというもっとずっと高温の庫外に熱を放出させるのか？

そのためには、蒸気機関のシリンダーと逆の働きをする圧縮機という装置に冷媒を通せばいい。蒸気機関では、熱によって気体が膨張することで熱が仕事に変わる。それに対して圧縮機では、気体を圧縮することで仕事を熱に変える。その熱を加えることで冷媒気体の温度を室温よりもずっと高くしてから、冷蔵庫の背面に走っている凝縮器と呼ばれるパイプにその冷媒気体を通す。すると冷媒気体は、庫内にあった熱と圧縮機で生み出された熱の両方を庫外に放出する。冷蔵庫の裏に手をかざして感じられる熱は、この両方が足し合わされたものだ。

凝縮器の中で熱を放出した冷媒気体は、再び相転移を起こして液体に戻る。しかしこの時点では、室温と同じ温度でかなり温かい。冷却プロセスを繰り返すには、気化器に戻す前に冷媒の温度を摂氏四度まで下げなければならない。そのためには、膨張弁と呼ばれる細いノズルに冷媒液体を通す。膨張弁を通ると圧力が下がって冷えるので、それを再び気化器に送り込むのだ。[*32]

圧縮機は、冷蔵庫が熱力学の第二法則に従うための役割を果たしている。熱が流れ出す庫内ではエントロピーが下がる。しかし凝縮器から放出される熱によって、部屋のエントロピーがそれ以上に増える。我々はキッチンの中のわずかなスペースでエントロピーを減らすために、宇宙のエントロピーが増えるスピードを加速させているのだ。

さかのぼって一八七三年当時、ギブズは自分の論文の歴史的重要性にほとんど気づいていなかった。腰が低くて控えめのギブズが論文を投稿したのは、イェール大学の中でしか読まれていない無名の学術誌、『コネティカット学術アカデミー紀要』（*Transactions of the Connecticut Academy of Arts and Science*）だった。しかもギブズの論文はこの学術誌に通常掲載される論文よりも長く、また数式も多数含まれていたため、組版費用が予算を上回ってしまう。編集委員会はその不足分を補うために、教授陣や地元の実業家から寄付を募るしかなかった。委員を務めていたA・E・ヴェリルはのちに、委員の誰一人としてギブズの論文の価値を理解しないまま、長々と議論したと振り返っている。「それでも誰もが、ギブズの論文はこの分野にとって本質的に重要であるはずだと信じていた。そのため金を工面して、受け取った原稿のとおりに論文を印刷した[*33]」

第11章　恐ろしい雨雲　ボルツマンの公式、ギブズの法則

私は思う。自分は時間の流れに抗おうとするも力及ばない一人の人間にすぎないと。[*1]
——ルートヴィヒ・ボルツマン

ギブズが論文を書いていたちょうどその頃、グラーツではルートヴィヒ・ボルツマンが、自分の考えを議論できる相手を見つけた。一八七三年五月、教師を目指して勉強をしていた一九歳のヘンリエッテ・フォン・アイゲントラーと出会ったのだ。[*2] 一〇歳年下で長い金髪と青い瞳のフォン・アイゲントラーがボルツマンと交友関係を築いたのは、科学に対する興味が共通していたからだった。当時、オーストリアの大学では女性の学位取得は認められていなかったが、この前年にフォン・アイゲントラーはグラーツ大学で物理学の講義を受けた。だが最初の学期を終えたところで、大学当局が、男子学生の気が散るからという理由で女子学生を全員退学にしてしまう。フォン・アイゲントラーはあきらめずに教育省に直談判し、また同情してくれる教員たちに人物証明書を書いてもらった。そうして粘った甲斐もあって、次の学期も講義への出席が認められた。

フォン・アイゲントラーとボルツマンが出会って間もない頃の文通からは、彼女の方が主導権を握って

いたように感じられる。三人姉妹の中で一番年下で、母親に先立たれるとますます頻繁にボルツマンに手紙を送るようになったが、話題はもっぱら勉強と科学者としての道についてだった。ロマンスが芽生えた最初の兆しは、フォン・アイゲントラーがいつでもボルツマンの顔を見られるようにと写真を所望したことだった。ボルツマンは言われたとおり写真をあげたが、彼女が長い手紙を何通も書いたのに対して、ボルツマンの返事はぶっきらぼうだった。そうこうした末の一八七五年九月、フォン・アイゲントラーの粘り強さがついに報われ、ボルツマンはかなり形式張ったプロポーズの手紙を送った。その最後には、「同じ事柄に取り組む僚友」になってほしいと書かれている。[*3]

しかしフォン・アイゲントラーも、一九世紀の女性蔑視の風潮からは逃れられなかった。婚約したことを公にすると、家族の圧力に屈して科学の勉強をきっぱりとあきらめ、料理を習うことになった。しかしどうしても気が乗らず、一八七六年初めにボルツマンに次のように愚痴をこぼしている。「困ったことに、夜もキーンツルさんのキッチンに行くときがあるので、いまでは本を読んだり勉強したりする時間がほとんどありません[*4]」

結婚生活は三〇年以上にわたって続いたが、ボルツマンは期待に反して自説が何度も批判にさらされたことで、ひどく落ち込んで鬱の傾向を強め、たびたびフォン・アイゲントラーに支えてもらわなければならなかった。

ボルツマンに対する最初の、そしてもっとも建設的な批判は、友人で恩師のヨーゼフ・ロシュミットからのものだった。ロシュミットが気に入らなかったのは、熱力学の第二法則に基づくと、いずれすべての熱が宇宙全体に拡散して、いっさい変化が起こらない状態に至り、この宇宙は死ぬと予測されている点だった。もしそれが本当だとしたら、「第二法則は恐ろしい雨雲のようなもので、この宇宙のすべての生命を破壊してしまうように思える」とロシュミットは記している。[*5]

この陰鬱とした未来像を払拭するためにロシュミットは、ある手の込んだ推論に基づいて、ボルツマンの論述には矛盾があるように思えると指摘した。

ロシュミットの推論を追いかけるために、扉を開けた熱いオーブンの中から大きい部屋にひとりでに熱が流れ出す様子を再び思い浮かべてほしい。これは典型的な不可逆プロセスで、スイッチを切るとオーブンの中の温度はどんどん下がっていき、最終的には室温と同じになる。その逆のプロセスがひとりでに起こることはけっしてない。

ボルツマンは、衝突するビリヤードボールが従うのと同じ法則に基づいて、空気分子が数え切れない回数衝突することで、そのようなことは自然に起こると説明していた。そこに矛盾が潜んでいるのだとロシュミットは主張した。個々の分子の衝突を司る法則は可逆的である。時間に関して完全に対称的だ。二個のビリヤードボールが衝突する様子をクローズアップで写したフィルムを観ているとしよう。画面の左端から一個のボールが入ってきて、静止しているボールにぶつかる。最初のボールは静止して、二個目のボールは画面の右端から出ていく。ここでフィルムを逆再生したとしよう。すると、一個のボールが画面の右端から入ってきて、静止しているボールにぶつかって止まり、静止していたボールは画面の左端から出ていく。どちらが順再生でどちらが逆再生か言い当てることはできない。

次にこの同じ原理を、オーブンの中から拡散する熱に当てはめてみよう。オーブンの開口部にズームインして、何兆回もの衝突のうちのたった一回をフィルムに収めたとする。そのフィルムを観ても、順再生か逆再生かは分からない。しかしカメラをズームアウトして部屋全体をフィルムに収めれば、順再生か逆再生かを言い当てられるようになる。熱がオーブンから外に広がっているのであれば、順再生だと結論づけられる。逆に熱がひとりでに部屋からオーブンの中に集まってきていたら、そのフィルムは逆再生だ。
ロシュミットは次のように論じた。ボルツマンは、多数の可逆的な衝突が熱の拡散などの不可逆プロセスを引き起こすと主張しているが、それは矛盾している。いったいどうしたら、可逆なプロセスから不可逆な現象が起こるというのか？　理屈が通らない。その不可逆性はどこから生まれたというのか？　筋の通った批判なら科学者らしく進んで受け入れるボルツマンは、確かにミクロスケールでは個々の分子衝突は可逆であると認めた。その上で、一八七七年に自らの論述を発展させた二本の論文を書き、エントロピーの増大は純粋に統計的な理由で起こるのだという自らの主張をさらに強固なものにした。[*6]
とくに二本目の論文では、難解な数学を使って自らの主張を可能な限り厳密に説明した。そして、「エレガントさは仕立屋や靴屋のものだ」[*7]という言い回しで自らの方法論を擁護している。その方法論は、尊敬しているジェイムズ・クラーク・マクスウェルのものとは大きく違っていた。論文の終わり近くでボルツマンは、エントロピーは統計的な理由だけで増大するのだという考え方を、次のような数式で形式的に示した。[*8]

$$\Omega = -\int\int\int\int\int\int f(x,y,z,u,v,w)\log f(x,y,z,u,v,w)\,dxdydzdudvdw$$

のちの後継者たちは記号をうまく駆使して、この数式を次のように短く表現しなおした。

$$S = k \log W$$

いまではこの公式は物理学の基礎をなすものの一つとみなされているし、ウィーンにあるボルツマンの墓石にも彫り込まれている。この数式の意味を説明すると、「エントロピー（S）とは、その系が取りうる、互いに区別できない状態の個数である」となる。

その頃、ジョサイア・ウィラード・ギブズは、イェール大学でせっせと研究に取り組んでいた。熱力学の法則によって、化学という学問を新たな形で深く理解できると気づいたのだった。そうして何よりも、未来の世代の科学者に、生体内で起こる化学プロセスを解明するための枠組みを提供することとなる。そのアイデアは数式がびっしりと書き込まれた計三七一ページの大部の論文にまとめられ、『コネティカット学術アカデミー紀要』の編集委員会はまたもや資金調達の腕を問われることとなる。[*9] ギブズの最初の論文を読んだマクスウェルが著書『熱の理論』(*Theory of Heat*)の新版に状態図に関する章を丸ごと付け加えたことで、編集委員たちもギブズへの信頼を失わなかった。

ギブズが思いついたのは、熱力学の二つの法則によってあらゆる化学反応がどのように進むのか、それを明らかにする方法だった。ギブズは推論を始めるに当たってその二つの法則を別の形で表現したので、我々もそれに倣うことにしよう。

第一法則：宇宙に存在するエネルギーの量は一定である。

第二法則：宇宙のエントロピーは増えていく。[*10]

次にギブズは、どんな変化のプロセスでも、それが起こるかどうかをこの二つの法則で判断できることを示した。そのためにこの二つの法則を、次に示す一つの新たな法則に言い換えた。[*11] これはいまではギブズの法則と呼ばれている。

エネルギーが流れることで、宇宙はエントロピーを増大させる。

まずは、化学プロセス（化学反応）とはどんなものか、改めて押さえておこう。もっとも単純な形で表現すると、化学反応とは、複数の物質が組み合わさって新たな物質が作られるときに起こる現象のことである。たとえば鉄が錆びるときには、鉄と酸素が結合して、新たな物質である錆ができる。ソーダと酢を混ぜて加熱すると、二酸化炭素と水と塩ができる。石鹸で油が落ちるのは、この二種類の物質が化学反応を起こして結合し、水に溶ける新たな物質が生成するからだ。このような例は料理や生体内にいくらでも見られる。ギブズの法則を使うと、そのような一つ一つの化学反応がなぜ起こるのか、その理由が分かるのだ。

日常的に見られる化学反応として、暖炉の中で炭が燃えることを考えてみよう。このプロセスでは、炭の主成分である炭素が空気中の酸素と結合して二酸化炭素が生成し、その際に大量の熱が出る（ほとんどの炭には同じく酸素と反応する不純物が含まれているが、ここでは説明のために無視することにしよう）。この逆のプロセスが起こらない、つまり、フィルムを逆再生したかのように二酸化炭素がひとりでに炭と酸素に変化することがけっしてないのはなぜだろうか？　燃焼で発生した熱を二酸化炭素に再び与えても、固体の炭素と酸素に分離できないのは、いったいなぜなのか？

その答えは、「エネルギーはつねに宇宙のエントロピーが増大するように流れる」というギブズの法則から導かれる。炭が燃えるときに何が起こるのか考えてみよう。

最初は固体の炭素と気体の酸素がある。この状態でのエントロピーを直感的に理解するには、固体の炭素の中にはエネルギーが密に詰め込まれていて、気体中ではエネルギーが分散していると考えればいい。燃えた後は二酸化炭素という気体だけになる。固体の炭素に詰め込まれていたエネルギーは分散してしまう。最初はエントロピーの低い固体とエントロピーの高い気体の組み合わせだったものが、エントロピーの高い気体だけに変わるのだ。したがって物質の全体のエントロピーは増えることになる。

さらにここが重要な点だが、炭素と酸素が結合すると熱が放出されて周囲に流れ出し、暖炉の周りの空気が温まる。その熱は空気中に分散し、それによってエントロピーはさらに増える。

炭素は燃えるが二酸化炭素がひとりでに元に戻ることがけっしてないのは、燃焼によってエントロピーが二通りの方法で増えるからだ。第一に、気体の二酸化炭素が生成することによって、第二に、熱が暖炉の周りの空気に分散することによってである。これらが組み合わさることで、宇宙のエントロピーが効率的に増えるのだ。

このような炭の燃焼の様子は、第7章でエントロピーについて説明したときに例として挙げた、暑い部屋と寒い部屋のある家に似ている。そこでさらに似せるために、部屋を隔てる扉がばねで勝手に閉まるようになっているとしよう。初めは何も起こらない。炭を暖炉の中に置いただけでは何も起こらないのと同じだ。ここで、どこからともなく一本の手が現れて、扉を開ける。すると熱が流れはじめる。すぐに手は消えてしまうが、扉は開いたままだ。流れる熱の一部が力学的な仕事に変わり、扉を押さえて開いたままにするからだ。この謎めいた手は、炭に点火するのに必要な火花に相当する。反応を開始させるのに必要なこのエネルギーのことを、活性化エネルギーという。しかしひとたび炭が燃えはじめれば、十分な熱が発生してこのプロセスは継続する。

二酸化炭素がもとの炭素と酸素に戻らない理由は、熱がひとりでに寒い部屋から暑い部屋に流れることがない理由と同じだ。どちらのプロセスも熱力学の第一法則（「エネルギーは生成も消滅もしない」）には反していないが、宇宙のエントロピーを減少させることになってしまう。それは第二法則によって禁じられている。エントロピーが増える反応のことを、自発的反応という。そのような反応は、開始させるのに必要な活性化エネルギーが与えられさえすればひとりでに進んでいく。

　自発的反応のもう一つの例として、酸素の中で水素が燃えると水蒸気（気体の水）が生成するという反応を考えてみよう。初めは二種類の気体があって、エントロピーはかなり大きい。エネルギーは二種類の気体に分散している。燃えた後は水蒸気という一種類の気体だけになる。二種類の気体が一種類の気体になったので、エントロピーは減少する。しかし燃焼によって大量の熱が発生して周囲に分散するので、それによってエントロピーは大幅に増える。その増加量は、二種類の気体が一種類になることによる減少量よりもはるかに多い。そのため系全体のエントロピーは増える。二酸化炭素の場合と同じく、水がひとりでに水素と酸素に戻ることがないのも、そのためにはエントロピーを減らさなければならないからだ。ただしあくまでも、ひとりでには戻らないというだけである。ギブズの法則のとおり宇宙のエントロピーは必ず増えなければならないが、宇宙の一部分のエントロピーが減ることはありうる。それが起こるためには、宇宙のほかの部分のエントロピーが増えて、結果として宇宙全体の合計のエントロピーが増えなければならない。

　植物がつねにやっているように、二酸化炭素や水を燃焼前の状態に戻すことはできるが、「ひとりでに」戻ることはない。ギブズの数式を使って宇宙の各部分でのエントロピーをすべて合計すると、いわば宇宙の市場（いちば）の様子を解き明かすことができる。その市場では、宇宙の一部がほかの一部にお金を払って、エントロピーの局所的・一時的な減少という貴重な商品を購入する。そこではきちんと定義された具体的な通貨が使われる。その通貨こそがエネルギーである。

部屋が二つの家が二軒あったとしよう（次ページ図）。一軒目の家では、部屋どうしをつなぐ扉の代わりに熱機関が取り付けられている。二軒目の家では、寒い部屋から暑い部屋へと逆方向に熱を汲み上げる冷蔵庫が取り付けられている。一軒目の家では暑い部屋から寒い部屋に熱が流れて熱機関が駆動し、仕事が生み出される。その仕事を使って、二軒目の家の冷蔵庫を駆動させる。

要するに、一軒目の家における高温から低温への熱の流れによって、二軒目の家における低温から高温へという「逆」の熱の流れを駆動することになる。一軒目におけるエントロピーの増加を元手に、仕事という通貨を使って、二軒目におけるエントロピーの減少を「買う」のだ。この二軒の家は互いに「共役している」と表現する。

化学反応もこの家と同じく共役させることができる。

酸素中で水素が燃えると大量の熱が拡散し、その量は、水蒸気の生成によるエントロピーの減少分を補うのに必要な分よりもはるかに多い。この過剰なエネルギー、いわば「自由エネルギー」を使えば、自動車のエンジンを駆動させるなど力学的な仕事を生み出すことができる。だがその代わりに、別の化学反応を逆方向、つまり「非自発的」な方向に進めさせることもできる。ちょうど、一軒の家の熱の流れを利用して別の家の熱の流れを逆転させるのと同じようにだ。化学反応の場合には、利用可能なこのエネルギーのことをギブズ自由エネルギーといい、これは複数の化学反応を共役させるための手段となる。*12

条件をうまく設定すれば、たとえば水素と酸素の燃焼で余った自由エネルギーを使って、二酸化炭素を炭素と酸素に戻すことができる。前者の反応によって宇宙のエントロピーは増加し、後者の反応によって減少する。エントロピーの合計が増えるようになっている限り、一方の燃焼によってもう一方を燃焼前の状態に戻すことができるのだ。

地球上のすべての生命は、ギブズ自由エネルギーによって二つの化学反応を共役させることで生きている。そのもっとも目を見張る例が、生物圏におけるその最初のステップである光合成だ。光合成では、ギブズ自由エネルギーを使って、水と二酸化炭素の両方をいわば燃焼前の状態に戻す。[*13] そのプロセスは次のとおりだ。

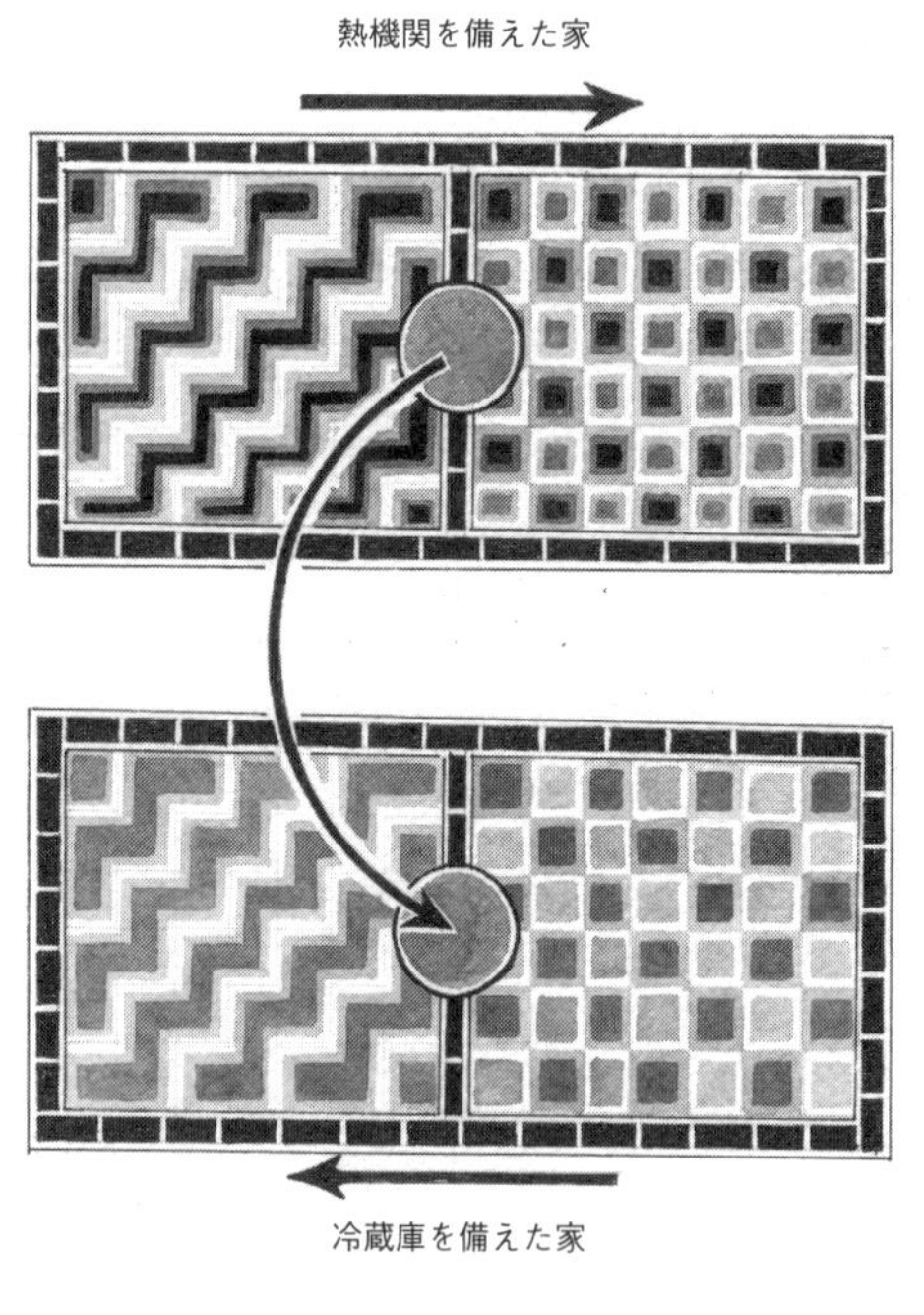

熱力学的に「共役させた」２軒の家

ステップ１：太陽光の自由エネルギーをとらえる。

太陽光には自由エネルギーが大量に含まれている。植物の葉の中にあるクロロフィルという分子が、その自由エネルギーを使って水を燃焼前の状態に戻す。つまり、H_2O 分子をその構成要素である水素と酸素に分解する。生成した酸素は大気中に放出され、水素はそのまま葉の中に残る。そのような原子状の水素は、酸素または、酸素に似た化学的性質を持つ物質と再び結合したがるので、それ自体が自由エネルギー源となる。
太陽光を使って水を水素と酸素に分解するこのステップを、明反応という。

ステップ2：原子状水素という形の自由エネルギーを使って、二酸化炭素を燃焼前の状態に戻す。

このプロセスの巧妙な点は、原子状水素として蓄えられている自由エネルギーを一気には解放しないところである。ギブズ自由エネルギーを蓄えられるよう特別に進化した何種類かの化学物質に、その自由エネルギーを分配するのだ。中でももっとも豊富に存在する物質が、アデノシン三リン酸（ＡＴＰ）である。ＡＴＰは分子レベルのばねにたとえられ、自由エネルギーを受け取るとそのばねが縮まる。後でそのエネルギーが必要になったら、ばねをほどいてエネルギーを解放すればいい。

植物はＡＴＰに蓄えられたギブズ自由エネルギーを使って、二酸化炭素を燃焼前の状態に戻す。一糸乱れぬ一連の化学反応によって、一個一個のＡＴＰ分子に蓄えられていた自由エネルギーを解放し、それを使って大気中の二酸化炭素を炭素と酸素に分解し、炭水化物と呼ばれる分子に作り替えるのだ。「炭素固定」と呼ばれるこの反応には、おもな目的が二つある。第一に、炭水化物は植物の身体を作るセルロースなどの材料となる。第二に、炭水化物を作っても、ＡＴＰに蓄えられていたエネルギーが使い果たされることはなく、その残ったエネルギーは炭水化物分子に移動する。炭水化物分子もばねのようなもので、一時的に自由エネルギーを保存でき、その自由エネルギーを使って植物は生長したり、生きるのに必要なあらゆる化学反応を起こしたりできるのだ。

原子状水素の自由エネルギーを使って炭素を固定するという、光合成におけるこの二つめのステップを、暗反応という。

我々のような動物もそのおかげで生きている。ギブズ自由エネルギーの観点からすると、我々は植物と逆の働きをする存在だ。我々が植物や、植物を食べるほかの動物を食べると、植物が作ってくれた、ギブズ自由エネルギーを豊富に含む炭水化物などの化学物質が体内に摂取される。すると動物の細胞は、光合成の暗反応とちょうど逆の反応によって、炭水化物に蓄えられていた自由エネルギーを解放させ、それを使って自身のATP分子を作る。それが動物の細胞内で起こる多くの化学反応の燃料となり、そのおかげで細胞は生きられる。このプロセスの最後には、植物が大気中の二酸化炭素から固定した炭素が再び酸素と結合し、二酸化炭素として吐き出される。

まとめると次のようになる。植物は太陽光のギブズ自由エネルギーを使って、水と二酸化炭素を炭水化物に変え、酸素を放出する。生成した炭水化物には、太陽光の自由エネルギーの一部が含まれている。動物は生きるために、炭水化物に捕らえられたそのギブズ自由エネルギーを利用し、その際に、炭水化物に含まれていた炭素と大気中の酸素を再結合させ、二酸化炭素と水を放出する。いまでは、動植物の体内で起こるすべての化学プロセスで移動するギブズ自由エネルギーの量を一つ一つ計算できる。そこでは見事な対称性が成り立っている。植物は一八〇グラムのグルコース（典型的な炭水化物）を作るのに、太陽光の自由エネルギーを二八七〇キロジュール使う。動物はグルコース一八〇グラムを食べると、それとちょうど同じ二八七〇キロジュールの自由エネルギーを解放させ、最終的に二酸化炭素を放出するのだ。

これがいわゆる生命のサイクルである。動物が吐いた二酸化炭素は再び植物に吸収されて、食物や酸素などになるのだ。このサイクルを回しつづけるには、つねにギブズ自由エネルギーが供給されていなければならない。そしてこのサイクルの各ステップでは、少量の自由エネルギーが熱として失われる。そのため各ステップで宇宙のエントロピーが増える。生命のサイクルは見事で驚くべきものだが、実のところ太陽と下水道のあいだに位置している。[*14] 生物は、宇宙のエントロピーを効果的に増やす手段にほかならないのだ。

ギブズ自身が生物における自由エネルギーの役割を追究することはなかった。しかしギブズの論文が発表されてから五〇年以内に、光合成と、その逆プロセスである動物の細胞呼吸の謎が解き明かされた。ギブズとそれに続く人たちの研究によって、自由エネルギーの移動が生命の駆動力になっていると明らかになったことで、細胞内のとてつもなく複雑な化学反応を解きほどくための道しるべとなる原理が手に入ったのだ。

生命は非生命と違う科学的原理に支配されているとする、いわゆる生気論をめぐる長年の論争にも、ギブズの理論は重要な役割を果たした。ヘルマン・ヘルムホルツらの研究によって生気論への支持はかなり弱まっていたが、ギブズの研究はさらに致命的な一撃となった。自由エネルギーの概念によって、すべての生物のすべての細胞内で起こるすべての化学プロセスが物理学の範疇に収まったのだ。超自然的なものはいっさい必要ない。太陽光のエネルギーだけで、地球上の複雑で美しい生命は生きていられるのだ。

一八七八年にギブズが大作の論文を発表してから何年かかけて、その理論は徐々に科学界に根付いていった。ギブズは物質や分子の構造について何一つ仮定しなかったおかげで、論争を避けることができた。しかし残念ながら、ボルツマンはそういうわけにはいかなかった。一九世紀末の数十年間に、自らの学説が原因で立てつづけに論争に巻き込まれ、すでに弱々しかった精神がますますむしばまれたのだ。[*15] けっして意図的ではないが、ギブズの研究もそれに加担することとなる。

論争のきっかけは、ドイツ語圏に根付いていた現象主義という哲学体系だった。その現象主義を熱心に推進したのが、ウィーン大学でその帰納的な学問体系の歴史と哲学を研究していたエルンスト・マッハである。

マッハは若い頃は実験物理学者として才能を発揮し、音速よりも速く移動する物体が作る衝撃波を初めて写真に収めた。音速のことをマッハ一と呼ぶのはそのためだ。しかし一八九〇年代になると、マッハは現象主義に没頭するようになる。[*16] 現象主義とは、できるだけ簡単に言うと、直接知覚できるものだけが現実であるという考え方だ。逆に間接的な証拠しかない事柄を物理的現実と呼ぶのは、科学として劣っている。マッハが見たところ、ボルツマンの研究には、原子や分子の実在を仮定しているという問題点があった。現象主義では、直接知覚できない原子や分子を実在していると言うことはできない。したがって、ボルツマンが打ち立てた統計力学の体系全体が疑わしい。原子や分子を直接観察できないのであれば、それらに基づいてボルツマンが示したエントロピー増大に対する説明は役立たずだというのだ。

当時、ドイツ語圏の多くの科学者が現象主義に惹かれていて、若きアルベルト・アインシュタインもその一人だった。のちにアインシュタインは、マッハの考え方をきっかけに、時計や物差しがなければ時間と空間に意味はないのだと気づき、そこから相対論を思いついたのだと振り返っている。だがボルツマンは、そんな現象主義にひどく痛めつけられた。つねに激しく運動していると自らが主張する、原子や分子の実在をめぐる論争に引きずり込まれて、心身を消耗していったのだ。[*17]

熱力学に現象主義を当てはめるとしたら、熱の流れや圧力、体積や温度など、観察して測定できるものだけで熱力学を論じるしかない。この考え方はエネルギー論と呼ばれるようになった。その支持者たちは、原子や分子の概念を使えば手の込んだ数学を構築することはできるだろうが、だからといって原子や分子が実在することにはならないと主張した。そのようすがとなったのが、ジョサイア・ウィラード・ギブズの研究だったのだ。[18]

というのも、ボルツマンの学説が原子や分子からなる世界を前提としていたのに対し、ギブズはそのような仮定を置かなかったからだ。ギブズは、十分に受け入れられている二つの法則のみに基づいて、熱力学を包括的かつ厳密に記述した。その純粋な方法論がエネルギー論の支持者たちに響いたのだ。その一人である若きドイツ人化学者のヴィルヘルム・オストヴァルトは、ギブズの論文をドイツ語に翻訳した。ギブズの研究をヨーロッパに知らしめたという点で、科学にとっては素晴らしいことだったが、ボルツマンにとっては災難だった。原子や分子が実在するという仮説は熱力学には必要ないと、エネルギー論者が堂々と主張できるようになったからだ。

ボルツマンを批判した一人が、ミュンヘン大学の若き物理学講師、マックス・プランクである。[19] 一八五八年にドイツのバルト海沿岸のキールで生まれ、熱力学の第二法則の解析によって博士号を取得した。そしてマッハやオストヴァルトと同じく、原子や分子は実在していて、それらの振る舞いが第二法則の根拠であるというボルツマンの主張に不満だった。一八八二年には、ボルツマンは間違っていると公言して、次のように書いている。「熱の力学的理論の第二法則は、有限の大きさの原子が実在するという仮定と相容れない。現在のさまざまな証拠から見て、原子論は大成功を収めてはいるものの、最終的には破棄されなければならないと思う」[20]

ボルツマンとエネルギー論者との戦いは、さまざまな学術誌や学会で繰り広げられた。消耗戦の趣を呈する論争の中で、ボルツマンもオストヴァルトも相手の意見を変えさせることはできなかったようだ。あるときなど、名高いウィーン帝国科学アカデミーでボルツマンが講演を終えると、マッハが立ち上がって

「原子が存在するなどとは信じられない！」と声を荒らげた。[*21]

ボルツマンはのちに、そのマッハの言葉が「頭の中を駆けめぐった」と語っている。[*22] それでも二〇年以上を費やして、もしもこの宇宙が原子や分子からできていたら科学的にどのような帰結が導かれるか、それを考えつづけた。科学者としての人生すべてを、原子や分子が実在することに賭けたのだ。引退が近づいたボルツマンは、新たな世代の科学者が自分から離れていっていることに気づいた。一八九〇年代には、ある学術誌の編集者に宛てた手紙の中で、「現在のドイツ科学の方向性に抗うのは、もうすぐ私一人だけになってしまうのだろうか」と書いている。[*23]

ボルツマンの挫折感にさらに輪を掛けたのが、自分の学説から人々が離れていく理由が数学的論証や物理的証拠でなく、突き詰めると見当外れな哲学的な考察だったことである。「哲学的に考えたいという抑えきれない欲求は、偏頭痛による嘔吐（おうと）にたとえるべきではないだろうか」。ボルツマンはイタリア人哲学者フランツ・ブレンターノに手紙でそう問いかけている。[*24]

ボルツマンは健康もむしばまれはじめていた。強い近視のせいで研究を続けるのもままならなかったし、生きる喜びを失って引きこもる期間もどんどん長くなっていった。そんな中の一八八九年、長男が虫垂炎で急死するという悲劇が襲い、ボルツマンはもっと早く症状に気づいてやれなかった自分を責めた。大学での生活も難しくなっていった。ナショナリズムが台頭し、ドイツを味方にするか敵にするかをめぐってしょっちゅう言い争う学生たちに、ボルツマンは面食らうとともに辟易（へきえき）した。学生たちの論争が酔っ払いの暴動に発展することもあった。のちにボルツマンはその様子を、尻尾が左巻きのブタと右巻きのブタの戦いにたとえている。

さらに悪いことに、現象主義やエネルギー論に傾倒していない科学者たちまでもが、ボルツマンの学説の穴を探しはじめた。たとえば一八九六年、数学者のエルンスト・ツェルメロによる批判を受けて、ボルツマンは次のように自説を擁護した。「ツェルメロの論文を読むと、私の文章を誤解していることが分かる。とはいえ、ドイツで私の文章が初めて注目されたらしく満足だ[*25]」

それでもボルツマンは、いまだに独創的な思考力を失っていなかった。ツェルメロに対する反論には非凡な考え方がたくさん込められていて、その中でももっとも目を見張るのが、この宇宙はある瞬間に誕生したことを科学的推論のみから導いたことである。

第12章　ボルツマンの脳　宇宙の時間の矢

ほとんど眠れず、惨めな気分で狂いそうだ。どうかすべて許してほしい！
——ルートヴィヒ・ボルツマン[*1]

一八五四年にウィリアム・トムソンは、鉄の棒で熱が拡散する様子から、この宇宙はいずれ死に至ると結論づけた。それから四〇年後、批判を受けたルートヴィヒ・ボルツマンは、エントロピーの統計学的解釈から考えて、観測可能な宇宙には始まりがあったはずだと主張する。[*2]天文学者によってビッグバンの証拠が発見される何十年も前のことである。ボルツマンによる宇宙創造説は現代のビッグバン理論とは異なるが、その本質は今日の宇宙論の研究にとって欠かせないものとなっている。

この宇宙には誕生の瞬間があったとボルツマンが考えるようになったきっかけは、ロシュミットやツェルメロの批判を受けて、熱力学の第二法則に対する自らの統計学的な解釈には暗黙の仮定が潜んでいたと気づかされたことだった。宇宙のエントロピーが増えるのは、宇宙が可能性の低い分布状態から可能性の高い分布状態へ移っていくからだというのが、ボルツマンの主張だった。しかしこの解釈が成り立つためには、この宇宙は最初、統計学的にきわめて可能性の低い低エントロピー状態からスタートしたと仮定しなければならない。そうボルツマンは気づいたのだ。[*3]

なぜそうなるのかを理解するために、黒い小石と白い小石が何個も入った壺を思い浮かべてほしい。最初、黒い小石と白い小石は混ざり合っている。ここで壺を振ると、小石の集団はある混合状態から別の混合状態へ移る。その様子を写したフィルムを順再生しても逆再生しても同じに見えるだろう。この壺を使って時間の矢の方向を知るためには、最初、下から黒い小石の層、白い小石の層、黒い小石の層……ときれいに積み重ねておいて、それから壺を振らなければならない。この場合、フィルムを観て小石がどんどん混ざり合っていくように見えたら、順再生していると分かる。小石の集団は、可能性の低い分布から可能性の高い分布へと変化している。この原理を宇宙に当てはめると、過去のどの時点でもこの宇宙は現在より「可能性の低い」状態だったはずだということになる。時間をさかのぼればさかのぼるほど、この宇宙は可能性の低い分布を取っていた。そこで次のような疑問が浮かんでくる。過去の宇宙はどうやって、可能性の低い低エントロピー状態を取っていたのだろうか？

それに対するボルツマンの答えは、「宇宙には創造の瞬間があったはずだ」というものである。神などが出る幕はなく、自然現象と確率の法則だけで事足りるのだ。

ボルツマンは、この宇宙は全体で見れば、けっして変化しない平衡状態にあると仮定した。のっぺりとした巨大なガスの雲を思い浮かべてほしい。ガスの粒子がランダムに衝突する以外、何も起こっていない。この宇宙は死んでいるも同然だ。しかしその不活発な状態が延々と続いた末に、この宇宙の小さな一角が偶然にも平衡状態から外れ、ゆらぎによってエントロピーが異常に低い状態になる。するとその宇宙の一角の中で、偶然に星や銀河が次々と生まれてくる。それはちょうど、黒い小石と白い小石の入った壺を延々と振っていたら、単なる偶然で小石がきれいに層状に分かれたようなものだ。だがさらに振りつづけると、その秩序は壊れて、もとのぐちゃぐちゃな状態に戻ってしまう。我々が住んでいる宇宙の一角もそれに似ていると、ボルツマンは論じた。はるか昔、ゆらぎによって低エントロピー状態になり、それ以来、偶然によってエントロピーが徐々に増えていって、最終的には周囲の死んだ宇宙と同じ平衡状態に達する。しかし、生命が存在できるのは宇宙全体の中でもこの低エントロピー状態の一角だけなので、生命は時間の矢が一方向だけを向いていると知覚する。ボルツマンは次のように述べている。

「このような世界である期間にわたって生きている生命は、可能性の低い状態から高い状態へと変化する方向を時間の方向として定義できる（前者の状態が『過去』で、後者の状態が『未来』である）。そしてこの定義のおかげで、宇宙は最初は必ずきわめて可能性の低い状態を取ると気づかされる」[*4]

　宇宙の大部分は死んでいるが、その死んだ部分で我々が生きることはできないので、そこの様子は知りようがない。このような論法を人間原理という。[*5] 人間が生きている宇宙は、人間が生きられるような物理法則に従っているはずだ、という論法である。同語反復のようにも聞こえるが、現代の物理学者や宇宙論学者も、この宇宙は我々が存在可能な形に「微調整」されているように見えるという謎めいた事実を、この原理を使って説明しようとしている。たとえば、重力の強さや原子核の質量や光の速さなどの「自然定数」は、この宇宙が何十億年も安定して存在するために必要な値とぴたり合致している。もしもいずれか一つの値がわずかでも違っていたら、この宇宙は潰れてしまうか、または数秒ですべての恒星が燃え尽きてしまう。この事実を説明する方法の一つが、我々は「多宇宙（マルチバース）」の中にある一つの宇宙に住んでいるという考え方である。多宇宙の中にはほかにもたくさんの宇宙があって、それらの宇宙における自然定数は生命に適さない。しかし我々はそれらの宇宙では生きられないので、この宇宙と、ここでの自然定数の値しか認識できない。このような人間原理は、いまでは当てはめ方こそかなり違ってはいるものの、ほかならぬボルツマンが編み出したものなのだ。

　では、ランダムできわめて起こりにくいゆらぎによって低エントロピーの領域が生まれ、そこから我々の住める宇宙が始まったとするボルツマンの創造説は、どのくらい理にかなっているのだろうか？　現代のほとんどの宇宙論学者はこの説を否定するだろうが、ボルツマンはこの疑問を示すことで、現代理論物理学の中核をなす一つのテーマを定めたと言える。その理由を知るには、ボルツマンのこの「ランダムゆらぎ仮説」の致命的欠陥を見つけ出さなければならない。この仮説に対しては次のように反論することができる。

　この宇宙は複雑な構造を持っていて、生命が生きられるだけでなく無数の恒星や銀河に満ちており、しかもそれらも一つ一つきわめて秩序立っている。したがって、この宇宙のエントロピーは驚くほど低いといえる。さらに、誕生時の宇宙はますますエントロピーの低い、この上なく秩序立った状態だったことになる。要するに、この宇宙が存在する可能性はとてつもなく小さいのだ。ここまではボルツマンの説と何一つ矛盾していない。十分に長い時間待っていれば、そのような可能性の低い出来事もいずれは起こるだろう。

　そこで次のように考えてみよう。もしもランダムなゆらぎによって宇宙が誕生するのだとしたら、我々の住むこの宇宙全体を生み出したゆらぎよりも統計学的にはるかに可能性の高いゆらぎというものも、容易にイメージできる。たとえば、我々が住んでいるような太陽系だけを生み出すゆらぎである。その太陽系の外側には何もないが、それでもこの孤独な太陽系の中で生命は生きられる。我々も生きられるだろう。むしろ、何十億個もの複雑な銀河に取り囲まれた我々の太陽系よりも、のっぺりとした死んだ宇宙に取り囲まれた太陽系の方がはるかに生まれやすいはずだ。

このロジックをさらに突き詰めていこう。太陽系全体を生み出すようなゆらぎよりも、生命が生きられる惑星を一個だけ生み出すようなゆらぎの方がはるかに起こりやすい。そこから一歩だけ踏み出せば、次のように論じることすらできる。私がいま座っているこの部屋だけを生み出して、その外にはのっぺりとした宇宙だけが広がっているようなゆらぎの方が、惑星を一個だけ生み出すようなゆらぎよりもさらに起こりやすいはずだ。

この方向でとことんまで突き詰めれば、上記のどんなゆらぎよりも、脳を一個だけ生み出すようなゆらぎの方が統計学的にはるかに起こりやすいという結論に行き着く。

つまり、この宇宙は誕生時に低エントロピー状態だったというボルツマンの説に基づくと、実在するのは一つの脳だけで、この宇宙全体はその脳の想像の産物にすぎないという、独我論的な結論が導かれることになる。この仮説上の存在はいまでは「ボルツマンの脳」と呼ばれている。[*6] この説に賛同している人はほとんどいないが、この宇宙がこれほどまでにエントロピーの低い起こりにくい状態から始まった理由をきっちりと説明できた人は、まだ誰もいない。偉大なアメリカ人物理学者のリチャード・ファインマンは、一九五〇年代、いまでは有名となっている物理学の講義の中で次のように述べている。

「何らかの理由で、この宇宙は過去のある瞬間、エネルギー量に対してきわめて低いエントロピーの状態にあり、それ以来エントロピーは増えつづけてきた。未来も同じように進んでいく。これが、成長と衰退のプロセスを引き起こすあらゆる不可逆性の源である」[*7]。その一方でファインマンは次のようにも結論づけている。「宇宙全体は一方向にだけ振る舞う。この事実を完全に理解するには、宇宙の歴史誕生の謎を単なる推測からさらに科学的理解へと落とし込まなければならない」

現在、このファインマンの講義からは半世紀以上、ボルツマンが宇宙は低エントロピー状態から始まったと提唱してからは一世紀以上経っている。しかし、宇宙がどのように誕生したのかという問題はいまも未解決で、刺激的な研究テーマのままだ。

二〇世紀に入った頃のボルツマンは、のちの科学者たちから尊敬されることになろうなどとは思ってもいなかった。自説を守るために神経をすり減らし、攻撃を浴びせられ、ぜんそくと肥満のせいで健康も損なった。息子のアルトゥールは、「パパは四六時中、汗を掻きながら悪態をついている」と書いている。[*8] さらにマッハとその仲間たちからの攻撃も相まって、ボルツマンの自信はますます失われていった。一八九八年に数学者のフェリックス・クラインに宛てた手紙には、「君からの手紙を受け取ったちょうどそのとき、またもや神経衰弱の発作に襲われていた」と記されている。[*9]「神経衰弱の発作」とは、不安や鬱の発作を指す一九世紀末当時の一般的な呼称である。症状が悪化したボルツマンは、ドイツのライプツィヒの街外れに建つ療養所でひたすら耐えながら、精神疾患の治療を受けざるをえなくなった。しかしいっこうに良くならなかった。一九〇〇年に妻のヘンリエッテに宛てて、「ほとんど眠れず、惨めな気分で狂いそうだ。どうかすべて許してほしい！」と書いている。

ギブズはというと、ボルツマンが苦しんでいることも、また自分の研究によってオーストリアでボルツマンに対する批判が勢いを増したこともつゆ知らず、原子説には真実の一端があると、慎重ながらも受け入れはじめた。そして、一九〇二年に出版した教科書『熱力学の合理的基礎にとくに関連して導かれた統計力学の基本原理』（*Elementary Principles in Statistical Mechanics Developed with Special Reference to Rational Foundations of Thermodynamics*）の中で、原子の存在を心から受け入れはしないながらも、ボルツマンと同様の論証を進めた。だが科学者として慎重なあまり、自分の考えを明確に示すことができなかった。「もちろん、物質の構成に関する彼〔ボルツマン〕の研究は、不確実な基礎の上に築かれている」と書いている。[*10] 一九〇三年四月、ボルツマンと違って心穏やかに暮らしていたギブズが突然、急性腸閉塞に倒れた。そして処置の甲斐もなく、生前と同じく自宅で孤独なまま息を引き取った。

その二年後の一九〇五年夏、ボルツマンはカリフォルニア大学バークレー校とスタンフォード大学から講演の依頼を受けて、人生最後の幸せな時期を送った。ボルツマンがその歴訪を「ドイツ人教授のエルドラドへの旅」[*11]と称していることから見て、彼がアメリカの革新性と活力に惚れ込んでいたことは明らかだ。「ニューヨークの港に入るたびに、一種の恍惚に襲われる」と書いている。

ボルツマンはニューヨークから列車に乗って西へ向かい、四日かけてバークレーに到着した。そして、鉄道王のリーランド・スタンフォードやフィービ・ハーストなどの大金持ちがバークレー校に多額の寄付をしていることに衝撃を受けた。ちなみにハーストは鉱山経営で財をなした百万長者の妻で、息子のウィリアム・ランドルフ・ハーストは映画『市民ケーン』のモデルとなった。

そんなボルツマンもアメリカには二つ不満があった。一つは食事である。フィービ・ハーストの広大な屋敷に滞在していたときには、オートミールが供されて面食らった。「オート麦の粉でできた、えも言われぬペーストで、ガチョウの餌にでもするような代物だ。でもウィーンのガチョウがこれを食べるかどうかは怪しい」。もっと困った問題が、バークレーを含めアメリカの大部分に禁酒運動が広まっていて、しかも乾燥していることだった。アルコールが飲めないせいでひどい消化不良になった、とボルツマンは愚痴をこぼしている。

それでもボルツマンは最高の気分で帰国した。日記には次のように書かれている。「カリフォルニアは美しく、シャスタ山は雄大で、イエローストーン国立公園は素晴らしい。でもこの旅を通して飛び抜けて良かったのは、家に帰ってきたときだ」

ところがそれから数か月もせずに、ボルツマンの心のどこかにずっと棲み着いていた鬱の力が再び頭をもたげてきた。ウィーンでは慰めなんてほとんど得られなかった。旅から帰ってきたことで、エネルギー論者に対する不満が呼び覚まされたのだろう。ウィーン大学時代の教え子の一人で、一九三〇年代に核分裂の発見に重要な役割を果たすこととなる偉大な物理学者のリーゼ・マイトナーは、ボルツマンは熱心で愉快な講義をする一方、自説に対する攻撃には必死で立ち向かっていたと振り返っている。五〇年以上経ってもボルツマンの講義の様子は次のように鮮明に記憶していた。

「その講義はまさにもっとも刺激的な経験だった。ボルツマンはいっさい淀みなくしゃべり、原子の実在を確信しているせいで自分がどれほどの困難と抵抗に遭ってきたかを話してくれた[*12]」

一九〇六年九月、ボルツマンは妻と娘を連れて、イタリア北東部のトリエステ近郊にある海沿いの町ドゥイノへ、数日間の休暇旅行に出掛けた。ある日、妻と娘がボルツマンを一人部屋に残して海水浴に行った。娘がビーチから戻ってくると、そこには首を吊った父親の姿があった[*13]。

第Ⅲ部　熱力学のさまざまな帰結

第13章　量子　プランクの変心

物理に関してそれまで信じていた事柄をすべてなげうつことにした。

——マックス・プランク

二〇年近くにわたってボルツマンの学説を批判してきたマックス・プランクは、一九〇〇年、自らの心変わりをうかがわせる論文を発表する。[*1] しかも意外なことに、ボルツマンの統計学的手法は熱力学よりもはるかに幅広い範囲に通用するのではないか、そう言おうとしているようだった。

プランクが不本意ながらもそのように心変わりせざるをえなかったきっかけは、電球という新技術の出現である。電球のフィラメントに電流が流れると、温度が上がって輝く。この現象を受けて科学者たちが、熱と光の関係性を詳しく探りはじめたのだ。

物体から熱が流れ出す方法には、伝導・対流・放射の三種類がある。いずれもふつうのキッチンで目にできる。

伝導は電気ホットプレートで見られる。発熱体が鉄板の下面に接触していて、熱が発熱体から鉄板へ流れる。運動論ではこの現象は次のように説明される。発熱体の温度が上がると、それを構成する分子の振動スピードがどんどん速くなる。するとそれらの分子が、接触している鉄板の分子を揺さぶる。やがて鉄板のすべての分子が以前よりも激しく振動するようになって、鉄板の温度が上がる。

対流による熱の流れは、オーブンの庫内で見られる。オーブンの壁に埋め込まれている発熱体が、近くの空気分子の飛び交うスピードを加速させる。するとそれらの空気分子がもっと壁から離れた分子と衝突して、その分子のスピードも速くなり、やがて庫内全体の温度が上がる。

三つめの熱の流れ方である放射は、光と関係がある。電気グリルのスイッチを入れると、発熱体の温度が上がって赤く光る。目に見える赤色の光だけでなく赤外線も出ていて、それが熱く感じられる。この赤外線が何らかの物体、たとえばフライパンの上のソーセージに当たると、ソーセージを構成する分子が振動して温度が上がる。

熱の放射に関する理解が深まったのは、一八六〇年代のこと、ジェイムズ・クラーク・マクスウェルが「電磁気」を記述する一連の方程式を発表したことによる。*2

マクスウェルの論法を具体的に理解するために、ものすごく長いロープの端を持っていると想像してほしい。ロープはかなりぴんと張られていて、もう一方の端はたとえば一キロメートル先にある。ここでロープの端を一回だけ上下に動かしてみよう。すると、ロープのくねった部分が向こうへ進んでいく。今度はロープを連続的に上下させてみよう。すると、うねった波の形がロープを伝わっていく。

その理由を知るには、このロープを、小さいビーズのたくさん連なったチェーンとイメージすればいい。一個一個のビーズは短くてしなやかな糸で隣のビーズとつながっている。端のビーズを動かすと、そのビーズが隣のビーズを引っ張る。そしてそのビーズがさらに次のビーズを引っ張る。その先もずっと同じだ。こうして最初のビーズの上下運動が順番に伝わっていくことで、波が移動しているように見えるのだ。

では、その波はロープをどのくらいのスピードで進んでいくのか？　それは、ビーズの重さと、ビーズどうしをつなぐ糸の張力で決まる。ビーズが重いほど、動かすのに大きな労力を要するので、スピードは遅くなる。また、糸の張力が強いほどスピードは速くなる。張力が強いと隣のビーズが強く引っ張られるからだ。直感的に考えても、だらりと垂れ下がった重いロープを揺すると、波はゆっくり進むだろう。逆に、軽くてぴんと張られているギターの弦なら、波は時速一〇〇〇キロメートル以上の猛スピードで進む。

マクスウェルは、空っぽの空間の中にもそれに似た「糸」または「弦」が張りめぐらされているとイメージした。[*3] それらの糸は、身の回りのあらゆる物質を構成する粒子の多くから出ている。例として、すべての原子の構成要素である、負の電荷を持った微小な電子を取り上げよう。空っぽの空間の中に一個の電子が静止しているとする。その電子からは、真空中のあらゆる方向に、ぴんと張られた糸が出ている。「電気力線」と呼ばれるそれらの糸は、目にも見えないし実体もない。しかしそこに、電荷を持った別の粒子、たとえば正の電荷を持った陽子を持ってくると、ちょうど先ほどのビーズが引っ張られるのと同じように、電子に向かって引っ張られる力を受ける。

次に、電子が上下に振動しはじめたとしよう。すると、ロープの上を波が進んでいくのと同じように、電子から電気力線に沿って四方八方に波が広がっていく。

では、その電気力線の波はどれだけのスピードで進んでいくのか？　マクスウェルはすさまじい洞察力を発揮して、その値をはじき出す方法を見つけた。電子から出ている一本の電気力線に注目しよう。その電気力線に沿って、小さい方位磁針がたくさん並んでいるとイメージしてほしい。[*4] その電気力線の上を波が進むと、方位磁針が電気力線の方を向いたり違う方を向いたりして揺れ動く。ご存じかもしれないが、電線に電流を流しても似たようなことが起こる。これは、電線の周りに磁場というものが発生するためだ。

そこでマクスウェルは、電気力線の上を波が進むと、それに伴って磁場の波が発生すると唱えた。この二種類の波は互いに直角の向きに振動する。たとえば、電場の波が上下に振動しながら左から右へ進んでいるとしよう。するとそれに伴う磁場の波は、手前側と奥側に振動する。そして重要な点として、ロープを構成するビーズを動かすのに労力が必要だったのと同じように、この磁場の波を生み出すのにも労力が必要である。

　マクスウェルのこの論法は、あくまでも直感的な思いつきにすぎなかったが、それでもすさまじく役に立った。先ほどのチェーンの場合、その上を進む波のスピードを予測するには、一個一個のビーズの重さと、ビーズどうしをつなぐ糸の張力を測ればいい。マクスウェルは、電気力線においてそれらに相当する値を難なく導き出した。張力は、電荷を持った二個の物体が互いに引き合う力の強さを測定することで得られた。ビーズの重さに相当する値は、電線を流れる電流が作る磁場の強さを測定することではじき出された。

　マクスウェルはそれらの測定値を使って、この「電磁波」のスピードを秒速およそ三〇万キロメートルと算出した。驚くことにこの値は、光の速さの測定値ときわめて近かった。あまりにも近すぎてただの偶然とは思えない。光がたまたま電磁波と同じスピードで進むだなんて、とうていありえない。それよりも、光の正体は実は電磁波だったというほうが、もっとずっとありえる話だ。

　注目すべきは、電荷を持った物体が振動すると必ず電磁波が出ることである。太陽が輝いているのは、太陽の中にある電子が絶えず振動しているからだ。その電子から電気力線を伝って波が進んでいく。その波が我々の目に届くと、網膜の中にある荷電粒子が振動する（それが「見る」ということにほかならない）。

さらにマクスウェルは、光の色が電磁波の振動数によって決まることを示した。振動数が大きいほど青っぽくなる。可視光の中でもっとも振動数の小さい赤色の光は、一秒間に四五〇兆回振動する電磁波である。緑色の光はそれよりも振動数が大きくて、一秒間に約五五〇兆回。青色の光は約六五〇兆回だ。

マクスウェルの理論からは、目に見える光の色を説明できただけでなく、目に見えない電磁波の存在も予測された。それらの波は一八七〇年代以降にしかるべくして発見された。たとえば電波は、振動数が一秒間に一〇〇回未満から三〇〇〇万回ほどまでの範囲に入る。マイクロ波はそこから三〇〇〇億回までの範囲。赤外線はマイクロ波と可視光の中間。青い光よりも振動数が大きいと、紫外線になる。その上にX線、さらに、一秒間に一〇〇〇億の一〇億倍回振動するガンマ線がある。電波からガンマ線までの範囲全体を、電磁スペクトルという。

マクスウェルの発見によって、電球のフィラメントが輝く原理が明らかとなった。電流が流れてフィラメントが熱くなると、フィラメントを構成する電子が振動して電磁波を発するというからくりだ。実はどんな物体も多かれ少なかれ電磁波を発している。原子はつねに運動しているので、その中にある電子も動いている。たとえば平熱の人の身体も、検知できるほどの赤外線を発している。ヘビはそのような赤外線放射を感知する器官を持っていて、それを使って獲物を見つけたり、休める涼しい場所を探したりする。

一九世紀末、次のような未解決問題があった。物体の温度と、その物体が発する電磁波の振動数とのあいだには、正確にどのような関係があるのか？

物理学者はこの問題にどのように取り組んだのか、それを理解するために、焼き物窯を思い浮かべてほしい。[*5] ほとんどの物体と同じように、窯を加熱すると壁の中の電子が振動する。ここで窯を例に挙げたのは、窯の中の色と温度を容易に関係づけられるからだ。暗赤色だとまだ温度が上がっている最中。そこからオレンジ色、黄白色となるにつれて、窯の中の温度はどんどん上がっていく。「赤熱」よりも「白熱」のほうが熱いというのは直感的に分かるだろう。

温度が低いと、窯は目に見えない赤外線しか発しない。温かくは感じられるが、輝いてはいない。そこから温度を上げていくと、目に見える赤色の光も出てくるようになる。さらに温度が上がって摂氏一〇〇〇度を超えると、赤色だけでなく、緑色、さらに青色と、もっと振動数の大きい光も出てくる。しかし赤色の光もまだ出ているので、かなり高温では赤色と緑色と青色の光が混じって出てきて、我々の目はそれを、各色の比率に応じてオレンジ色や黄色や黄白色と解釈する。

しかしかなりの高温になっても、窯が発する電磁波の多くは赤外線のままだ。窯によって生み出される電磁気エネルギーのうち、可視光として発せられるのはごく一部である。紫外線や、それより大きい振動数の電磁波はほとんど出てこない。また温度に関係なく、もっと振動数の小さいマイクロ波や電波もほとんど出てこない。

さらに高温になると何が起こるのかを知るために、太陽光について考えてみよう。太陽はいわば、摂氏五〇〇〇度を超える巨大な窯のようなものだ。この温度まで来ると、放射される電磁波の種類が変わってくる。太陽は赤外線も多少は発しているが、生み出されるエネルギーの大部分はもっと振動数の大きい可視光として出てくる。

我々を含めほとんどの動物の目が、赤・緑・青の光を感じられるように進化したのは、このためだ。太陽から届いてくる電磁波の中でもっとも多いのが、これらの色である。もっと大きい振動数や小さい振動数の電磁波は少量しか届かないので、それらを感知できるようになっても進化上のメリットはほとんどないのだ。

さらに高い温度、たとえばオリオン座の超巨星リゲルの表面のような摂氏一万二〇〇〇度になると、何が起こるのだろうか？　電磁気エネルギーの半分以上が紫外線として発せられるのだ。しかしこれほど高温の星でも、振動数のきわめて大きいX線はあまり多くは出ていない。

では、窯のような物体の温度と、そこから発せられる電磁波の振動数とのあいだには、なぜこのような関係性が成り立っているのだろうか？　この疑問に答えるにはボルツマンの統計学的な考え方が必要で、その答えが出てきたことをきっかけに、物理学を一変させる出来事が次々に起こることとなる。

やがてその引き金を引くこととなる、当時ベルリン大学の物理学教授だったマックス・プランクは、物理学に革命を起こそうなどという野心はいっさい抱いていなかった。エネルギーはつねに保存されると言い切る熱力学の第一法則のような、絶対的な法則に魅力を感じていた。[*6] その一方で、第二法則に対するボルツマンの確率論的解釈には眉をひそめていた。[*7] エントロピーが増えるのは、統計的にもっとも可能性が高いからではないのだと感じていた。

プランクは、放射熱の振る舞いに基づいて新たな形で第二法則を解釈できるだろうと考えていた。対流や伝導による熱の流れは、一個一個ばらばらな粒子のランダムな運動や衝突で容易に説明できる。しかし、連続的な電磁波という形を取る放射熱はそうはいかない。そこで、確率の法則に頼らずに熱の流れを説明したいとプランクは思ったのだ。

そのためにプランクは、熱によって壁の中の電子が振動することで電磁波が発生する様子を深く考察した。そして一九世紀末の数年間、必死で研究を進め、窯のような物体の温度と、そこから発せられる電磁波の振動数とのあいだに観察されている関係性に合致する数式を導き出そうとした。

ここから話は思いがけない方向へ発展していく。一九〇〇年にベルリン市が、街灯には電気とガスのどちらが経済的であるか検討を始めた。どちらも熱によって光を発生させるが、どちらの方が運用コストが低いのか？　この問題の解決を任された帝国物理工学研究所は、工場経営者のヴェルナー・フォン・ジーメンスが寄付した市内の土地に建てられ、ドイツ政府の予算で運営されていた。この研究所の科学者たちが、一九〇〇年、空洞放射体という装置を開発した。

空洞放射体は窯に似ているが、形は円筒形で直径は一・五インチ（約三・八センチメートル）、長さは約一五インチ（約三八センチメートル）。これを使うことで、幅広い範囲の温度における各振動数の光の強度をきわめて精確に測定できるようになった。

この装置で実験をおこなった帝国物理工学研究所の科学者の中に、プランクの友人ハインリッヒ・ルーベンスがいた。[*8] 一九〇〇年一〇月七日日曜日の午後、そのルーベンスがプランクの自宅を訪ねてきた。良い知らせと悪い知らせの両方を伝えるために。

良い知らせとは、可視光と近紫外線の範囲では当時知られていた数式〔ヴィーンの法則という〕が有効そうだというものだった。比較的大きいこの振動数範囲では、空洞放射体の温度が上がるにつれて強度がどのように変化するかを、その数式で精確に予測できたのだ。一方、悪い知らせとは、もっと長い波長ではこの数式が当てはまらなくなることだった。赤外線では温度にかかわらず、その数式による予測値は実測値よりも小さかったのだ。

ルーベンスはもう一つ知らせを持ってきた。イギリス人物理学者のレイリー卿が、振動数の小さい領域における放射強度をうまく説明する方法を考えついたというのだ。[*9] レイリーは、空洞放射体の内側にはどんな波長の波が収まるだろうかと考えた。そして、長い波長の波よりも短い波長の波のほうがたくさん収まると論じた。

　ぴんと張ったギターの弦を思い浮かべてほしい。そのちょうど真ん中を爪弾くと、もっとも音程の低い基音が出る。だが弦の端のほうを爪弾くと、基音だけでなく、もっと音程の高い倍音も出てくる。それは、弦が同時に複数の「モード」で振動できるからだ。もっとも低いモードでは、弦の中央部が上下する。二番目のモードでは弦がS字形に振動する。三番目のモードではM字形に振動する。これらのモードのことを定常波という。

　電磁波も空洞放射体の内部でこれと似たような定常波を作る。空洞放射体が円筒形だったことを思い出してほしい。その両端がギターの弦の両端に相当する。ギターの弦の各モードが弦の長さにぴったり収まるのと同じように、電磁波の各モードもこの円筒の長さにぴったり収まっているはずだ。しかし空洞放射体の長さが限られているせいで、長い波長のモードほど不利になると、レイリーは論じた。

　なぜか？　長い波長のモードよりも短い波長のモードの方が、空洞放射体の中にたくさん収まるからだ。たとえば空洞放射体の長さが六〇センチメートルだったとしよう。そこに収まるもっとも長い波の波長は一二〇センチメートルで、これが装置中央にピークを持つ第一モードとなる。次に長い波の波長は六〇センチメートル、ピークを二つ持つ第二モードだ。三番目に長いのは四〇センチメートル、四番目は三〇センチメートル。したがって、三〇センチメートルから一二〇センチメートルまでの範囲には四種類の波しかない。では、〇・五センチメートルから一・五センチメートルまでの範囲にはいくつのモードがあるだろうか？　答えは七九種類だ。[*10]

　レイリーはこのような推論に基づいて、空洞放射体から発せられる長波長の放射の量は短波長の放射よりも少ないはずだと結論づけた。この結論は光が波であるという性質から自然に導かれたものだし、重要なことに、小さい振動数ではデータと一致する予測値をはじき出した。しかし、大きい振動数ではデータに合致しなかった。理屈上、短波長では空洞放射体の内側に収まるモードの数に際限がないので、たとえ低温であっても紫外線やX線が大量に出てくるはずなのだ。ところが実際には、かなりの高温でもそのような放射はほとんど出てこない。

要するにどういうことなのか？　かいつまんで言うと、すでに知られていた数式は小さい振動数では不正確だが、大きい振動数では正確だった。

レイリーの分析結果はその反対だった。小さい振動数では正しいが、大きい振動数ではとてつもなく大きい値が予測されてしまうのだ。

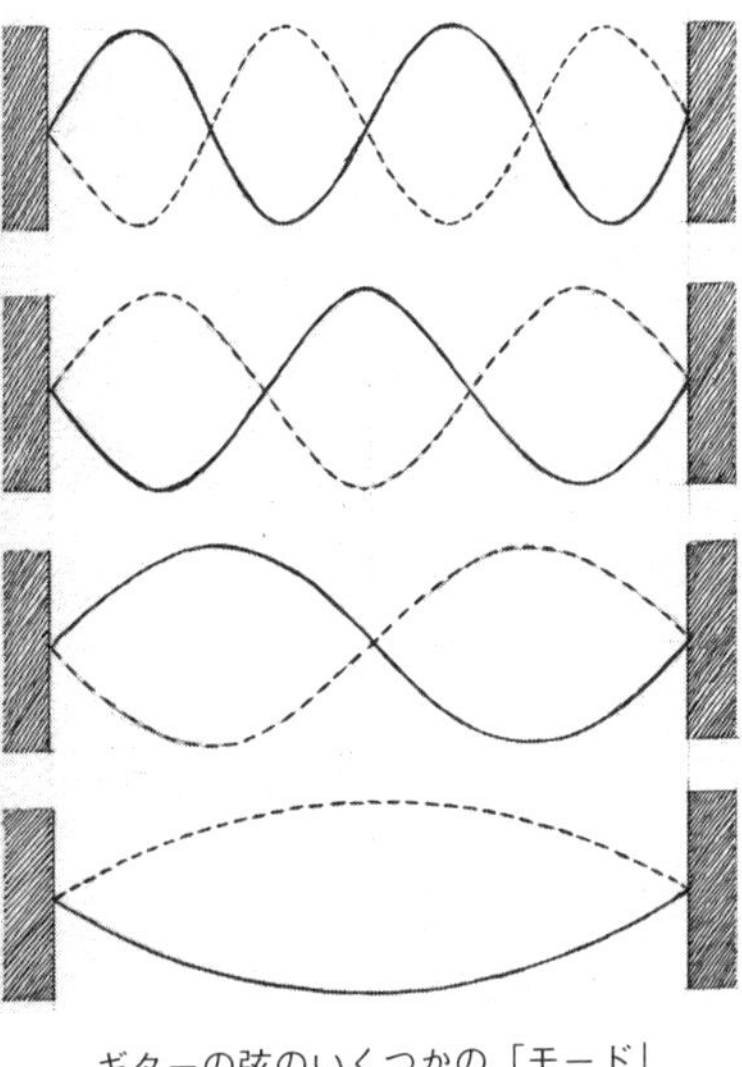

ギターの弦のいくつかの「モード」

この食い違いをどうしても説明できなかったプランクは、「破れかぶれになった。物理に関してそれまで信じていた事柄をすべてなげうつことにした」とのちに自身で振り返っている。*11

では結局どうしたのか？　五年間苦しんだ末に、以前の望みどおり熱力学から統計学を排除するどころか、逆に統計学をさらに幅広く当てはめなければならなくなったのだ。

ルートヴィヒ・ボルツマンは、原子や分子の衝突によって熱がどのように拡散するかを、統計学を使って説明した。プランクはそれと同じ統計学を、空洞放射体の壁の中で振動する電子に当てはめることで、実測値と正確に一致する数式を導き出したのだ。一九〇〇年に発表した歴史的な論文の中では次のように述べている。「放射の電磁気理論に確率論的考察を組み込まなければならなかった。その確率論的考察が熱力学の第二法則において重要であることは、もともとL・ボルツマン氏が発見した事柄である」[*12]。ボルツマンの間違いを証明しようとしたプランクの五年におよぶ取り組みは、こうして失敗に終わったのだ。

プランクは統計学を使うだけでなく、物理世界に関してある奇妙な仮定を置かなければならなかった。空洞放射体を洞窟に見立てて、その洞窟の壁に、低音から高音までそれぞれ異なる高さの音を出す鐘がずらりと並んでいるとイメージしてほしい。強い地震でその洞窟が揺れると、すべての鐘がだいたい同じ大きさの音を立てる。

それと同じように空洞放射体の中にも、振動数の小さい電波から振動数の大きいX線まで、幅広い電磁放射を発する振動体、おもに電子が存在する。温度が上がると、熱によって振動体が洞窟内の鐘のように揺れはじめる。しかし重要な違いが一つある。プランクは、振動数の大きい振動体が放射を発するには、振動数の小さい振動体よりもはるかにたくさんの振動エネルギーが必要であると仮定するしかなかったのだ。それはまるで、高い音の鐘は低い音の鐘よりもかなり強く揺らさないと鳴り出さないようなものだ。そのような鐘が並んでいる洞窟を地震が襲ったら、低い音や中間の高さの音によって、高い音はかき消されてしまうだろう。

一般的に、振動体が振動数の大きい放射を発するためには、多くの量のエネルギーが必要となる。小さい振動数ならエネルギーはもっとずっと少なくて済む。振動体が二つあるとしよう。一方は、一秒間に三〇〇兆回振動する赤外線を発する。もう一方は、一秒間に六〇〇兆回振動する青色の光を発する。すると、二つめの振動体が光を発するには、一つめの振動体の二倍のエネルギーを受け取る必要がある。そしてここからさらに、振動体から出てくる光はばらばらの塊として出てくるという結論が導かれる。いまの例では、青色の光の最小の塊は、赤外線の最小の塊の二倍のエネルギーを含んでいることになる。

プランクはこの考え方とボルツマン流の統計学的考察とを組み合わせて、空洞放射体や窯、さらには恒星などの高温の物体が、電磁気エネルギーをどのように放射するかを明らかにした。その論法を具体的にイメージするために、次のような思考実験を考えてみよう。

ある店で、青いキャンディーが一個五ドル、緑のキャンディーが一個三ドル、赤いキャンディーが一個一ドルで売られているとしよう。大きいけれど安い無色のキャンディーはたった二〇セント。でも場所を取るからあまりたくさんは置いていない。

この店の常連客は一回平均二ドル買い物をするとしよう。三ドル使う人も多少いるし、五ドル使う人も何人かいる。しばらくしてから各種キャンディーの売れ行きを調べると、青や緑や無色のキャンディーはあまり売れておらず、赤いキャンディーがたくさん売れているはずだ。しかしもし、常連客がもっとたくさんお金を持っていて、たとえば三ドルや五ドル使う人がもっと多かったら、緑や青のキャンディーがもっとたくさん売れるだろう。ここで重要なのが、常連客の所持金と売れるキャンディーの色との関係性は厳密ではなく、統計学的であるという点だ。

それと同じように、空洞放射体内部の熱エネルギーと発せられる光との関係性も、そもそも統計学的である。リゲルのような超高温の星が発する電磁波と太陽が発する電磁波とが互いに違う性質を持っている理由も、これと同じ論法で説明できる。リゲルの方がエネルギーというお金をたくさん持っているので、紫外線の光をたくさん「買う」。それに対して太陽は「貧乏」なので、もっぱら可視光しか買えないのだ。

一九〇〇年にまでさかのぼるこの発見は、量子物理学の誕生とみなされている。[*13] このすぐのちにプランクは、振動する電子によって吸収・放射されるエネルギーの塊を、「量子」と名付けたのだ。

しかし注目すべき点として、プランクはこの量子を、振動して電磁波を発する電子が独特な振る舞いをすることによる、見かけ上の産物だと考えていた。光は連続的な電磁波であって、どんな振動数でも好きな強度を取れると信じつづけていたのだ。量子は自然界の基本的な性質であるという考え方が定着するまでには、さらに二〇年におよぶ懸命な研究が必要となる。

後から考えると、プランクによるこの一九〇〇年の論文は二度と引き返せない第一歩であった。放射熱の中に量子が発見されたという事実は、無視しようがなかったのだ。このため、プランク以前の物理学は古典物理学、以後は現代物理学と呼ばれている。それはそれで正しい。しかし、ボルツマンの果たした役割はかなり軽んじられているといえる。自らの研究が量子革命に重要な役割を果たしたことをいっさい認められずに、量子以前の科学者と十把一絡げにされてしまっているのだ。

一九〇〇年のエネルギー量子の発見によって一九一九年にノーベル賞を受賞したプランクは、翌年、その受賞講演の中で次のように述べている。「ルートヴィヒ・ボルツマンが私の新たな論証に関心を示して完全に受け入れてくれたと聞いて、それまでの数多くの挫折も報われ、非常に満足した[*14]」

わざと誤解を誘うような発言である。ボルツマンがプランクの論証を受け入れたのではなくて、逆にプランクがボルツマンの論証を受け入れたのだから。

第14章　砂糖と花粉　アインシュタイン、熱力学に魅了される

ボルツマンは偉大だ。解釈の名手である。この理論の原理は正しいと、僕は堅く信じている。

――アルベルト・アインシュタイン*1

ルートヴィヒ・ボルツマンが自殺する一年前の一九〇五年、彼の学説を証明するだけでなく、科学界全体に受け入れさせることにもなる一本の科学論文が発表された。疑っていた人たちもその論文を読んで原子や分子の実在を信じ、その振る舞いを統計的に解析することで熱力学の第二法則を説明できることに納得した。しかし残念ながら、現象主義者たちの不毛な攻撃からボルツマンを救うには、発表が二、三年遅すぎた。

二〇代のうちにその論文を書いた若者は、ボルツマンの一八九八年の学術書『気体論に関する講義』（*Vorlesungen ueber Gastheorie*）を読んで彼の学説を知った。「私は思う。自分は時間の流れに抗おうとするも力及ばない一人の人間にすぎないと*2」という文で始まるあの本だ。この本を読んだくだんの若者は、ボルツマンの論法がとてつもなく強力であることを感じ取り、同じく物理学を専攻する婚約相手に次のように

書き送った。「ボルツマンは偉大だ。解釈の名手である。この理論の原理は正しいと、僕は堅く信じている。この問題は実のところ、ある条件のもとでの原子の運動に関するものだ」

その若者とは、誰あろうアルベルト・アインシュタインである。

人々のあいだでは、アインシュタインの科学理論はどこからともなく湧いて出たのだと思われている。*[3] 俗説によると、アインシュタインは二六歳のときにベルンのスイス特許局の事務官として働きながら、「奇跡の年」を迎えたのだという。*[4] その年に$E=mc^2$という公式を思いつき、物理学を一変させた。しかしほとんど忘れ去られているが、この奇跡の年にはほかにも同じくらい重要な論文を何本か書いている。そのうちの二本はボルツマンに着想を得たもので、うち一本によって科学界は、原子と分子の存在を信じるこのオーストリア人は正しかったと納得させられたのだった。

アインシュタインもボルツマンに対する批判を目にしていたが、それでもひるむことはなかった。自分がひどく困窮していても立ち止まることはなかった。一九〇〇年、かつてクラウジウスが教鞭を執っていたチューリヒの連邦工科大学を卒業したアインシュタインは、大学教員になりたいと思った。しかし最終学年の試験の出来があまり良くなく、教職に就くことはできなかった。しかも、同じく物理学専攻の学生ミレヴァ・マリッチにぞっこん惚れ込んでしまう。さらに、学部の物理学課程にしては上級すぎるし十分に確立されてもいない、ジェイムズ・クラーク・マクスウェルやルートヴィヒ・ボルツマンの論文を読んで、指導した教授たちの見る限り真っ当な道を外れていった。

是が非でもマリッチと家庭を築きたいと思ったアインシュタインは、ヨーロッパじゅうの大学教授に何通もの手紙を書いて、自分を雇ってくれるよう頼んだ。しかしわざわざ返事をよこしてくる人などほとんどいなかったし、数少ない返事も断りの内容だった。「もうすぐ、北海からイタリアの南端まであらゆる物理学者に媚を売ったことになってしまう」とマリッチへの手紙の中で愚痴をこぼしている。[*5] 生活費のために、個人教師や非常勤の学校教師としても働いた。するとようやく、友人のマルセル・グロスマンから、ベルンにあるスイス特許局で「第三級技術助手」の職が空いたと教えられる。グロスマンの父親が特許局の所長と知り合いで、アインシュタインを推薦する手紙を書いてくれた。魅力的な仕事ではなく、上級職員に代わって特許申請を審査するのが職務だった。それでも、どうしても欲しかった定期収入が得られるし、先行きも明るかった。「もしもここから何かが生まれたら、狂ったように大喜びしてしまうだろう」とアインシュタインはマリッチに宛てて書いている。[*6]

やがてマリッチが妊娠した。そして一九〇二年初めに女の子が生まれたが、アインシュタインもマリッチも家族にいっさい知らせなかったため、その子がどうなったのかは謎である。歴史家の推測によると、結婚前に子供を作ったことにアインシュタインの両親が怒っているし、保守的なスイスで仕事に就く機会も奪われてしまうということで、二人はその子を養子に出したのではないかという。理由の一つが後者だったとしたら、この策は功を奏したといえる。一九〇二年夏、アインシュタインはベルンのスイス特許局で職に就いた。そして一九〇三年初めにマリッチと同棲を始め、一月中に結婚した。

スイス特許局での仕事はかなり楽で、アインシュタインいわく「たった二、三時間で一日分の仕事が片付いてしまった」という。[*7] そのおかげでほかの活動のための時間がたっぷりできたものの、一九〇四年、アインシュタインは息つく暇もなくなってしまう。仕事と個人的な科学研究に加え、マリッチが息子ハンス・アルベルトを出産したのだ。幸せが膨らんで、今度は夫婦どちらの両親も大喜びした。

一九〇三年から〇四年にかけてアインシュタインは、自ら選んだこの分野に重大な貢献ができるはずだと自信満々だった。そこで、ドイツ語圏でもっとも権威ある学術誌『物理学紀要』(*Annalen der Physik*)に論文を何本か投稿した。それらの初期の論文からは、アインシュタインが熱力学に魅了されていたことが読み取れる。[*8] それらの論文の内容を簡単に言うと、ボルツマンが人生の大半を懸けて編み出した統計学的理論を一般化するというものである。この研究によってアインシュタインは世界を代表する熱力学の専門家に転身し、「奇跡の年」一九〇五年の下地を敷いたのだった。

その年最初の論文は三月一七日に投稿され、タイトルは『光の発生と変換に関する発見的観点について』(*Über einen die Erzeugung und Verwandlung des Lichts betreffenden heuristischen Gesichtspunkt*)。当時アインシュタインはこの論文を革新的とみなしていたし、[*9] 一九二一年のノーベル賞受賞理由の一つにもなった。この論文はある意味、マックス・プランクが一九〇〇年に発表した、高温の物体の輝き方にボルツマンの気体分子の統計学的解析を当てはめた論文の内容を、改めて裏付けるものだった。再度説明すると、プランクは、高温の物体が光を放出したり吸収したりするとき、それを構成する分子は光を微小な塊として放出・吸収すると結論づけていた。しかし、光がつねにそのように振る舞うなどとは考えていなかった。ふだんは連続的な電磁波として振る舞うと信じていたのだ。

プランクは、ボルツマンの考え方を取り入れたのは「破れかぶれだった」と弁解したが、アインシュタインはそれよりもずっと深く踏み込んだ。ボルツマンの考え方を喜んで受け入れたのだ。そしてそれをもとに、光はつねにばらばらな粒子の流れとして存在するという「発見的(ヒューリスティック)」な議論を展開した。アインシュタインいわく、それを確定的に証明するデータはないものの、「光のエネルギーが空間内に不連続的に分布している」というイメージはきわめて役に立つ。[*10] この結論に至る上でアインシュタインは、ボルツマンによるエントロピーの統計学的定義をプランクよりもさらに大胆に取り入れた。そして次のように論じた。光の振る舞いを、「ボルツマン氏によって物理学に導入された原理、すなわち、系のエントロピーはその状態の確率の関数であるという原理に従って解釈すれば」、光の特徴の多くを理解できる、と。[*11]

論文の中でアインシュタインは、ボルツマンによる気体のエントロピーの統計学的解釈を思い起こすよう読者に促している。ボルツマンは、気体はたえず運動する微小な塊（分子）からできているという仮定に基づいて、気体のエントロピーは偶然だけで増大することを示していた。そこでアインシュタインは同じ論法を使って、光も気体と同じように微小な粒子からできていると考えれば、光のエントロピーの変化も説明できることを示した。あなたがいる部屋の空気と同じように、その部屋を照らしている光もまた微小な粒子でできているというのだ。アインシュタインは、ボルツマンによる気体の統計学的解析とそっくりの論法を使って、光は粒子でできていることを立証した上で、論文の最後に、これまで説明がつかなかった光の振る舞いをこの説で「容易に理解できる」ことを示した。[*12]

その例としてアインシュタインが挙げたのが、ある種の物質に光（あるいは何らかの電磁波）が当たると電流が発生する現象、いわゆる光電効果である。その光の振動数と、発生する電流の強さとのあいだには、不可解な関係性があることが知られていた。多くの場合、明るい赤色の光を当てても電流は発生しないが、もっと振動数の大きい青色の光を当てると、たとえ光が弱くても多少の電流が発生する。さらに振動数の大きい紫外線だと、もっと強い電流が発生する。アインシュタインはこの関係性を次のように説明した。光はエネルギーの塊からできていて、一個一個の塊のエネルギー量は光の振動数によって異なる。赤色の光の塊は、青色の光の塊よりも小さい（つまりエネルギー量が少ない）。そして青色の光の塊は、紫外線の塊よりも小さい。そのため、赤色の光を物質に当てるのは、鳥の羽根をぶつけるようなものだ。あなたの顔面に羽根が一〇〇枚飛んできても、難なく払いのけられるはずだ。一方、紫外線を当てるのは、銃で撃つようなものだ。銃弾一発だけで、羽根一〇〇枚よりもはるかにひどい傷を負ってしまう。それと同じように、紫外線の粒子が何個か当たっただけで、赤色の光の粒子がたくさん当たったときよりもはるかに強い電流が発生するのだ。

アインシュタインが一九〇五年に書いたこの論文は、量子物理学を打ち立てた文書の一つとみなされている。しかしこの説が科学界に完全に受け入れられて理解されるには、さらに二〇年の歳月を要することとなる。光の粒子を意味する「光子」という言葉が定着したのは、一九二〇年代後半になってからだ。しかも、波としての光の性質はそのまま残りつづけた。光子は粒子と波の両方の性質を示し、そこから「波動と粒子の二重性」という表現や、量子物理学の数々の謎が生まれたのだ。

注目すべき点として、アインシュタインはこの論文の中でボルツマンの名前を六回挙げているし、ある節には『ボルツマンの原理に基づく、単色光放射のエントロピーの体積への依存性の表現の解釈』(*Interpretation des Ausdruckes fur die Abhangigkeit der Entropie der monochromatischen Strahlung vom Volumen nach dem Boltsmannschen Prinzip*) というタイトルまで付けている。[13] だが当のボルツマンは、アインシュタインがこの原理を学んだ本『気体論に関する講義』の中で、自分の学説はやがて忘れ去られてしまうのではないかという恐れの気持ちを吐露している。そして何よりも残念なことに、一九〇五年にはまだ健在だったものの、アインシュタインの研究のことを知ったという証拠は残っていない。自らの研究がとてつもない影響をおよぼすことにいっさい気づかないまま、あの世に旅立ってしまったのだ。

アインシュタインは、『物理学紀要』に送ったこの光量子の論文がきわめて革新的なものだと自覚していた。しかしまだ学者としての資格を得ておらず、是が非でも博士の学位が欲しいと思っていた。そこで、光量子に関する論文を書き上げた数週間後に、空き時間を使って博士論文を完成させ、チューリヒ大学に送った。[14] その博士論文も熱力学の考察に基づいたもので、ボルツマンが信じた原子や分子の実在性を裏付ける証拠を見つけることが狙いだった。

アインシュタインはそのような証拠として、原子が実在していなければ説明が難しい現象を探した。そして、水に砂糖を溶かすと粘性が上がる（ねばねばする）という現象に興味を惹かれた。その効果を実感するために、ボウルに入れた砂糖水の中で指を動かしてみてほしい。真水のときよりも力がいるはずだ。このように粘性が上がることは、砂糖と水がばらばらな粒子でできているとすれば説明がつく、とアインシュタインは論じた。さらに、砂糖水の粘性を測定して真水と比較すれば、砂糖分子の大きさを算出できるとも考えた。砂糖水のようなありふれた代物が、自然界の奥深くに潜む真理を解き明かしてくれるなんて、何とも大胆な主張だった。

アインシュタインの頭の中では、砂糖水は一定不変で分割不可能な液体ではなかった。それは微小な水分子の集合体で、アインシュタインはそれを、小さな球体が押し合いへし合いしているものとしてイメージした。それらの水分子のあいだにもっと大きい砂糖分子の球体が散らばっていて、それによって小さいほうの球体は自由な動きを妨げられている。要するに、水分子がもっと大きい砂糖分子とぶつかって減速するのだ。この結果、砂糖水は真水よりもかなりねばねばする。

さらにアインシュタインは、このイメージから定量的な予測を導けることを示した。博士論文にびっしりと並んでいる数式は、読者をあるとてつもない結論へと導く。砂糖水に関する二種類の単純な測定をするだけで、砂糖分子一個の直径を算出できるというのだ。

その二種類の測定とは、

1．既知の量の砂糖を含む砂糖水の粘性と、真水の粘性とを比較する。

2. 砂糖水の「浸透圧」を測定する。瓶の中央に縦に薄い膜の仕切りを入れたとイメージしてほしい。膜の左側に薄い砂糖水を、右側に濃い砂糖水を入れる。すると水が膜を通って左から右へ流れ、濃度の差を小さくしようする。そのときにかかる圧力が「浸透圧」である。

どちらもとても単純な測定で、アインシュタインはほかの科学者たちが測定した典型的な値に当たった。そしてその値を使って、砂糖分子の直径を約一〇〇〇万分の一センチメートル（9.9×10^{-8}cm）とはじき出した。[*15] これは現代の測定値にかなり近く、チューリヒ大学の論文審査官も大いに感心して、アインシュタインに博士号を授与したのだった。

しかしこの論文だけでは、原子と分子の実在を疑いの余地なく証明するという最終目標の達成には十分でなかった。問題は、砂糖分子が小さすぎて最高性能の顕微鏡でも見ることができないため、アインシュタインによるその大きさの推定値を確認できないことだった。そのためアインシュタインは、原子や分子でできているという物質の性質がはっきりと表れているような場面を、自然界の中で見つけなければならなかった。そこで、砂糖水の論文を書き上げてからまもなくして、奇跡の年の二本目の論文に取りかかる。そしてその論文によって、原子や分子は実在するというボルツマンの信念がもっとも直接的に裏付けられることとなる。

今度もアインシュタインは、一見したところありふれた現象に目を付けた。塵（ちり）ほどの大きさの微小な粒子が水中で示す、ブラウン運動と呼ばれる不可解な振る舞いである。[*16] この現象が研究されたのは一八二〇年代のこと。チャールズ・ダーウィンの友人で植物学者のロバート・ブラウンが、花粉内部の空洞から微小な粒子を取り出して水と混ぜた。するとその粒子は砂糖と違って水には溶けず、水中に散らばって薄いもやのようになった。この状態をコロイド懸濁液という。この粒子は直径わずか一〇〇〇分の一ミリメートルとかなり小さいが、ブラウンは顕微鏡を使ってかろうじて観察することができた。すると奇妙なことに気づいた。水中でふらふらしながらゆっくりと漂っていたのだ。最初は、この粒子は生きているのかもしれないと考えた。しかし細かい砂や金粉でも同じ振る舞いが観察されたため、その考えは捨てた。

一九世紀の大半を通じて、このブラウン運動は説明のつかない謎のままだったが、根本的に重要な問題だととらえる科学者はほとんどいなかった。そんな世間の評価をアインシュタインは斥け、一九〇五年五月、ドイツの物理学誌『物理学紀要』に、ブラウン運動を合理的に説明するには原子や分子の実在を認めざるをえないとする論文を投稿した。砂糖水に関する博士論文を完成させたわずか二週間後だったことから考えて、アインシュタインはこの二つの問題に関する考察を同時に進めていたのだろう。

アインシュタインの論法を追いかけるために、再び水をミクロレベルで思い描いてほしい。微小な球体のような水分子が至るところにある。そしてたまに、水分子より何千倍も大きい巨大な球体が姿を現す。花粉の粒子だ。水分子のほうは激しく運動している。振動したりふらふらしたりして、遊園地のゴーカートのように衝突し合っている。すると花粉粒子のそばにあった水分子が、花粉粒子に次々にぶつかってくる。まるで、小さいピンポン球が巨大なビーチボールにあらゆる方向からぶつかっているかのようだ。

一見したところ、何か面白いことが起こりそうには思えない。水分子は完全にランダムに運動していて、あらゆる方向から花粉粒子にぶつかっているので、それらの衝突がすべて打ち消し合って、花粉粒子はいっさい動かないままだと考えられそうだ。ところがアインシュタインはそうではないと論じた。単なる偶然で、短時間のあいだ、ある一方向から花粉粒子に衝突する水分子の数が多くなる。すると花粉粒子は押されて少しだけ動く。その後、やはり短時間のあいだ、今度は違う方向に押される。このプロセスが何度も繰り返されることで、花粉粒子は水の中を、一八二〇年代にブラウンが観察したのとまさに同じようにジグザグに漂っていくのだ。

では、このようなイメージからどうやって原子や分子の実在を証明するのか？　そこにアインシュタインの独創性が発揮されている。衝突する球体を用いたこの分子モデルから、ある時間内に花粉粒子がどの程度の距離を漂っていくかを予測できることを示したのだ。しかも花粉粒子は顕微鏡で観察可能なほどの大きさなので、実際の花粉粒子がどれだけの距離を漂うかも測定できるはずだ。その測定値がアインシュタインの予測値に近ければ、目に見えない水分子が実在することの強力な証拠となる。

水分子と花粉粒子がランダムに衝突するという仮定から、花粉粒子が漂う距離を予測するために、アインシュタインはどのような方法を使ったのか？　その答えは、酔歩（ランダムウォーク）という特別な統計学的手法に基づいている。街なかにいる一人の酔っぱらいを思い浮かべてほしい。この酔っぱらいはときどきランダムな方向に一歩ずつ歩く。そこで問題。ある歩数歩いたところでこの酔っぱらいがどこにいるかを予測できるだろうか？　実は、全体的にどちらの方向へ進むかは分からないが、スタート地点からどれだけ遠くまで来るかは予測できるのだ。最初に街灯のそばにいたとすると、東西南北どちらの方向へ進むかは分からないものの、たとえば一時間後にはスタート地点から五〇メートル進んでいると予測することは可能なのだ。

アインシュタインはこの論法を花粉粒子に当てはめた。花粉粒子も、水分子がぶつかってくるたびにときどきランダムな方向へ動く。アインシュタインは酔歩の公式を使って、摂氏一七度の水中で直径一〇〇〇分の一ミリメートルの花粉粒子が、一〇秒あたり一〇〇〇分の六ミリメートル移動することを示したのだ。

ここでいったん立ち止まって、この結論がいかに重大なものだったか考えてみてほしい。アインシュタ

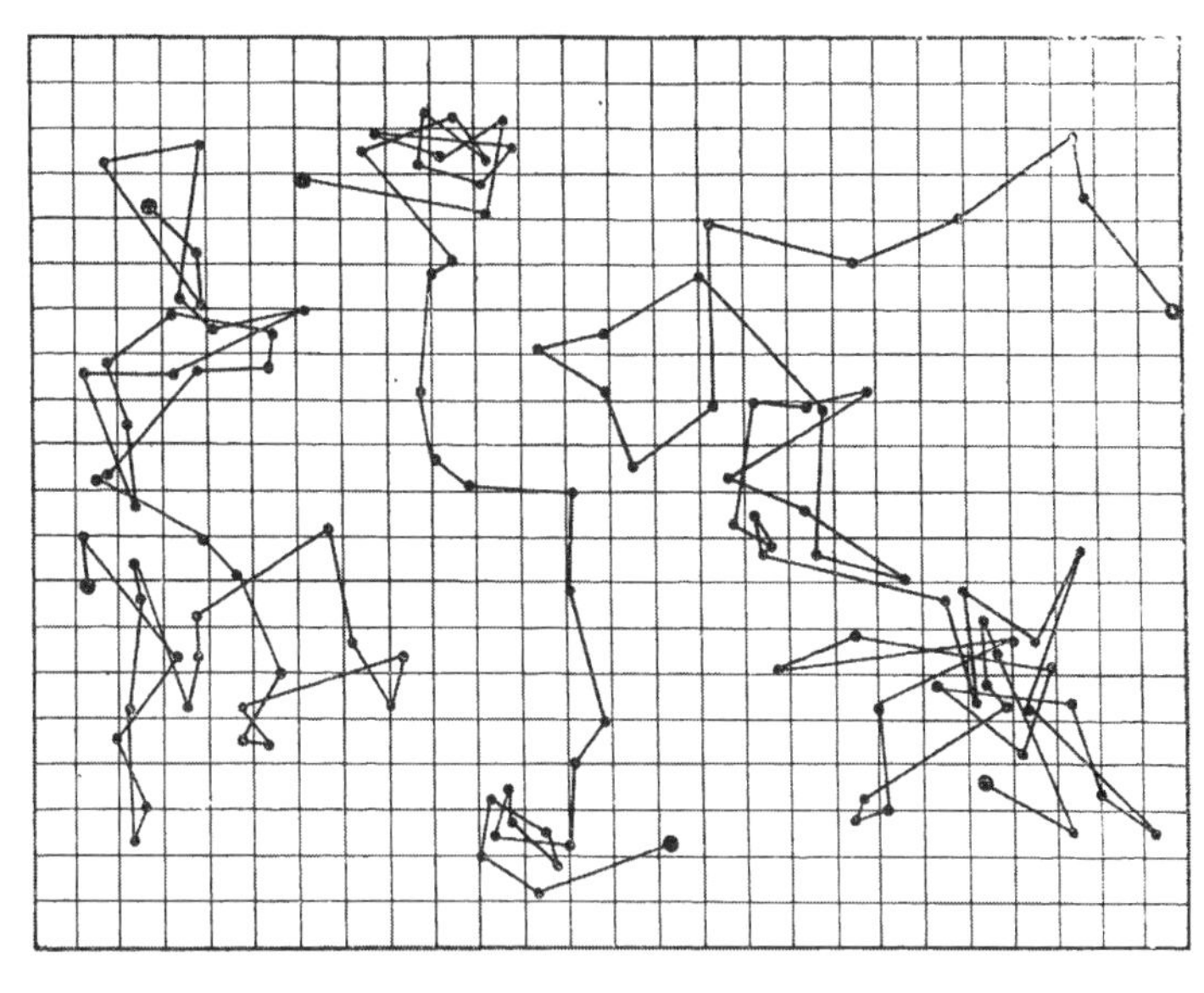

ブラウン運動の図。ジャン・ペランの論文より

インは、もし原子や分子が実在するとしたら、実験によって証明または否定できるある数値的予測を導き出せると主張した。原子の実在をめぐる一〇〇年来の論争に、単純な測定で決着を付ける方法を見つけたのだ。くだんの論文の最後には次のように書かれている。「ここに示した、熱の理論においてきわめて重要な問題の解決に、誰か研究者がまもなく成功することを願おうではないか！」[17]

アインシュタインによるこの予測は、それからわずか四年後、パリの優秀な実験物理学者ジャン・ペランによって裏付けられた[18]。ペランは一九〇九年に発表した論文の中で、水中で粒子が漂う距離を測定するためにおこなった綿密な実験の詳細を説明している。その細かいところへのこだわりは目を見張るばかりだ[19]。花粉粒子は形が不規則で直径を測るのが難しかったため、使うのを控えた（アインシュタインによる粒子の移動距離の予測値は、粒子の直径に左右される）。そこでいろいろと試した末に、熱帯に生えるガンボージ（雌黄）という木の樹脂で作った粒子を使うことにした（ガンボージの樹脂は黄色で、仏僧の僧衣の染色に使われる）。ガンボージの樹脂をメタノールと水で処理すると、ほぼ完璧な球形の粒子からできた細かい粉末になる。ペランはその直径を精確に測定し、一万分の一ミリメートルから一〇〇〇分の五ミリメートルという値を得た。

その上でペランは、このガンボージ粒子の懸濁液を顕微鏡で観察した。粒子の漂う距離を測定するために、顕微鏡像をグラフ用紙に投影し、一定時間にわたって粒子の経路をなぞっていった。[*20]

測定結果は、アインシュタインの予測値と実験誤差の範囲内で一致した。それから一〇年後、原子や分子の実在を否定する声は科学者のあいだで完全に止んだ。エネルギー論を熱心に説いて、ボルツマンをもっとも痛烈に批判した一人であるヴィルヘルム・オストヴァルトもついに折れ、アインシュタインの予測を裏付けるペランの論文を読んで心変わりしたと仲間に打ち明けた。エルンスト・マッハまでもが態度を軟化させたようで、一九一二年にアインシュタインと会った際にその場に居合わせた人の後日談によれば、原子や分子は実在するとした仮説から精確で有用な予測が導かれたという点で、二人の意見が一致したという。しかし本当にマッハは、「原子が存在するなどとは信じられない！」と言い張っていた頃から考え方を変えたのだろうか？　どうやらそうではないらしい。死後に息子の手で発見されたメモに、「こう歳を取っては、原子の存在と同じく相対論もどうしても受け入れられない」と書かれていたのだ。[*21]

熱力学に関するアインシュタインの研究はまだまだ終わらなかった。同じ年の一九〇五年、エネルギーはつねに保存されるという第一法則を、歴史に残る形で拡張させたのだ。それを表現したのが、アインシュタインをもっとも有名にしている方程式、$E=mc^2$ である。

E はエネルギー、m は質量、c^2 は光のスピードの二乗で、大きいが不変の定数である。この方程式の意味は、エネルギーが生成したり消滅したりすることはけっしてないものの、ときには物質という形も取りうる、ということだ。要するに、物体は高密度に凝縮したエネルギーの一形態だと考えることができる。逆にどんな形のエネルギーも、分散した質量と考えることができる。この原理をもっとも劇的な形で実証したのが核爆弾で、少量の質量がすさまじい威力の破壊的な爆発に変換される。c^2の値がとても大きいため、わずかな質量が膨大なエネルギーに匹敵する。広島を焼き尽くした原子爆弾では、紙クリップ一個よりも軽い約〇・五グラムの質量が、あれほどの破壊的なエネルギーに変換されたのだ。

方程式$E=mc^2$を導き出したとき、アインシュタインは核爆弾のことなどいっさい念頭になかった。この方程式は、アインシュタインが物理学に導入した、光のスピードはどんな観測者にとっても等しいという原理から論理的に導き出される。地上の観測者が懐中電灯を上に向けてスイッチを入れ、その光のスピードを測定すると、秒速三〇万キロメートルという値が得られる。では、ロケットに乗って秒速二九万九〇〇〇キロメートルでその光線を追いかけている観測者が測定すると、どんな値になるだろうか？　秒速一〇〇〇キロメートルだと思われるかもしれないが、実はそうではない。同じく秒速三〇万キロメートルと測定されるのだ。

アインシュタインはこの奇妙奇天烈な結論を、ジェイムズ・クラーク・マクスウェルによる光の電磁波理論から導いた。前に説明したとおり、光は電場と磁場の二つの波が互いに直角に織り合わさってできている。電荷どうしの引力または反発力の強さと、電流によって発生する磁場の強さの測定値から、マクスウェルは光のスピードをはじき出したのだった。

誰が測定しても光のスピードが同じであるのはなぜか？　その理由を理解するために、アリスとボブという二人の物理学者が、マクスウェルの論法を使って真空中での光のスピードをはじき出そうとしているとしよう。二人それぞれの実験室は宇宙空間に浮かんでいて空気がないので、二人とも宇宙服を着ている。アリスは自分の実験室で、マクスウェルが示した電場と磁場の強さを測定する。そしてそこから光のスピードを算出する。

ボブも自分の実験室で同じ測定をおこなうが、実はその実験室がアリスの実験室の脇を時速一〇〇〇キロメートルで通り過ぎていることなどつゆ知らない。アインシュタインの主張によれば、ボブによる光のスピードの算出値もアリスと同じはずだ。なぜか？　実験室の外を見られないのであれば、ボブは自分がアリスに対して動いているなんて思いもしないからだ。真空中をどんなスピードで移動していようが、何も感じられない。電場と磁場は真空中に存在するのだから、それらの強さの測定値は、測定をおこなった実験室の相対スピードと関係なく同じはずだ。

アインシュタインも一九〇五年の時点では、それを確定的に証明することはできなかった。しかし、れっきとした物理法則は首尾一貫していなければならないとは強く感じていた。アリスとボブが互いの実験室の相対スピードに応じて、それぞれ違うバージョンのマクスウェルの電磁気理論を使わなければならないなんて、どう考えてもおかしいと思ったのだ。

一九〇五年にアインシュタインは、奇跡の年の三本目の論文でこの考え方をはっきりと示し、そこからいくつもの驚きの結論を導き出した。たとえば、運動スピードに応じて時間の流れ方は変わってくる。また、互いに異なるスピードで運動している二人の観察者が、同じ二つの物体間の距離を測定すると、互いに違う値を得る。さらにアインシュタインはこの年四本目の論文で、光の速さは誰にとっても等しいという原理から、エネルギーと質量は互いに変換可能であるという結論、つまり$E = mc^2$という有名な方程式を導き出した。

再びアリスとボブの二人の物理学者に登場してもらおう。今度はアリスは地上にいて、ボブはロケットに乗っている。地上から宇宙に向けて光線を発射し、ボブがそれを追いかけていく。ロケットエンジンが強力で、ボブは着実に加速していく。しかしどんなに速く飛んでも、光線は同じスピードで遠ざかっているように見える。けっして追いつくことはできない。では、地上にいるアリスにとってはどういうふうに見えるだろうか？　ここで押さえておくべきなのが、アリスにとっても光線のスピードはけっして変化しないことだ。だとしたら、ボブがけっして光線に追いつけないという事実を、アリスはどのように解釈すればいいのだろうか？

アリスには、ボブの加速度がどんどん下がっていくように見えるのだ。そのため、ボブが光のスピードに達するまでにかかる時間がどんどん延びていくように見える。それどころか、光のスピードに近づくとそれ以上は加速しなくなる。ロケットエンジンはそれまでと同じように噴射しつづけているのに、もはや効いていないようだ。どうしたらそんなことがありえるのだろうか？　アリスには、ロケットエンジンのエネルギーによって、ロケットが加速する代わりにロケットの質量が増えているように見えるのだ。

この思考実験によって、エネルギーと質量が互いに変換可能である理由が直感的に分かったと思う。質量も熱や運動と同じく、エネルギーの一形態なのだ。したがって、熱力学の第一法則を持ち出して「エネルギーはつねに保存される」と言うときには、この宇宙のすべての質量もまたエネルギーの一形態であることを忘れてはならない。アインシュタイン本人もこの方程式を、一九世紀にジェイムズ・ジュールやヘルマン・ヘルムホルツが明らかにしたエネルギー保存則を拡張したものととらえていた。一九四五年には次のように書いている。「以前はエネルギー保存則は熱の保存則しか取り込んでいなかったが、いまでは質量の保存則までをも取り込んでいて、物理学を独りで守っている」[*22]

アインシュタインのおかげで、熱力学の第一法則はその役割を広げた。しかし、なぜこの法則が成り立つのだろうか？　なぜエネルギーは保存されるのだろうか？

第15章　対称性

ネーターの定理、アインシュタインの冷蔵庫

紳士のみなさん。この候補者の性別が、彼女を採用しない理由にはならないと思います。そもそも教授会は風呂屋ではないのです。

——数学者ダフィット・ヒルベルト[*1]

ネーターの定理が登場するまで、エネルギー保存則は謎に包まれていた。

——数学者・物理学者フェザ・ギュルセイ[*2]

エミー・ネーターは一八八二年、ドイツ南部バイエルン州のエルランゲンで生まれた。[*3] アインシュタインの三歳年下で、科学的思考力に秀で、生涯付きまとう女性蔑視と反ユダヤ主義を克服しようという決意を抱いていた。しかるべき職に就く機会を何度も奪われ、結局ドイツから逃げるしかなくなる。勇敢で聡明、同時代のほとんどの男性は、彼女をどう評価したものか見当もつかなかった。たとえば、一九一三年にウィーンの数学者フランツ・メルテンスのもとを訪ねたときのネーターの様子を、メルテンスの孫は次のように回想している。「女性ではあるが、田舎の教区のカトリック司祭のように見えた。足首の近くまであるかなりありふれた黒いコートを着て、ショートヘアーに男物の帽子をかぶり、帝国時代の列車の車

掌のようにショルダーバッグを斜め掛けしていて、かなり風変わりな恰好だった」[*4]。一九六四年にニューヨークで開かれた万国博覧会で、「現代の数学者たち」と銘打って八〇人の肖像画が壁に飾られたが、そのうち七九人が男性で、女性はエミー・ネーターただ一人だった。友人の記憶によると、ネーターは遊び好きで声が大きくひょうきん、ダンスが好きだったという。同業者の記憶によると、寛容で、自由奔放に数学に情熱を傾け、抽象的な事柄であればあるほど没頭したという。ある友人への手紙には、「この冬は多元数の講義をします。学生たちと同じくらい私もとても楽しみです」と書いている。[*5] ただしある同僚は、「大きなクラスで初等的な科目を教えるのはそれほど向いていない」と指摘している。

父親がたまたまエルランゲン大学の数学教授で、エミー・ネーターはその父親に数学の才能を掻き立てられた。エルランゲン大学は当初、ネーターが正式な学生として入学することを認めず、「聴講生」として受け入れた。あらかじめ許可を取った教授の講義には出席できるが、学位は取得できない身分である。しかし一九〇四年になると、教育の平等を推進する政策の一環として女性の大学入学が認められ、ネーターもしかるべく学士号を、続いて博士号を取得した。博士論文のテーマは、不変式論と呼ばれる代数学の一分野だった。その後ネーターはゲッティンゲン大学に移った。

ドイツ最古の大学都市の一つであるゲッティンゲンは、二〇世紀初め、数学を学ぶのにヨーロッパで一番ふさわしい場所との評判だった。数学科長で当時最高の数学者の一人だったダフィット・ヒルベルトが、ネーターの博士論文を高く買い、彼女を教官兼研究者として招いたのだ。ネーターはそんなヒルベルトを、自分の才能を評価してくれるとともに、大学を牛耳る教授会に立ち向かって自分のために戦ってくれる味方ととらえた。教授会のメンバー、とくに哲学部の教授たちは、ネーターを正式に大学教官として認めることに猛烈に反対していた。いずれネーターが教授になったら、これまで一人も女性がいなかった教授会のメンバーになる資格を得てしまうと恐れたのだ。このような反対の声に対して、ヒルベルトは痛烈な皮肉を言った。「紳士のみなさん。この候補者の性別が、彼女を採用しない理由にはならないと思います。そもそも教授会は風呂屋ではないのです」。さらにヒルベルトは自分の名義でネーターに講義をさせ、彼女に教鞭を執らせまいとする教授たちの気分を逆撫でした。ネーターはこのような形で四年間、家族に生活費をまかなってもらいながら無給で働いた。

ネーターがゲッティンゲンにやって来た一九一五年、アインシュタインが一般相対論を発表し、アイザック・ニュートンの重力理論を覆した。そのアインシュタインの研究の数学的意味合いに、ヒルベルトは心奪われていた。実はネーターをゲッティンゲンに招いた理由の一つは、アインシュタインが研究の鍵として使った手法である不変式論が、ネーターの専門分野だったことである。ヒルベルトはネーターに、アインシュタインの使った数学が有効かどうか確かめるよう頼んだ。

するとネーターは、ヒルベルトの期待をはるかに上回る成功を収めた。一般相対論の数学的内容を研究する傍ら、熱力学の第一法則が成り立つ理由を解き明かしたのだ。

不変式論は対称性の概念と密接に結びついた学問である。この世界には対称性が満ちあふれている。人間の顔はほぼ左右対称だ。雪片は六〇度回転させても同じに見える。多くの花も対称性を持っている。レオナルド・ダ・ヴィンチの『ウィトルウィウス的人体図』などの絵画や、タージ・マハルなどの建築物もそうだ。

数学的に見ると、対称性は「不変性」の一種にほかならない。つまり対称性とは、ある物体に施してもその物体が変化しないようなプロセスのことである。幾何学の例を使うと一番分かりやすい。正方形を九〇度回転させても、もとと同じように見える。円は何度回転させても同じに見えるので、回転のもとで完全に対称的である。しかし対称性の概念は、空間内での変化に当てはまるだけでなく、時間的な変化も含んでいる。時間が経っても見た目が変化しない円は、「時間並進に対して対称的である」と表現する。

博士研究を通じて対称性の専門家となったネーターは、アインシュタインの理論について調べているうちに、この宇宙に関するある深遠な真理を見つけた。具体的に言うと、いまではネーターの定理と呼ばれている数学的定理の中で、時間が経過しても物理法則が変化しなければエネルギーは必ず保存されることを示したのだ。

単純な例として、転がってきたビリヤードボールが静止しているボールにぶつかった場面を取り上げよう。衝突後、二個のボールは互いに離れていく。その運動方向とスピードは力学の法則で予測できる。この二個のビリヤードボールが別の時刻、たとえば翌日や二〇〇年後に衝突したとしても、同じ力学の法則から衝突後の振る舞いを予測できるだろう。わざわざ言うまでもない当たり前のことだと思われるかもしれないが、そこからはとても重要な結論が導き出される。力学の方程式は時間が経っても変化しないのだ。ネーターは、方程式がそのような対称性を持つためには、値の変化しない何らかの量と関連づけられていなければならないことを、数学的に証明した。要するに、力学の法則に時間並進対称性が当てはまるためには、何かが保存されていなければならない。その何かこそが、我々がエネルギーと呼んでいるものなのだ。

ネーターの定理はエネルギー保存則以外にも幅広く当てはまる。方程式に何らかの対称性が含まれていれば、必ず何らかの量が保存されるのだ。[*6] たとえば、力学の法則が空間内のどこか一か所を特別視するようなことはない。ビリヤードボールは、宇宙のどこにあろうが力学の法則に従う。このように力学の法則は、時間対称性だけでなく空間対称性も持っていて、そのために運動量という量が保存される。運動量は慣性の概念と結びついている。慣性とは、急ブレーキで自分の身体が前に放り出されるようなあの感覚のことだ。逆の言い方をすると、そのようなことが起こるのは、力学の法則が宇宙のどこでも同じであるようにするためだとも言える。対称性と結びついた保存量としてはこのほかに、角運動量や電荷などがある。ネーターの定理で重要なのは、その逆も正しいことである。つまり、もし力学の法則が時間対称性を持っていなければ、エネルギーは保存されないのだ。

その証拠は宇宙空間全体に広がっている。この宇宙が誕生してからおよそ三七万九〇〇〇年後、最初の原子が形成されて、宇宙全体が橙赤色（とうせきしょく）の光で満たされた。それ以来、宇宙は一〇〇〇倍に膨張してきたが、その光はいまでも宇宙全体に満ちている。では、なぜ我々にはその光が見えないのか？　エネルギーを失っているからだ。いまでは橙赤色に輝いてはおらず、目に見えない長波長のマイクロ波放射となっているのだ。この「宇宙マイクロ波背景放射」は一九六四年にベル研究所の二人の科学者、アーノ・ペンジアスとロバート・ウィルソンによって発見され、それ以来盛んに研究されている。

宇宙全体を巨大な焼き物窯と考えてほしい。はるか昔、その窯は橙赤色に輝いていた。その光は、およそ一〇〇〇分の一ミリメートルという短い波長においてもっともエネルギーが高く、温度は摂氏約二七〇〇度と高温だった。しかしいまではもっとずっと冷たくなっていて、もっとも強度の大きい波長は一・九ミリメートル、温度は摂氏マイナス二七〇度にまで下がっている。実際の窯が冷えるときには、熱が周囲に奪われていく。熱はけっして消滅しない。しかし、この宇宙には周囲などなく、熱が奪われることはない。宇宙が冷えるためには熱が消滅しなければならず、エネルギーは保存されないことになる。しかしそれもネーターの定理の予想どおりである。初期の宇宙では空間が現在よりもはるかに小さかった。そのためエネルギーは保存されていないのだ。[*7] 要するにネーターの定理からは、エネルギーが保存されるのは空間や時間が変化しない場合に限られると予測されるのだ。

ネーターの論文を読んだアインシュタインは、ヒルベルトに宛てて次のように書いている。「このような事柄をこのように一般的な形で理解できることに感銘しました。ゲッティンゲンの古株連中はネーター嬢の授業を受けるべきです。彼女も自分の才能を自覚していることでしょう」。一九一五年から現在に至るまで、ネーターのこの発見は物理学者にとっての指導原理となっている。アメリカ人物理学者のリチャード・ファインマンは、一九六三年、いまでは有名となっている公開講義をおこなった際に次のように言い切った。「対称性と保存量との関係性は、いまだにほとんどの物理学者が少々面食らってはいるものの、きわめて深遠で美しい事実である」。残念ながらファインマンはそのときネーターの名前を挙げず、幅広い人々に彼女の研究を知らしめる機会を逸した。それでもいまや、現代の素粒子物理学を支える研究成果の大部分がネーターの定理から導かれたことは周知の事実だ。

ネーターは一九一五年からの四年間、ゲッティンゲン大学でこの定理を発展させながら、ヒルベルト名義で無給で教務と講義をこなした。そして一九一九年、大学当局がようやく折れ、ネーターをプリバトドツェント（私講師）として雇用した。正式に教鞭を執って給料をもらえる身分である。ところがネーターは物理学から離れ、興味の向くままにもっと抽象的な概念へと移っていく。一般相対論と対称性に関する研究に片が付くと、数学の基礎に没頭しはじめたのだ。その研究は物理学とは直接関係なかったが、数学の多くの分野、とくに代数学とトポロジーのその後の方向性に大きな影響を与えた。

その頃、アインシュタインは科学の広告塔になっていた。ネーターの定理を知っているのが物理学者だけだったのに対し、$E=mc^2$ という方程式は、「生きるべきか死ぬべきか」という言葉と同じく、大勢の人が引用するのに理解している人はほとんどいない、象徴的なフレーズとなった。『ニューヨーク・タイムズ』紙にも相対論に関する記事が掲載された。アニメ『ベティーブープ』の制作者マックス・フライシャーは、空間の湾曲を説明するアニメーションを作った。チャールズ・チャップリンはアインシュタインをハリウッドのプレミア上映会に招待した。

有名人としてちやほやされる一方で、熱力学に対するアインシュタインの重要な貢献と、その量子物理学という新たな科学との関連性は、徐々に影が薄れていった。それでもアインシュタイン本人はこのテーマに強い関心を持ちつづけた。そうして一九二〇年代には、奇跡の年の一本目の論文で示した光の粒子の統計学的振る舞いを、インド人物理学者のサティエンドラナート・ボースとともに大幅に拡張した。そしてそれと同じ頃、このテーマをめぐって、偉大なデンマーク人物理学者のニールス・ボーアを相手に、量子力学の意味に関する長い論争を始める。[*8] 光量子に関する一九〇五年の論文で量子力学の基礎を築いていながら、その量子力学をボーアなど年下の物理学者があらぬ方向に導こうとしていることに警戒しはじめたのだ。ボーアをはじめ、ヴェルナー・ハイゼンベルク、ヴォルフガング・パウリ、マックス・ボルンらは、量子力学は自然界のしくみをもっとも根本的なレベルでとらえる新しい方法だと感じていた。そんな考えにアインシュタインが首をひねった理由は、ある同業者に宛てた手紙に記された、たびたび引用される次の言葉にまとめられている。

「量子論はたくさんのものを生み出すが、造物主の秘密にはほとんど近づけない。そもそも私は、造物主がこの宇宙とサイコロ遊びをするはずなんてないと信じている」[*9]

サイコロ遊びという言葉の意味するところは、量子力学によると、自然界は原子や分子や光量子のレベルでは本質的に不確定であるということだ。たとえば、電子の位置を正確に言い当てることはけっしてできない。言えるのは、ある場所にある確率で存在するというだけだ。一見したところそれは、ボルツマンやアインシュタインによる原子や分子の考え方と何ら違わないようにも思える。二人は、一個一個の気体分子がある瞬間にどのように振る舞うかを完璧な精度で言い当てることはできないという考えを受け入れた。それでも統計学的論法によって、それらの分子の大集団がどのように振る舞うかを、信頼できる形で予測できた。だが、いわゆるコペンハーゲン学派（ボーアの住む街から名付けられた）が導き出した考え方は、それとは違っていた。ボルツマンとアインシュタインは詰まるところ、測定できないものを統計学を使って推定した。空気一リットルに含まれるすべての分子の位置とスピードを知ることが事実上不可能なのは、数が多すぎて追跡できないからだ。しかし十分に高性能の顕微鏡と膨大な時間を使えば、原理的にはそれも可能だ。一方、コペンハーゲン学派はそれとまったく異なる見方を取った。原子や分子や光量子などの物体の振る舞いはもとから確率論的であると説いたのだ。要するに、どんなに高度な測定装置を使おうが、これらの物体の振る舞いを正確に知ることはできない。せいぜい望めるのは確率論的に推測することだけである。

アインシュタインは、そんなコペンハーゲン学派の見方にとうてい納得できなかった。そのような態度を取った理由はなかなかに興味深い。なぜアインシュタインは、量子論の確率論的基礎がそれほどまでに気に入らなかったのか？　よく耳にする答えは、量子論の確率論的性質が自らの導き出した相対論と相容れなかったからだ、というものである。相対論は単純ではないかもしれないが、完全に決定論的である。つまり、系の最初の状態が正確に分かれば、原理的にはその系の最終状態を計算できるということだ。それに対して量子物理学によると、系の初期状態も最終状態も、けっして正確には知ることができない。言えるのは、たとえば五〇パーセントの確率である初期状態を取り、五〇パーセントの確率である最終状態を取るというところまでだ。

しかし、熱や原子・分子の実在に関するアインシュタインの初期の研究を見ていくと、彼が量子論に異議を唱えていた理由は、実は確率論的性質ではなかったように思えてくる。光量子や砂糖水やブラウン運動に関するアインシュタインの論文には、確率論や統計学がふんだんに使われている。これらの論文の核をなす仮定は、一個一個の分子の位置やスピードを確実に知ることはできないが、分子の大集団の振る舞いは信頼できる形で予測できるというものだった。

そこにこそ注目してもらいたい。アインシュタインも、確率論的な論法や統計学的な論法を忌み嫌っていたわけではない。逆に使いこなしていたくらいだ。しかしアインシュタインにとって、統計学や確率論は、視界から隠された現実を理解するための手段だった。ブラウン運動をする花粉粒子について考えてみよう。アインシュタインは、花粉粒子の振る舞いを一〇〇パーセントの正確さで予測することはできなかったが、十分に精度の高い統計学的な概算値を導き出すことはできた。花粉粒子の振る舞いは完全に予測可能ではなかったものの、その振る舞いを陰で引き起こしている原子や分子の見えない世界に関する知見を与えてくれた。その点が、ボーアによる量子論のとらえ方とは食い違っていたのだ。ボーアは、自然界は量子レベルでは確率論的であって、それより深いレベルの現実は存在しないと主張していた。それに対してアインシュタインは、ブラウン運動に関する経験から、統計的振る舞いの奥には本質的な真理が存在するはずだと感じていたのだろう。その真理は、原子と同じように直接見ることはできない。しかしアインシュタインにとって、その深いレベルの現実が存在することすら認めないなんて、どうしても受け入れられなかったのだ。

アインシュタインは、研究人生の大半を通じて熱の科学に強い関心を持ちつづけた。それは、科学は社会に奉仕すべしという自らの信念に基づいていた。今日ではアインシュタインは世間ずれした学者というイメージでとらえられるのが常で、実用的な研究や発明をしていたという面はほとんど知られていない。そもそもアインシュタインが育った家では、日常的に機械を考案して組み立てたり改良したりしていた。父ヘルマンとおじのヤコブが発電機や電力量計を作る小さな工場を経営していて、経営難でやがて廃業するものの、若きアインシュタインに技術革新への生涯続く興味を植え付けたのだった。

そうした面でアインシュタインが最初に手を組んだのが、ルドルフ・ゴルトシュミットという発明家で、二人は一九二八年に電磁駆動式の拡声器の特許を取った。[*10] のちに、共通の友人である歌手のオルガ・アイスナーが聴覚障害を患うと、二人は彼女のために補聴器を設計した。

しかしどちらの発明品も、設計段階から先へ進むことはなかった。アインシュタインが取り組んだテクノロジーの中でもっとも実用に近づいたのは、熱と熱力学に関する興味から直接発想を得たものだった。一九二〇年代後半から三〇年代前半にかけて、冷蔵庫の設計と特許取得、そして商品化に携わったのだ。[*11] 当時の冷蔵庫は熱力学的にはかなり進んでいたが、冷媒にはアンモニアや塩化メチルや二酸化硫黄といった有毒物質が使われていた。ポンプのつなぎ目に穴が開くと、それらの有毒物質が家の中に漏れ広がって悲惨な結果を招く。一九二六年にアインシュタインは、ベルリンのある家で冷蔵庫が故障して有毒ガスが漏れ、子供が何人も死んだという痛ましい新聞記事を読んだ。それで奮起して、もっと安全な冷蔵庫の設計に取り組みはじめたのだ。

アインシュタインが共同開発者に選んだのは、元教え子のレオ・シラードである。[*12] 一八九八年にブダペストで生まれたシラードは、若いうちから物理学と数学の才能を発揮し、一八歳でハンガリー国内の数学賞を取った。それからまもなくして、アインシュタインが教鞭を執るベルリンのフリードリヒ・ヴィルヘルム大学〔現在のベルリン・フンボルト大学〕で物理学を学びはじめた。そしてアインシュタインとの、生涯続く貴重な友人関係を築いた。一九二二年に書いた博士論文は、熱力学と情報理論の関連性を初めて見出したもので、その年最高の出来と評価された。そうして一九二〇年代半ばまでには、アインシュタインとかなり親しくなっていた。ともに優秀な科学者である二人は、似たような価値観を持ち、科学は社会に奉仕すべしという堅い信念も共通していた。余計な死者を出さないためには冷蔵庫を改良する必要があると感じたアインシュタインは、そんなシラードに声を掛けたのだった。

安全・単純・安価と三拍子揃った装置の開発に向けて、二人は幸先の良いスタートを切り、ハンブルクのツィトゲルという企業からの支援も取り付けた。ツィトゲルとはラテン語で「急速冷凍」という意味である。この装置の原理は次のとおり。アイスクリームなど冷やしたいものを入れる大きな円筒容器（図中13）の中央に、小部屋（2）がある。その小部屋の中でメタノールという物質が蒸発して、周りの円筒容器内を冷やす。気体になったメタノールは細いパイプ（5）を通って、ふつうの水道栓につないだ別の円筒容器に流れ込む。その中でメタノールは水に溶けて排出される。この設計の長所は、水道の圧力以外にいっさい動力を必要としないことと、メタノ

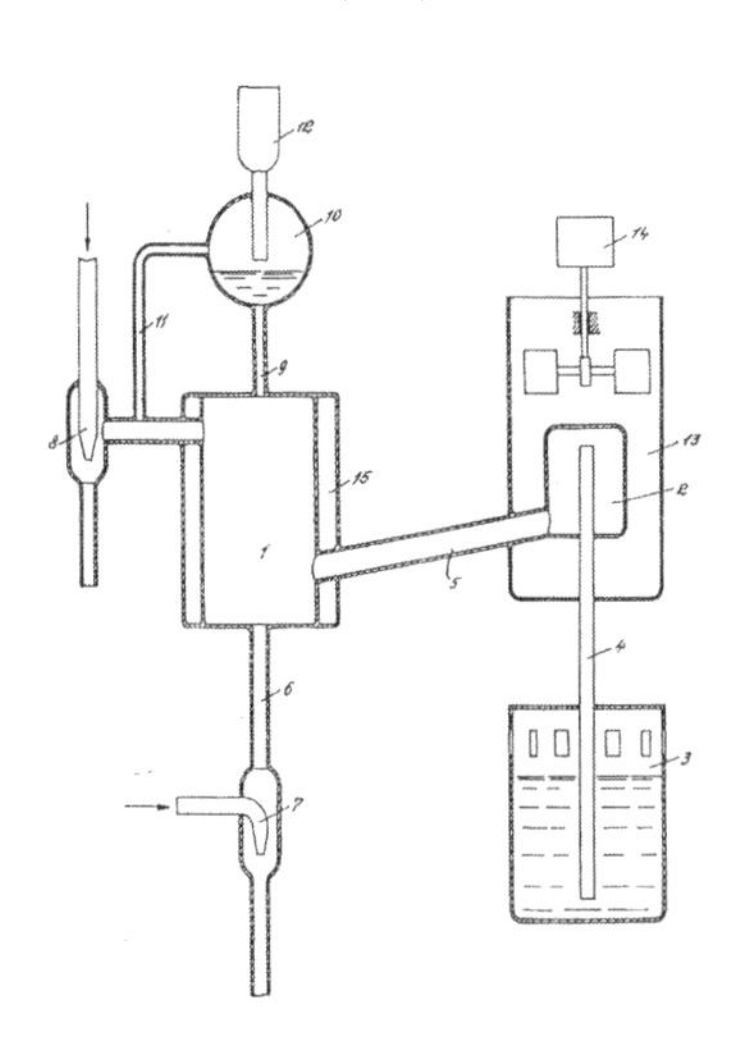

アインシュタインとシラードによる冷蔵庫の特許の一つ

ールの蒸気は少量では毒性が低いこと。欠点は、冷媒であるメタノールを再利用できないことである。一度冷却に使われたメタノールは排水口に捨てられてしまう。しかしアインシュタインとシラードは、メタノールは安価なので消費者もこの装置に目を留めてくれるはずだと踏んだ。

ツィトゲルはこの装置を"Volks-Kuhlschrank"（人々の冷蔵庫）と名付け、一九二八年三月にライプツィヒで開かれたフェアで発表した。ツィトゲルの株価は五〇パーセント急騰した。

しかし評判には至らなかった。第一の原因は、メタノールが事業計画時の予想よりも高価だったこと、第二の原因は、家庭用の水道から一定の圧力が得られるのを前提としていたことだった。一九二〇年代のドイツでは、建物ごとや、さらには階ごとでも水圧が大きく違っていて、試用者から信頼性が低いとの苦情が寄せられたのだ。「この発明品が市場に出ることはなかった」とシラードは伝えている。*13

設計段階に立ち返ったアインシュタインとシラードは、二人にとってもっとも創造性に富んだアイデアを思いつく。従来の冷蔵庫と同様の構造ながら、革新的なしくみの圧縮機を備えた装置である。前にも説明したとおり、圧縮機は、冷媒気体を加熱して凝縮器に送り込む重要な部品である。冷たい庫内から冷媒に吸収された熱は、その凝縮器で庫外に放出される。従来の圧縮機には金属製の羽根車が使われていたが、アインシュタインとシラードの装置は、電気コイルで発生させた交流電磁場によって、シリンダー内に密封された液体金属を往復運動させ、その運動によって圧縮機を駆動させるというしくみである。安全面での長所は、冷媒と液体金属という危険な物質がすべてステンレスのパイプとシリンダーの中に半永久的に密封されていることである。劣化して穴が開きかねないつなぎ目はいっさいなかった。

ベルンの特許事務官として職業人生を歩み出していたアインシュタインは、この共同発明に知的財産としての価値を見て取り、さまざまな冷蔵庫の設計に関する特許を六か国で四五件取得した。二人の研究は関心を集め、一九二八年末、AEG（Allgemeine Elektricitäts-Gesellschaft、ドイツ総合電気会社）が、ベルリンの研究所に勤める三人の技術者に開発資金を与えて、アインシュタイン＝シラードの圧縮機の試作機を製作させることにした。また、シラードに特許使用料と顧問料として年間三〇〇〇ドル（現在の価値にしておよそ四万ドル）を支払うことにも合意した。シラードはそのお金を、アインシュタインとともに開設した共同口座に預けた。

アインシュタインは、AEGによる試作機の開発を強い関心を持って見守った。AEGの研究所にもたびたび顔を出し、開発技術者の一人アルベルト・コロディィはアインシュタインのアパートを一〇回以上訪ねて議論を重ねたという。試作機はたいていそうだが、この圧縮機も当初はいくつもの問題を抱えていて、初期型はとても騒々しかった。シラードの友人デニス・ガボールはのちに、「ジャッカルのように吠えた」と振り返っている。[*14] 試作機を目にした別の人は、「バンシー〔アイルランドの妖精〕のように泣き叫んだ」と言っている。担当技術者のコロディィはもっと寛容で、その音を「激しく流れる水」にたとえた。技術者たちはその音を抑える方法を考え出し、一九三一年七月三一日、ベルリンにあるAEGの研究所で、完全に作動する試作機にスイッチが入れられた。それは安全かつ連続的に作動し、成功したとみなされた。

ではなぜ、今日の冷蔵庫にはアインシュタイン＝シラードの圧縮機が使われていないのだろうか？　それは、AEGがベルリンでその圧縮機を開発している最中に、ゼネラルモーターズがオハイオ州デイトンの研究所で、フレオン（フロン）という新たな冷媒を開発したからだ。フレオンはそれまでの冷媒に比べて毒性が非常に低く、メーカーが冷蔵庫の安全性を高める方法としては、まったく新たな圧縮機を大量生産するよりもずっと安価に済んだ。しかしメーカーは知らなかったが、フレオンなど、ハイドロフルオロカーボンと呼ばれる一群の化学物質が、のちに上空のオゾン層に穴を開けてしまう。現在使われている冷媒もフレオンと化学的に似ているが、オゾン層を破壊することはない。

アインシュタインとシラードが研究を中断したもう一つの理由は、ドイツの社会的混乱が激しさを増してきたことだった。一九三〇年、ドイツの経済は悲惨な状況で、失業率も急上昇していた。先行きを予見したシラードは、その年の九月、アインシュタインに次のような手紙を書いた。「私の嗅覚に間違いがなければ、今後一〇年間はヨーロッパの平和的発展を期待できないような兆しが、毎週のように次々と感じられます。ヨーロッパで我々の冷蔵庫を完成させられるかどうかすら分かりません」*15。それから三年もせずに、ヒトラーが首相に就任した。そのときたまたま外国にいたアインシュタインは、二度とドイツには戻らないと宣言する。同じくユダヤ人であるシラードはというと、列車でベルリンからウィーンへ脱出した。翌日、ナチスの兵士がまさにその同じ列車に乗っていた乗客たちを逮捕し、「非アーリア人」と決めつけて貴重品を没収した。

権力を掌握したナチスはすぐさま、ユダヤ人商店で買い物をしないよう指示し、ユダヤ人への暴力をけしかけ、政府機関がユダヤ人を雇用することを禁じる職業官吏再建法を制定した。そうしてユダヤ人教授数千人が解雇された。ゲッティンゲン大学で苦労の末に教授となったエミー・ネーターも、その中の一人だった。一九三三年四月、プロイセン科学・芸術・公教育省から、「一九三三年四月七日の職業官吏再建法第三条に照らし、ここにゲッティンゲン大学での教職資格を取り消す」という通知を受け取ったのだ。ところが驚くことに、ネーターは躊躇（ちゅうちょ）せずにゲッティンゲンに留まり、またもや非正規に自宅で教えつづけた。意地悪な学生がナチス突撃隊の制服を着て講義に現れたが、ネーターはいっさい気にしない様子だった。

幸いにも、ネーターの数学者としての評判は国外にまで広まっていて、彼女が解雇されたことを聞きつけたアメリカのブリンマー・カレッジが教授のポストを提供してくれた。そうしてネーターは、ロックフェラー財団から資金援助を受けてアメリカに移住した。そして一九三三年末から、その二年後に手術の合併症で世を去るまで、ブリンマー・カレッジとプリンストン大学で教鞭を執りつづけた。ネーターがゲッティンゲン大学を去った一年後、七一歳で病弱のダフィット・ヒルベルトは、親友や同僚が次々に国から追い出されるのを目のあたりにしていた。ナチスの教育大臣ベルンハルト・ルストから、「ユダヤ人が去ったことで数学科はかなり困っているんじゃないか」と聞かれると、こう答えたという。「困っているかだと？　もう数学科自体が存在していないんだよ！」[*16]

しかし一九三三年の時点では、暗雲が垂れこめていながらも微かな希望の光があった。たとえばレオ・シラードは、ウィーンに脱出してからまもなくのこと、当時ロンドン・スクール・オブ・エコノミクスの学長だったウィリアム・ベヴァリッジとたまたま出会った。今日ではベヴァリッジは、戦後にイギリスの社会保障制度を築いたことでよく知られている。そんなベヴァリッジに、シラードおよび、経済学者のイグナーツ・ジャストロウやヤコブ・マルシャックらは、苦境に陥っているドイツのユダヤ人学者たちに手を差し伸べてくれるよう訴えた。その甲斐あって、生活の糧を失った学者や科学者を救済する学術支援評議会（AAC）がまもなく設立された。

シラードはベヴァリッジの勧めでロンドンに移り住み、AACの活動の推進と、ナチスの迫害を受けた学者の国際的支援に尽力した。自身の生活費は、アインシュタインとの冷蔵庫の開発で手にしたお金でまかなった。もしもそのお金がなかったら、ナチスから逃れてきた人たちの救済に時間を割くどころか、自分自身もドイツから逃げ出せなかっただろう。アインシュタインとシラードの冷蔵庫は、思いもよらない形で数々の命を救ったのだ。

第16章　情報は物理的である　シャノンと情報エントロピー

間違いなく型破りなタイプの若者だ。
——科学者ヴァネヴァー・ブッシュによるクロード・シャノンの人物評

あなたがインターネット検索をするたびに、海や大気はほんの少しずつ温かくなる。[*1] グーグルで一〇〇回程度検索する（私だと月曜日から金曜日まででこの回数を簡単に超えてしまう）のに必要なエネルギーがあれば、一杯の紅茶を淹れるのに必要な水が沸いてしまう。[*2] グーグル社の二〇一八年の電力消費量は一〇〇〇万メガワット時を超えたそうで、[*3] これはリトアニアなどの小国とほぼ同じ量だ。[*4] 各国のデータセンターで世界中の電力の約一パーセントが消費されている。[*5] 情報通信技術は世界中の二酸化炭素排出量の二パーセント以上に寄与していて、航空産業におおよそ匹敵する。[*6] 二〇三〇年には情報通信産業の電力消費量が世界中の電力の二〇パーセントに達するという予想もある。[*7]

情報を処理したり送信したりするマシンを動かすにはエネルギーが必要で、そのエネルギーは最終的に無用な熱となって海や大気中に拡散する。情報時代は一九世紀の産業革命と同じく、水と水蒸気によって実現したと言ってもいい。水や水蒸気でタービンを回し、それによって発生した電気が情報の伝達に使われる。巨大なサーバーセンターで情報を処理するマシンから熱を取り除く冷却システムも、水の熱力学的性質に大きく頼っている。[*8]

そのため近年、情報と熱力学との関係性が大いに注目を集めている。はたしてその関係性は、コンピュータや通信システムの設計に由来する技術的なものなのか？　それとももっと根本的なものなのか？　もしそうだとしたら、思考や言葉、音楽や画像や動画、さらには遺伝子といったものを含む、情報という漠然とした代物が、いったいどうして、エネルギーやエントロピーといった、明確に定義された科学的な量と結びついているのだろうか？　情報を処理すると必ず熱が拡散して、宇宙のエントロピーは増えるのだろうか？

情報時代の開拓者たちがこのような疑問について考えることはけっしてなかった。蒸気機関や冷蔵庫の発明者がそれらの科学的原理を知らなかったのと同じように、現代の我々がコミュニケーションに使っているおおもとの技術を開発した技術者たちも、その基本原理は理解していなかったのだ。

一九一〇年代初め、アメリカ電話電信会社（AT&T）は苦境に陥っていた。「マー・ベル」（ベルかあちゃん）という愛称で呼ばれるこの会社は、一八七七年にアレクサンダー・グレアム・ベルの義理の父親によって創業されたが、二〇世紀初頭には、アメリカの各都市で近距離通話サービスを提供する多数の小規模ライバル会社に太刀打ちできなくなっていた。[*9]そこでAT&Tの上層部は強気の行動に出る。アメリカの東海岸と西海岸を結ぶ初の長距離通話サービスの計画を立てたのだ。

それは技術的にかなりの難題だった。電話機のマイクによって発生する信号は、人間の声を構成するさまざまな音を電気に変換したものであって、どうしても複雑になってしまう。人間の声帯が生み出す気圧の変化が、マイクによって電流の変化に変換される。その電流の変化が、スピーカーによって気圧の変化、つまり音に再変換される。そこにはさまざまな落とし穴がある。まず、受話器のマイクとスピーカー、さらに電話線で信号がゆがむ。また、どんなに高品質の電話線を使ったとしても、伝わるにつれて信号強度が落ち、すぐにノイズに埋もれてしまう。ランダムな電気的効果であるノイズは、電線を伝わるどんな信号にとっても大敵だ。ここに、情報と熱力学、とくに第二法則との関連性を探るヒントがある。二〇世紀初めの技術者たちは気づいていなかったが、メッセージがぐちゃぐちゃになって理解できなくなっていくというこの傾向は、熱が拡散する傾向と似ているのだ。

AT&Tは長距離通話の実現という難題を解決するために、アメリカを代表する物理学者ロバート・ミリカン（のちの一九二三年にノーベル賞を受賞する）に師事した科学者たちを雇った。その戦略は大いに功を奏し、彼らは真空管（熱電子管とも呼ばれる）という素子を完成させた。この真空管を用いた増幅器は、ノイズを十分に抑えながら信号レベルを引き上げることができる。それにより、一三万本の木製電柱に支えられてアメリカ大陸を横断する、全長約五〇〇〇キロメートルの銅の電線の端から端まで、人間の声を伝えられるようになった。一九一五年一月二五日、会社は宣伝目的で、六七歳のアレクサンダー・グレアム・ベルに、三九年前にかつての助手トーマス・ワトソンと交わした世界初の電話通話を再現してくれるよう頼んだ。三九年前には二人は同じ建物の中にいた。しかしこのときには、ベルはニューヨークに、ワトソンはサンフランシスコにいた。「ワトソン君、こっちに来てくれ」とベルが話しかけると、ワトソンは「いまだと一週間かかる」と返した。[*10] こうして真空管が二〇世紀前半の電話技術の要となり、通信ケーブルや電波を介した国際的な情報伝達をも可能にしたのだった。

この展開は蒸気技術の黎明期に似ている。初期の蒸気機関がきわめて非効率で、発生した熱の九〇パーセント以上を無駄にしていたことを思い出してほしい。人々は効率を上げる方法が分からずに、次から次へと石炭を燃やしていた。真空管の発想もそれと似ている。ノイズレベルを下げるのでなく、信号強度を上げてノイズに埋もれないようにするのだ。どちらの場合にも、大部分のエネルギーが無駄になることを克服するために、どんどんエネルギーをつぎ込んでいくのだ。

それでも真空管は通信技術に革命を起こした。真空管の発明に気を良くしたAT&T上層部は、常設の研究所に資金をつぎ込んだ。一九二五年に年間予算一二〇〇万ドル（現在の価値にして一億五〇〇〇万ドル）で設立されたその研究所は、それまでどんな企業も手を出そうとしなかったような規模で研究開発を進めた。ロワーマンハッタンのウエストストリートにそびえる黄色いれんが造りの一三階建ての巨大な建物の中で、二〇〇〇人の技術者が製品開発に、三〇〇人が基礎研究や応用研究に取り組んだ。基礎物理学や化学から、材料科学や気象学、さらには心理学にまでおよぶ多様な専門知識を備えた彼ら科学者に、幹部はあえて特定の目標を与えなかった。分野の垣根を越えたチームで進める基礎研究が、科学や技術のブレークスルーにつながると信じていたのだ。

そしてまさにそのとおりとなった。数年のうちに、ファックス伝送、テレビ放送、暗号法というとてつもないブレークスルーを起こしたのだ。

この研究所で働く大勢の聡明で個性的な科学者の中に、パズルや電気製品いじりやジャグリングを趣味とする、クロード・エルウッド・シャノンという風変わりな若者がいた。シャノンはこの世界の本質を、誰よりもはっきりと見通した。そのシャノンのアイデアによって、現代を特徴づけるデータネットワークの構築が可能となり、情報とは何であるかが初めて突き止められることとなる。

クロード・シャノンは一九一六年四月三〇日、アメリカ・ミシガン州の北半分を占める平原のただ中にあるゲイロードという街で生まれた。[*11] 人口約三〇〇〇のこの街は「とても小さく、二ブロックも歩くと街外れに出てしまう」とのちにシャノンは語っている。[*12] 多くの住民は製材所かじゃがいも農場で働いていた。クロードの父クロード・シニアは、ニュージャージー州出身の元セールスマンで、この街のあらゆる面に携わった。メソジスト教会で積極的に活動するとともに、フリーメイソンでもあり、遺言追認判事も務め、家具の販売と葬儀の取り仕切りを担う会社も経営した。母メイベルは頭が良くて頑固だった。貧しい家で育ったが、女性にとっては難しい時代に学士号を取り、出産からまもなくしてゲイロード高校の校長となった。しかし評判が良かったというのに、大恐慌の最中の一九三二年に解雇される。教育委員会が、「夫が生計を支えられるのに既婚女性を雇うのは不当競争である」と判断したのだ。[*13]

クロードよりも先に数学の才能を開花させた姉のキャサリンは、学校で優秀な成績を収め、数学教授への道を順調に歩みはじめた。そんなキャサリンに数学のパズルを出されると、クロードは夢中で没頭した。また、ラジオやラジコンボートを作ったり、近所の家の電気製品を修理したり、有刺鉄線を使って友達の家まで長さ八〇〇メートルの私設の電信線を引いたりした。高校を卒業する頃にはすでに、電気通信のノウハウに通じていた。電信などモールス符号を使ったシステムには、電話システムに対してどんな長所と短所があるかを、自力で見抜いていた。

一九三六年にミシガン大学で工学と数学の学位を取得して卒業すると、マサチューセッツ工科大学の修士課程に進学した。二〇歳になったばかりの内気なシャノンは、身長一七八センチ、体重六四キロの痩せ形で、まるで咳（せき）のような変わった笑い声だった。同級生にはお手上げの暗号パズルを解くことができたが、単純な計算問題には筆算をしないと答えられなかった。ＭＩＴのキャンパス内では、クロード・シャノンは特別だという認識が広がった。

そんな特別なシャノンが飛行機操縦の科目に登録しようとすると、インストラクターを兼任するMITの教授は、こんなに優秀な頭脳を墜落で失うリスクを取るのは割に合わないと感じ、彼の登録を認めようとしなかった。しかし学長がそれを覆し、シャノンは無事パイロットのライセンスを取得した。シャノンの人生にとってもっと大きな意味があったのは、アメリカでもっとも影響力を持つ科学者の一人である工学部長のヴァネヴァー・ブッシュが、シャノンの才能を伸ばす役目を買って出たことだった。ブッシュはある同業者に宛てて次のように書いている。「間違いなく型破りなタイプの若者だ。とても内気で引っ込み思案、ものすごく腰が低く、下手したらほかの人たちに置いていかれそうだ[*14]」

ブッシュがシャノンに最初に任せた課題は、工学科の実験用のアナログコンピュータを運用しながら改良することだった。アナログコンピュータは最近では見かけないが、二〇世紀前半には前途有望な技術とみなされていた。MITのマシンは巨大で、一部屋丸ごと占有していた。真空管回路に流す電流を連続的に変化させることで動作するというしくみで、微積分という数学の一分野に関連する計算に適していた。シャノンはこのマシンに惚れ込み、ずらりと並んだ棒やベルト車、歯車や円盤を押し込んだり回転させたりしてプログラミングをする技を身につけた。

ある晩のパーティーの最中、立ちつくしながら研究のことに思いふけっていると、顔に一握りのポップコーンをぶつけられた。見上げると一人の女性が、どうしてみんなと一緒に騒がないのと聞いてきた。そこでシャノンは、自分の寝室につながるこのドアの前に立っていると、蓄音機から流れてくる大好きな音楽が聴けるからだと答えた。女性が「ビックス・バイダーベックね。レコード持ってるの？」と聞くので、「大好きなんだ」と答えた。[*15]

そうして二人はあっという間に恋に落ちた。その女性ノーマ・レヴォーは一九歳、近くにあるラドクリフ・カレッジの学生で、生い立ちはクロード・シャノンと真逆だった。母親は縫製職人、父親はスイスの高級織物の輸入業者で、ニューヨークのセントラルパークに近いペントハウスで育った。一九三九年の夏、両親に楯突いてパリへ逃げ出したが、ヨーロッパに戦争の影が忍び寄り、身に危険がおよぶことを恐れた両親にようやく連れ戻された。ニューヨークの左翼活動にも積極的に参加していた。そんなレヴォーが一九三九年秋のあの晩、シャノンの「キリストのような風貌」[16]（本人談）に惚れ込んだのだった。とはいえ、このでこぼこカップルはどちらも宗教を信じていなかった。レヴォーがシャノンに自分は無神論者だと打ち明けると、シャノンは「それ以外ありえるかい？」と返した[17]。

二人の関係はあっという間に深まっていった。レヴォーによると、出会ってまもないある晩、シャノンに連れられてＭＩＴのアナログコンピュータ室へ行き（シャノンが鍵を持っていた）、電気リレーや真空管の収まったキャビネットに囲まれて愛し合ったという。レヴォーが惹かれたのは、シャノンが科学者でありながら芸術家の感性を持っていて、詩を愛していたところで[18]、それがシャノンののちの研究にも活かされることとなる。レヴォーはその頃のシャノンのことを、「すごく優しくて、すごく愉快で、一緒にいてすごく楽しかった」と振り返っている[19]。ライセンスを取ったばかりのシャノンの操縦で空を飛び、「とてつもなく怖かった」こともあった[20]。それから数か月後の一九四〇年一月、二人は結婚してニューハンプシャー州へ新婚旅行に行った。しかしレヴォーがユダヤ人だったため、ユダヤ人嫌いのホテルのオーナーが宿泊させてくれず、せっかくの新婚旅行は台無しになってしまった。

その年のうちに二人はプリンストンへ移り住んだ。シャノンが高等研究所の特別研究員になったからだ。この地で二人は、ヘルマン・ヴァイル（ワイル）やジョン・フォン・ノイマン、あるいは一九三三年にドイツから亡命してきたアインシュタインなど、世界を代表する数学者や物理学者と親交を築いた。ところがその後、シャノンの人生は大きく傾く。あっという間に花開いた二人の関係が、同じくあっという間に崩壊していったのだ。レヴォーが見たところ、シャノンは人が変わってしまった。プリンストンの雰囲気に馴染めずに息苦しさを感じ、持ち前の生きる喜びを失ってしまったのだ。レヴォーはのちに次のように振り返っている。「精神分析医のところに連れていこうとしたけれど、どうしても行きたがらなかった。表情もどんどん険しくなっていった。『どうにかしてくれないなら一緒にはいられない』と思いはじめた」[*21]。シャノンは変わってはいるが愉快な人物と形容されることがほとんどで、彼のこのような性格の一面を綴ったり語ったりしているのはレヴォーただ一人だ。とはいっても、シャノンのことを深く知っていて、かつ物書きの才能があったのも、レヴォーのほかには誰もいなかったのだが。

二人の結婚生活にはほかにもいくつも重しがあった。レヴォーは学者の妻としての生活に満たされず、映画脚本家の道を歩みたくなった。そうして二人は結婚から一年もせずに離婚し、レヴォーはロサンゼルスに移り住んだ。そして映画脚本家になり、同じ政治観を持つ左翼の作家と再婚した。共産党に入党した二人は、アメリカ政府の要注意人物リストに掲げられてはるばるヨーロッパへ亡命し、それから三〇年間かの地で過ごした。

レヴォーと別れて打ちひしがれたクロード・シャノンは、もっとずっと短い旅路に出発した。プリンストンからニューヨークへ戻ったのだ。そしてその地で運命の仕事を見つける。一九四一年夏、ベル研究所で数学者として働きはじめたのだ。

その年の一二月七日、日本軍がパールハーバーを爆撃する。ベル研究所も戦争に協力する意向を固め、シャノンは極秘のプロジェクトにあてがわれた。無線音声通信を暗号化する、SIGSALYというシステムの開発である。目的は、連合国軍上層部のために、暗号化された安全な通信チャンネルを大西洋の両岸のあいだに構築すること。シャノンには、その暗号法を解析して堅牢であるかどうかを確認する任務が与えられた。

一九四三年七月一五日、ロンドン゠ワシントン間でSIGSALYによる初の通信がおこなわれた。非の打ち所のない成功だった。終戦までにSIGSALYを介して上層レベルの音声通信が約三〇〇〇回おこなわれ、ローズヴェルト大統領とチャーチル首相のあいだでも何度か会話が交わされた。ドイツの通信士は、その暗号化されたメッセージをせっかく傍受しても、一言も解読できなかった。戦後、連合国の調査官が、SIGSALYの解読の可能性を見積もったドイツの暗号解読部門のメモ書きを発見する。そこには、「いまはほとんど何も情報が得られない」と書かれていた。[22]

SIGSALYの研究を通じてシャノンは、最先端の通信技術に直接触れた。そしてカルノーが蒸気機関に接したときと同じように、工学的な課題の先を見通して根本的な概念に目を向ける。そもそもメッセージとは何だろうか？　ある考えを伝えるのに、どれだけの長さのメッセージが必要なのか？　情報のサイズを測るための、数学的に厳密な方法はあるのだろうか？　シャノンは昼間はベル研究所で働き、グレニッチヴィレッジのアパートに帰ってからは夜遅くまで計算に取り組んだ。

SIGSALYの研究からはもう一つ収穫があった。一九四二年後半から四三年にかけてシャノンは、暗号法や通信やコンピューティングにかけて世界で唯一自分と匹敵する才能を持った良きパートナーと、ほぼ毎日顔を合わせたのだ。その人物とは、偉大なイギリス人数学者で暗号解読者のアラン・チューリングである。

一九四二年末までにアラン・チューリングは、ドイツ軍が通信の秘密を守るために使っていた暗号システム、エニグマの解読において中心的な役割を果たし、イギリスを代表する暗号解読者としての名声を築いていた。アメリカの情報当局からSIGSALYのことを聞かされたイギリスの情報部が、その調査のためにチューリングをベル研究所に派遣したのだ。

シャノンとチューリングが一緒にSIGSALYの研究に取り組むことはなかった。両国政府が秘密厳守にこだわっていたため、暗号解読に関しては議論できなかったのだ。それでも二人はすぐに、長く続く交友関係を築いた。一九四二年から四三年の冬にはほぼ毎日、ベル研究所のカフェテリアでティータイムに顔を合わせた。のちにシャノンは控えめに次のように振り返っている。[*23]「チューリングとはものすごく共通点があった。二人とも夢を抱いていた。人の脳を完璧にシミュレートすることは可能か？　コンピュータに人間の脳と同等の、あるいはそれをはるかに凌ぐ能力を持たせることはできるか？　そんなことをしょっちゅう語り合った[*24]」。また二人は、あらゆるタイプの通信に共通する原理についても議論した。「情報理論に関する自分の考えを何度か話したと思う。彼は興味を持ってくれた[*25]」

戦争が終わると、シャノンの脳みそは自由の身になった。心もまた同じで、のちに二人目の妻となるベティ・ムーアと付き合いはじめた。優秀な数学者であるムーアは、ベル研究所の技術者のために計算をおこなういわば人間コンピュータだった。二人ともジャズと、電子機器をいじるのが好きだった。すぐにムーアはシャノンの良き相談相手となり、ジャグリングや、研究所の廊下を一輪車で疾走するなどといった、シャノンの変わった行動を応援するようになった。会社もシャノンの楽しみを尊重し、研究目標はいっさい課さずに好きなことをさせた。「何を研究するか指図されることは一度もなかった」とシャノンは振り返っている。[*26]

この戦略は見事に功を奏した。ベル研究所の雰囲気も手伝って、シャノンの驚異の脳みそは、有刺鉄線で作った電信線やSIGSALY、そしてアラン・チューリングとの会話など、さまざまな経験を結びつけて、現代で類を見ないほどの偉大な科学的ひらめきを得た。そして一九四八年にその考えを、『通信の数学的理論』(*A Mathematical Theory of Communication*)というタイトルの論文にまとめ、ベル研究所の専門誌で発表した。[*27]

三〇ページ足らずのその論文によって、人類は史上初めて、情報の量を完全に客観的かつ明確に定義された形で測定できるようになった。どういうことなのか? 写真も小説も絵画もすべて情報である。シャノンは、これらの相対的なサイズを数値的に比較する方法を考え出したのだ。その重要性は計り知れない。たとえば世界中のすべての音声通話を計量して、どのような通信網を構築すればいいかを正確にはじき出せるのだ。だがその恩恵は実用面をはるかに超えて広がっている。一八五〇年代にウィリアム・トムソンがスコットランドで絶対的な温度尺度を見出したのと同じように、シャノンは情報量の客観的な定義を見つけたのだ。

シャノンの論文でまず目を見張るのは、その方法論が一九世紀の熱力学の開拓者たちとよく似ていることである。ジェイムズ・クラーク・マクスウェルやルートヴィヒ・ボルツマンやジョサイア・ウィラード・ギブズと同じように、シャノンも統計学の原理を出発点としている。熱の流れを説明したのと同じ確率の法則を使って、情報の流れも説明できることを示したのだ。

シャノンは初めに、通信の目的は「ある地点で選ばれたメッセージを別の地点で正確に、または近似的に再現することである」と論じている。[*28] そしてそこから驚くような方向に議論を展開させ、情報を定量化するにはメッセージの意味を無視しなければならないと説いている。「通信の意味論的側面は工学的問題とは無関係である」。自分の首を絞めているようにも聞こえるが、実は思考を解放してくれる言葉だ。このおかげでシャノンの理論は普遍的なものとなっている。メッセージから意味を排除することで、考えられるあらゆるメッセージのサイズを測る方法を見つけたのだ。熱の場合、トムソンの絶対温度尺度が有用なのは、測定対象の物質によらないからである。たとえば、鉄の塊とコップに入った水とキャベツがどれも三〇〇ケルヴィンだと言っても意味が通る。それと同じようにシャノンは、文章と画像とゲノムの情報量をすべて算出できる方法を明らかにしたのだ。

続いてシャノンは、どんな通信も符号化されている、という重要な仮定を置いている。たとえば、二人の人がSIGSALYなどの暗号システムを使って通信する場合と、ふつうの英語で話す場合とでは、いったい何が違うのだろうか？　前者の場合、そのメッセージを符号化した方法を知っているのはその二人だけだが、後者の場合にはメッセージが英語の音に符号化されていて、その意味はすべての英語話者が知っている。要するに、ある言語を理解できるようになるには、まずその言語を学ばなければならないということだ。当たり前のことだと思われるかもしれないが、重要なポイントである。人がコミュニケーションを取るには、その前にメッセージの符号化の方法を示し合わせておかなければならないという事実が、シャノンの論述の前提となっているのだ。

そこから驚きの発想が展開される。例外なしにどんなメッセージも、イエスかノーかで答える一連の質問の答えとして伝えることができると論じているのだ。二〇の扉というゲームがある。プレイヤー1がある有名人を思い浮かべ、プレイヤー2が、イエス・ノーで答える二〇の質問をしてその有名人を当てるというゲームだ。それを拡張した方法を使えば、どんな情報でも伝えることができるというのだ。

シャノンは、二〇問という制限を外していくらでも質問を続けられるようにすれば、必ず正解にたどりつけることを証明した。

どのようにすればいいかを理解するために、ボブが"help"というメッセージを、イエス・ノーの質問だけを使ってアリスに伝えたいとしよう（情報科学では情報の送り手と受け手を指すのにこの二人の名前がよく使われる）。現実味を増すために、ボブはアリスに懐中電灯のオン・オフでしかシグナルを送れないとする。

また、アリスもボブも英語が読めるし、aからzへというアルファベットの順番も知っているとする。二人の手元にはそれぞれ"abcdefghijklmnopqrstuvwxyz"というリストがある。

二人は以下のルールに従う。決められた時刻、たとえば午後一時に、ボブが懐中電灯をオンにするか、またはオフのままにしておく。そのちょうど一秒後に同じことをおこない、メッセージの末尾に来るまで一秒間隔でそれを繰り返していく。一方のアリスは、一秒ごとに光が見えたか見えなかったかを記録する。光が見えたら1と記録し、見えなかったら0と記録する。

もう一つ、次のような決め事がある。ボブが送信する1または0は、「いま送信している文字はアルファベットのリストの左半分に含まれているか？」という質問に対する、イエスまたはノーという答えに対応している。

二人は、イエスは1、ノーは0と符号化すると取り決めてある。アリスが1という信号を目にしたら、リストの右半分が切り捨てられる。0だったら左半分が切り捨てられる。二回目で1または0と見えたら、再びリストを半分に切り詰める。「リストを半分にする」というこの作業を繰り返していって、最後に一文字だけになったら、それがボブが送りたかった文字である。

以上を踏まえた上で、ボブが"help"という単語を送りたければ、初めに1を送信する。するとアリスはアルファベットの右半分を切り捨て、残るのは"abcdefghijklm"となる。

次にボブは0を送信する。

アリスは“abcdefghijklm”の左半分を切り捨て、残りは“ghijklm”となる。

（リストに含まれる文字が奇数個の場合、左半分が右半分よりも一文字短くなるようにすると取り決めてある）

ボブは1を送信する。

アリスは“ghijklm”の右半分を切り捨て、残りは“ghi”となる。

ボブは0を送信する。

アリスは“ghi”の左半分を切り捨て、残りは“hi”となる。

ボブは1を送信する。

アリスは“hi”の右半分を切り捨てて、残りは“h”となる。

これでアリスは、ボブのメッセージの一文字目“h”を、10101と符号化された形で受信できた。そこでアルファベットのリストを元の完全な形に戻し、メッセージの二文字目の解読に取りかかる。

この方法を使うと、“e”は11010、“l”は10001、“p”は01100と符号化される。したがって“help”は10101、11010、10001、01100と符号化される。

こうしてアリスとボブは、“help”という単語を、イエス・ノーで答える二〇の質問の答えに符号化して、それを懐中電灯のオン・オフで送信した。このシステムを使えば、英語のどの文字でも、イエス・ノーで答える五つの質問の答えとして送信できる。シャノンは、このような質問一つ一つに対する1または0という答えを、情報の「ビット」と名付けた。いまの例では、英語の一文字の情報量は五ビットということになる。

気づかれた読者もいるかもしれないが、「ビット」という言葉にはほかに、二進数の一つの数字という意味もある。十進法で2と表される数を二進法で表現すると、10という「二ビットの数」になる。3は11、4は100だ。しかしシャノンの言う「ビット」はそれとは違う。単にイエス・ノーの質問の答えという意味で、その狙いは、あるメッセージを送るのに必要な質問の個数を数えることによって、情報を定量化することにある。ボブがアリスに"help"を送信した先ほどの方法で重要なのは、それに二〇ビットが必要だったという点だ。一つ一つのビットの具体的な値は、アリスとボブが示し合わせた決め事にすぎない。

では、このようにメッセージをイエス・ノーのビット列に変換すれば、メッセージのサイズを客観的に測れるのだろうか？　シャノンは、符号化の方法に左右されない、誰もがうなずけるような情報量の測り方を作りたかった。そこで情報のサイズを、そのメッセージを符号化するのに最低限必要なビットの個数と定めるべきだと論じた。"help"というメッセージの場合、二〇個より少ないビットでそれを送信することは可能だろうか？　アルファベットの各文字で英語の文章に現れる頻度が異なるという事実を踏まえれば、それは可能だ。先ほどの例では、アリスとボブはすべての文字を同じ頻度で現れるものとして扱ったが、実際の英語の文章ではそうではない。シャノンが示したとおり、その統計的パターンを考慮しなければならないのだ。

英語のあらゆる文章の中にもっとも多く現れる文字は"e"で、すべての文字の一二・七パーセントを占める。次が"t"で九・一パーセント、もっとも頻度が低いのがアルファベットの最後の文字"z"で、わずか〇・〇七四パーセント。スクラブル〔単語を作るボードゲーム〕でeよりもzを使った方がずっと点数が高くなるように設定されているのは、そのためである。この統計的性質を使えば、メッセージを送るのに必要なビットの個数を減らせるのだ。

その理由を知るために、アリスとボブの使うアルファベットのリストを、各文字が統計的にどれだけ頻繁に現れるかを反映したものに変えてみよう。「統計的に正確な」そのアルファベットのリストは、"etaoinshrdlcumwfgypbvkjxqz"となる。さらに、英語の文章内に登場する頻度を考慮して、頻繁に登場する文字ほどたくさん繰り返して連ねることにする。つまり、eを一七二個、tを一二二個、aを一一〇個、oを一〇二個、iを九四個、nを九一個……、xを二個、qを一個、zを一個連ねるのだ。合計で一三五一文字、アルファベットのリストは次のようになる。

eeeeeeeeeeeeeeeeeeeeeeeeeeeeeeeeeeeeeeeeeeeeeeeeeeeeeeeeeeeeeeeeeeeeeeeeeeeeeeeeeeeeeeeeeeeeeeeeeeeeeeeeeeeee
eeeeeeeeeeeeeeeeeeeeeeeeeeeeeeeeeeeeeeeeeeeeeeeeeeeeeeeeeeeeeeetttttttttttttttttttttttttttttttttttttttttttttttttttttttttttttttttttt
tttttttttttttttttttttttttttttttttttttttttttttttttttttttaaaaaaaaaaaaaaaaaaaaaaaaaaaaaaaaaaaaaaaaaaaaaaaaaaaaaaaaaaaaaaaaaa
aaaaaaaaaaaaaaaaaaaaaaaaaaaaaaaaaaaaaaaaaaaaoooooooooooooooooooooooooooooooooooooooooooooooooooo
oooooooooooooooooooooooooooooooooooooooooooooooooiiiiiiiiiiiiiiiiiiiiiiiiiiiiiiiiiiiiiiiiiiiiiiiiiiiiiiiiiiiiiiiiiiiiiiiiiiiiiiiiiiiiiiiiiiiiiiiiiiiiii
nnnnnnnnnnnnnnnnnnnnnnnnnnnnnnnnnnnnnnnnnnnnnnnnnnnnnnnnnnnnnnnnnnnnnnnnnnnnnnnnnnnnnnn
nnnnnssssssssssssssssssssssssssssssssssssssssssssssssssssssssssssssssssssssssssssssssssssssssshhhhhhhhhhhhhhhhhhhhh
hhhhhhhhhhhhhhhhhhhhhhhhhhhhhhhhhhhhhhhhhhhhhhhhhhhhhhhhhhhhhhhhhhhhhhrrrrrrrrrrrrrrrrrrrrrrrrrrrrrrrrrrrrrrrrrrr
rrrrrrrrrrrrrrrrrrrrrrrrrrrrrrrrrrrrrddddddddddddddddddddddddddddddddddddddddddddddddddddddddlllllllllllllllllllllllllllllllllllllll
lllllllllllllllllllllllllllllccccccccccccccccccccccccccccccccccccccccccccuuuuuuuuuuuuuuuuuuuuuuuuuuuuuuummmmmmmmmmmm
mmmmmmmmmmmmmmmmmmmmmmmmmmmmwwwwwwwwwwwwwwwwwwwwwwwwwwwwwwwwwwwwwwwwwwww
fffffffffffffffffffffffffffffffffffffggggggggggggggggggggggggggggggggggyyyyyyyyyyyyyyyyyyyyyyyyyyyyypppppppppppppppppp

ppbbbbbbbbbbbbbbbbvvvvvvvvvvkkkkkkkjjxxqz

このリストに基づいて先ほどと同じようにイエス・ノーの方法を使うと、頻繁に現れる文字ほど、それを送信するのに必要なビットの個数は少なくなる。たとえばｅという文字を送信するには、「ＩＩ」というたった三ビットで済む。

最初の１によって、統計的に正確なアルファベットのリストは前半の六七五文字に切り詰められ、ｅ、ｔ、ａ、ｏ、ｉ、ｎだけが残る。

二つめの１によって選択肢は最初の三三七文字にまで切り詰められ、そこにはｅ、ｔ、ａの三種類の文字しか含まれない。

三つめの１によってアルファベットは最初の一六八文字に切り詰められ、ｅだけが残る。

したがって「ＩＩ」はｅに対応する。

この統計的知識を使えば、"help"というメッセージを先ほどよりも短く送信できる。ｈは六パーセントの頻度で英語の文章内に現れ、稀でもないしありふれてもいないので、送信するのにやはり五ビットが必要だ。ｅは先ほど調べたように「ＩＩ」というわずか三ビットで送信できる。ｌもｈと同じく五ビット必要。ｐは比較的稀な文字で、一・九パーセントの頻度でしか現れないので、送信するのに六ビット必要だ。したがって、"help"を送信するのに必要なビットの個数の合計は、５＋３＋５＋６で一九ビットとなる。

文字の頻度の統計値を考慮することで、"help"というメッセージを一ビット短くできた。稀な文字を送信するのに必要なビットの個数は最初の方式よりも増えてしまうが、頻繁に現れる文字に必要なビットの個数が少なくなるので、全体では必要なビット数が減る。"heat"という単語では、頻繁に現れる文字が三つ（e、a、t）あるので、たった一六ビットで済む。長いメッセージにこの方法を当てはめると、アリスとボブが使うビットの個数は、すべての文字が同じ頻度で現れると仮定した場合に比べて約一〇パーセント少なくなる。

シャノンが指摘したとおり、英語の文章に見られる統計的なパターンは、一文字の出現頻度だけに限らない。たとえば th, he, in, er など多くの文字のペアは、ほかのペアよりも頻繁に現れる。gx といったペアはけっして使われない。一つの文字で次の文字が決まってしまう場合もあり、q の次は必ず u である。このようなパターンをすべて考慮すると、英語のメッセージを送信するのに必要なビットの平均個数を、一文字あたり約一・六ビットにまで減らせる（ビットの個数が小数だなんて変だと思われるかもしれないが、〇・六ビットといっても、イエス・ノーが〇・六回とか、1または0が〇・六個という意味ではない。これは、たとえば一〇〇文字のメッセージを送信するのに平均で一六〇ビット必要であるという意味だ）。

シャノンは論文の中で、英語の文章を例として挙げて自分のアイデアを説明している。しかしこの原理はもっと幅広く当てはまる。そこで鍵となるのは、情報の中に何らかのパターンを数多く特定すればするほど、それを符号化するのに必要なビット数は減っていくことである。

たとえば画像の場合にはどうすればいいか、それは比較的簡単に分かる。直感的に考えて、縞模様のように繰り返しのパターンからなる画像よりも、ランダムな色の点が並んでいる画像の方が、必要となるビット（イエス・ノーの質問）の個数は多くなると考えてかまわないだろう。ランダムな画像の場合には、一個一個の点の色と明るさを指定していかなければならない。しかし繰り返しのパターンの場合には、二つの色と繰り返しの周期を指定すれば済んでしまう。

現実世界の画像がランダムな点や縞模様だけでできていることはめったにないが、何らかのパターンは確かに持っている。そのようなパターンを利用すれば、動画や画像の保存や送信に必要なビットの個数を減らせるのだ。

この方法は話し言葉にも通用する。音素の中には、必ず連続して発音されるものもあれば、絶対に連続しないものもある。そのような統計的パターンを特定すれば、話し言葉を伝えるのに必要なビットの個数を減らせる。

統計的パターンと、情報を送信するのに必要なビット数とのあいだに見られるこの関係性の中に、熱力学とのつながりが潜んでいる。その理由は、シャノンが使った数式を見ると分かる。

シャノンが導き出した、情報の符号化に必要な平均ビット数の公式は、ルートヴィヒ・ボルツマンとジョサイア・ウィラード・ギブズが導いた、熱力学におけるエントロピーの公式とそっくりなのだ。

シャノンによる情報のサイズの公式は次のとおり。

$$H = -\sum_i p_i \log_b p_i$$

そしてボルツマンによるエントロピーの公式は次のとおり。

$$S = -k_B \sum_i p_i \log p_i$$

そっくりに見えるだけでなく、実はまったく同じなのだ。

シャノンはこの公式を導き出してからまもなくして、当時世界最高の数学者と目されていたジョン・フォン・ノイマンにその類似性を指摘した。するとフォン・ノイマンは驚きをあらわにし、どちらも本当のところは分かっていない概念なのだから、情報を送るのに必要なビット数のことも「情報エントロピー」と呼んだらどうかと提案した[*29]。

このように両者が似ているのは、シャノンが英語の文章などのコミュニケーションシステムを、ボルツマンによる気体の考え方とほぼ同じようにとらえたことに由来する。

キッチンの中の空気の例を思い出してほしい。熱が一か所、たとえばオーブンの庫内に集中していたら、その場所の分子はほかの場所の分子よりも平均して多くのエネルギーを持っている。しかし、そのようなエネルギー分布にする方法の個数は、部屋全体にエネルギーを拡散させる方法の個数よりもはるかに少ない。そのため、オーブンの扉を開けておくと時間とともに熱は拡散していく。

シャノンの論法もそれに似ている。

専門用語を除いて英語で一番長い単語は antidisestablishmentarianism（国教廃止条例反対論）で、二八文字からできている。

そこで、一文字から二八文字までのすべての無意味な文字列の個数を面積とする、大きな円を思い浮かべてほしい。この円は、熱が拡散するキッチンに相当する。

その円の隣には、英語の実際の単語の個数を面積とする、もっとずっと小さい円がある。その円はオーブンの庫内に相当する。

英語の文章を正確に送るには、送り手も受け手もこの小さい円の中に留まっていなければならない。混信やノイズがあると、ランダムな文字列からなる大きい円の方にさまよい出てしまう。その様子は、オーブンから熱が拡散して、可能性の低いエネルギー分布から可能性の高いエネルギー分布へ移行するのに似ている。

メッセージを劣化から守るには、熱の拡散を防ぐ場合と同じように労力を要する。熱の場合には断熱材を使うが、メッセージの場合にもそれに相当する手法が必要で、シャノンはそれを冗長性と名付けた。冗長性とは、それ自体には意味がなく、メッセージの意味をノイズによる劣化から守る役割を持った文字や単語のことである。

シャノンの使った次のような例を考えてみよう。

MST PPL HV LTL DFCLTY RDNG THS SNTNC（"Most people have little difficulty reading this sentence"（たいていの人ならこの文を難なく読める））[*30]

これは「正しい」綴りよりも二〇文字短いが、意味は変わらない。シャノンの概算によれば、文章中の文字の五〇パーセントをランダムに削除しても、約七〇パーセントの文章で意味を復活させられる。

話し言葉にも冗長性が多数含まれている。the や a という冠詞はたびたび省略されるし、文脈上必要のない単語もたくさんある。"The storm did much…"（嵐によって大変な……）と聞こえたら、次の単語は damage（被害）だと推測できるはずだ。恋人が言いかけた言葉が先回りして分かってしまうのは、文脈を知っているからだ。しかし初対面の人に話すときには、共通した文脈がないので、もっと長く話さなければならない。面白いことに人間の言語は、メッセージの一部がさまざまな形で失われてしまうことを踏まえ、冗長性を持って話されたり書かれたりするように進化したらしい。騒々しい市場の中で話したり、子供や外国人に話したりすると、容易にメッセージの一部が失われてしまう。そこで間や繰り返しを挟んで、文章の意味が失われないようにするのだ。

誰しもそれを直感的に意識している。屋外の気温に合わせて上着を着たり脱いだりするのと同じように、メッセージの冗長性も、邪魔物の程度に応じて増やしたり減らしたりするのだ。テキストメッセージの場合は、一文字も失われずに送信されるし、相手も文脈が分かっていると考えて間違いない。ノイズのない通信チャンネルなので、たとえば“c u ltr at pb”（“see you later at pub”（のちほどパブで会おう））というように冗長な文字を省いてしまう。

それに対し、音質の悪い電話回線を通じて話をするときには、冗長性を付け足す。“MY...NAME...IS...PAUL. That's P for Papa, A for Apple, U for Umbrella, L for Lima”（私の……名前は……ポール。パパのP、アップルのA、アンブレラのU、リマのL）というように。

文章に冗長性を付け加えることで、伝えたいメッセージがノイズで劣化してしまうことを防げる。高温の場所から低温の場所に熱が流れる際に、その一部が失われて仕事になるのと同じように、メッセージが伝わる際にも、いくつかの単語や文字が失われたり変化したりするのは避けられないのだ。

データネットワークを構築できるようになったのは、このような形で情報エントロピーと冗長性が理解されたおかげだ。YouTubeやNetflixなど、巨大な動画ファイルを保存して配信するサービスを例に挙げてみよう。これらの企業は、動画ファイルのビット数を、シャノンの情報エントロピーにできる限り近いところまで切り詰めている。その作業を圧縮という。圧縮しないと、ファイルが大きすぎてネットワークで送信できない。一方、ネットワークプロバイダーは、圧縮されたファイルにデジタルな冗長性を追加することで、ノイズからファイルを守っている。追加されるそれらのビットは、音質の悪い電話回線で一文字ずつスペルを言っていくという方法を、電子的に高度にしたものといえる。

情報が失われるのは、長い距離を伝わるときだけではない。時間経過によっても、意味のある情報は劣化する。人類は太古からそのことを理解していた。インクは褪（あ）せるし、紙は黄ばんだり破れたりするし、粘土板や石に刻んだ文字は風化する。それに対処するために不変色インクや丈夫な羊皮紙が使われてきたが、それでも図書館が焼け落ちたら失われてしまう。そこで、重要とみなされる文章には、コピーを複数作ることで冗長性を追加する（ときにはいくつもの言語で）。ロゼッタストーンを作った人は、同じメッセージを三つの言語で刻むことで冗長性を付け加え、この方法が二〇〇〇年におよぶ劣化に打ち勝つことを証明した。書き言葉そのものも、時間経過による情報の喪失を防ぐための一種の冗長性といえる。話し言葉に意味を追加するのではなく、最初にそのメッセージを思い浮かべた人の脳みそが灰になってからもずっと、その文章の意味を守るためのものなのだ。

科学者のロルフ・ランダウアーはこの考え方を、「情報は物理的である」という言葉で表現した。[*31] どんな形の情報でも、それを表現するには、この物理宇宙に何らかの変化を引き起こさなければならない。書き言葉の場合には、何らかの物理的媒体に印を残す必要がある。話し言葉の場合も、声帯を動かすことで空気の分子を振動させなければならない。思考も、脳内のニューロンに電気的な変化を起こす必要がある。その意味で、情報エントロピーは熱力学的エントロピーの制約を受けている。物理系が劣化すると、そこに保存されていた情報も劣化するのだ。砂浜に自分の名前を書いたとしよう。その行為によって砂粒は、起こる可能性の低い低エントロピーの配置になって、意味のあるパターンを示す。そこに波がやって来ると、砂粒がかき回されて、起こる可能性がもっと大きい高エントロピーの配置に変わり、意味は失われてしまう。

情報を記録するためにどんな方法を選んだとしても、砂の上に書いた名前が波で消されてしまうのと同じように、エントロピーが容赦なく増加するにつれて情報は確実に消えていく。ウィリアム・トムソンが予測した宇宙の熱的死には、思考や単語や記憶も含まれる。最終的にあらゆるものが同じ温度になって、すべて忘れ去られてしまうのだ。

一九四八年七月にシャノンが論文を発表した時点では、その考え方がどれほど幅広く当てはまるか誰一人予期していなかった。また、熱力学的エントロピーと情報エントロピーが似ているのは単なる偶然にすぎないのか、それとも同じ現象の表と裏なのかと思案する人もいなかった。

そんな状況を変えたのは、ベル研究所でのもう一つの発見である。[*32] シャノンの論文が掲載されるわずか数日前の一九四八年六月三〇日、同じベル研究所で「固体物理学」を専門とする部門が、ニューヨークで記者発表をおこなった。トウモロコシの粒ほどの大きさで電線が三本突き出した、奇妙な素子をお披露目したのだ。そのちっぽけな素子の形状が記者にもはっきりと分かるよう、人の背丈サイズの模型も並べられた。

ベル研究所によるその最新の発明品とは、トランジスターのことである。歴史上もっとも重要なその技術発表会では三通りの用途が実演されたが、なんとも皮肉なことに、そのうちのどれ一つとして、トランジスターのもっとも有用な特徴を活かしたものではなかった。記者発表では、真空管よりも小型で信頼性の高い代替品、つまりアナログ信号を増幅する素子として披露されたのだ。ベル研究所の技術者たちはその能力を見せつけるために、記者たちにヘッドホンを掛けてもらって、トランジスターで増幅した音声、トランジスターで受信したラジオ放送、トランジスターで発生させた口笛のような音を聞かせた。その場ではほとんど触れられなかったが、トランジスターは低電力の小型オン・オフスイッチとしても動作する。つまり、イエス・ノーの質問に答えてビットの威力を発揮させるのにぴったりの代物だったのだ。

この事実に気づいた技術者たちは、トランジスターを小さくすることに精力を注ぎ込み、小型化と集積化を急速に進めていった。現代のマイクロチップでは、初期のトランジスター一個分のサイズの中に最大二〇〇億個のトランジスターが詰め込まれていて、一個一個のトランジスターの大きさは一〇〇万分の一ミリメートルほどになっている。発明以来、二〇一四年までに製造されたトランジスターは、およそ3×10^{21}個（3の後に0が21個続く）に上るという推計もある。比較として、天の川銀河に存在する恒星の数はたったの二〇〇〇億個（2の後に0が11個続く）である。これらのトランジスター一つ一つがイエス・ノーの質問に一秒間で何億回も何兆回も答えてくれるおかげで、我々は互いに情報を伝えたり、罵ったり、楽しませたり、コミュニケーションを取ったりと、情報を使ったあらゆることができるのだ。

現代の世界では、情報の熱力学的コストはシリコンの電気的性質によって決まっている。典型的なトランジスター一個がイエス・ノーの質問に答えてオン・オフを切り替えるたびに、およそ一〇〇〇億分の一ジュールの熱が周囲に放出される。*33 ごくわずかな量だが、一個のチップの中では一〇〇〇万個のトランジスターが毎秒一〇億回オン・オフを切り替えている。そのため、表面積一平方センチメートルのチップからは、少なくとも毎秒数十ジュール（数十ワット）の熱が放出されることになる。冷却せずに放っておくと、チップの表面はホットプレートよりも熱くなってしまう。*34 さらに、トランジスターの小型化が一九六〇年代以降と同じスピードで今後二、三〇年続いたら、はたしてどうなるだろうか？　そのようなトランジスターを詰め込んだチップの表面一平方センチメートルあたり、一〇〇〇キロワットもの熱が出ることになるのだ。これは、ロケットの噴出口から発せられる熱と同程度で、太陽表面から発せられる熱（六〇〇〇キロワット）の数分の一にも匹敵する。*35

当然そんなことにはなりようがない。コンピュータシステムからそんなに大量の熱を安全に取り除く冷却システムなんて作れない。これほどの高密度でトランジスターを並べたチップは、スイッチを入れた瞬間に融けてしまうだろう。従来型のシリコントランジスターは、熱の法則のせいでまもなく限界に達してしまうのだ。そこで当然ながら、ビットを処理する際に発生する熱を抑えるための研究開発が盛んに進められている。

我々人類は、情報を処理する際に大量の熱を発生させている。しかしこの事実を後ろ向きにとらえるべきではない。その逆だ。何よりも我々は、ビットを処理することで、デジタル以前の時代よりもはるかに効率的にさまざまな作業をこなすことができる。電子書籍を考えてみよう。紙に印刷してトラックや船や飛行機で運搬するよりも、インターネット上でビットとして配信した方が、消費されるエネルギーも、拡散する熱も、発生する二酸化炭素もはるかに少なくて済む。クライメットグループというシンクタンクの推計によると、二〇二〇年、世界中のデジタル分野では年間一四億三〇〇〇万トンほどの二酸化炭素が発生するが、一方で、それ以外の分野で発生する二酸化炭素が年間八〇億トン近く削減され、差し引きで二酸化炭素の排出量は年間六〇億トン以上減少するという[*36]。

そのため我々は、ますます多くの活動を物理世界からデジタル世界へ移行させると同時に、デジタルマシンをできるだけ効率化することを迫られている。しかし熱機関のときと同じように、そこには熱力学的な限界が存在するのだろうか？　情報を処理すると熱が発生するというのは、必然なのだろうか？　熱というコストを掛けずに、つまり時間の終わりを早めることなしに情報を処理できる、さらには思考できるマシンを作ることは、はたして可能なのだろうか？

科学者たちはその答えを導くために、何章も前に登場した科学者ジェイムズ・クラーク・マクスウェルが一八六〇年代に初めて思いついた、ある思考実験に再び考えをめぐらせざるをえなかった。

そしてその中で、悪魔を召喚しなければならなかった。

第17章　悪魔　マクスウェルとシラードの思考実験

マクスウェルの言う知的な「悪魔」の一団があれば、拡散のプロセスを完璧に食い止められるはずだ。

――ウィリアム・トムソン[1]

以前に紹介したときのジェイムズ・クラーク・マクスウェルは、一八六〇年代後半にロンドンの屋根裏部屋で妻のキャサリンとともに、気体分子の振る舞いの統計学的モデルを検証するための実験をおこなっていた。それから何年間か、マクスウェルの科学的関心は電気と磁気へと移り、それらの挙動を正確に記述する電磁気方程式という最高傑作を生み出した。その一連の方程式は電波の発見につながり、またアインシュタインの相対論への道を拓いた。だがマクスウェルは熱力学にも強い関心を持ちつづけた。一八六七年、友人の物理学者ピーター・ガスリー・テイトが熱力学の歴史を本にまとめようとして[2]、手紙でマクスウェルに知識の提供と助力を求めたくらいだった。

イギリス人であるテイトには、半ば愛国主義的なもくろみがあった。以前、学術誌『北ブリテン評論』（*North British Review*）上で、『熱の力学的理論の歴史的概略』（*Historical Sketch of the Dynamical Theory of Heat*）

というタイトルの熱力学の略史を発表した。すると、ルドルフ・クラウジウスが当然のごとく噛みついてきた。テイトは熱力学のブレークスルーの多くをウィリアム・トムソンやジェイムズ・ジュールなどイギリスの科学者の功績とし、ヨーロッパ大陸の科学者はほとんど取り上げていなかったのだ。そこでテイトは友人であるマクスウェルに、「クラウジウスたちがしゃしゃり出てきてズタズタに切り刻んでしまった」[*3]と言って、加勢を求めたのだった。

だがマクスウェルは、この争いに関わることを丁重に断り、「誰が発見者なのかなんていっさい断言できない」と返事した。[*4]それでも、科学的内容を解説して、現状の熱力学理論が抱える欠陥を指摘する節を書くことには同意した。それを書くためにマクスウェルは、科学史上の伝説となっているある思考実験を思いつく。[*5]それはエネルギーとエントロピーと情報のつながりを初めて考察したもので、一〇〇年を優に超えて続く実り多い科学的議論を生み出した。その思考実験はいまでは「マクスウェルの悪魔」と呼ばれている。

マクスウェルはテイトへの手紙の中で、この思考実験の狙いを、「熱力学の第二法則、つまり、二つの物体を接触させたときに、外部からの作用なしに熱い方の物体が冷たい方の物体から熱を奪うことはできないという法則に、抜け穴を見つけることである」と述べている。ウィリアム・トムソンやルドルフ・クラウジウスらの取り組みによって発見されたこの法則は、すでに一八六〇年代には普遍的に正しいとみなされていた。また、熱がひとりでに冷たい物体から熱い物体に流れることはないという、人々の直感や経験とも合致していた。カップに入ったぬるい紅茶が冷たいテーブルから自力で熱を奪って熱くなるなんて、けっしてありえないのだ。

否定しようのないこの観察結果に、マクスウェルは思考実験で異議を唱えようとした。通常とは違うある条件のもとでは、たとえ別の場所で逆方向の流れによって相殺させなくても、熱が冷たい方から熱い方へと「間違った方向」に流れるかもしれないことを示そうとしたのだ。そして奇妙なことに、情報というものを使えばそれを実現できるように思えた。

マクスウェルいわく、気体を詰めて密閉した箱を思い浮かべてほしい。その箱は、気体分子を通さない薄い隔壁で二つに仕切られている。隔壁の一方の側の気体はもう一方の側の気体よりも温度が高く、分子レベルで見ると、高温側を運動している分子は低温側を運動している分子よりも平均スピードが速い。しかしマクスウェルが示したとおり、それはあくまでも平均でしかない。高温側の分子の中には、低温側の平均スピードよりも遅く運動しているものもある。同様に、低温側の分子の中には、高温側の平均スピードよりも速く運動している分子もあるだろう。

ここでマクスウェルは、冗談めいた驚きの発想を膨らませる。「ある小さな生き物を思い浮かべてほしい。その生き物は、見ただけですべての分子の経路と速度を知ることができるが、こなせる仕事は、隔壁に開いている穴に取り付けられた質量ゼロの引き戸を開閉することだけである[*6]」

その「小さな生き物」は、箱を二つに仕切る隔壁に取り付けられた引き戸を開けたり閉めたりできる。「質量ゼロ」というのが重要で、引き戸を開閉するのにエネルギーはいっさい必要ない。そのためこの生き物は、エネルギーを使わずに引き戸を開け閉めできる。ここで必要なのは、隔壁の両側にある分子一個一個に関する「情報」を得る能力だ。この生き物は、それぞれの分子がどんなスピードで運動しているかを観察する。とくに、隔壁の引き戸にたまたま近づいてくる分子に注意を払う。そして、高温側の中でも異常にゆっくりで、低温側の平均スピードよりも遅いスピードで運動している分子に注目する。そのような分子が近づいてきたら、この生き物は引き戸を開ける。その結果、スピードの遅い分子が高温側から低温側に出ていく。
　同様にこの生き物は、低温側の中で、高温側の分子の平均スピードよりも速く運動している分子を探す。そのような分子が近づいてきたら引き戸を開け、スピードの速い分子が低温側から高温側に出ていく。
　そうしてしばらくすると、とんでもないことが起こると、マクスウェルは結論づけた。速い分子が高温側に、遅い分子が低温側にどんどん集まっていく。つまり、低温側がさらに冷たく、高温側がさらに熱くなっていくのだ。熱力学の第二法則によると、仕事をせずに熱が低温側から高温側に流れることはけっしてありえない。ところがこの例では、「いっさい仕事はしておらず、鋭い観察眼と器用な手を持った生き物の知性を利用しているにすぎない」とマクスウェルは指摘している。[*7]
　ただし、この小さな生き物がエネルギーを使わずにどうやって引き戸を動かすのかも、「質量ゼロ」の引き戸をどうやって作るのかも、いっさい触れていない。この思考実験は現実的でない想像上のものであって、マクスウェルがそれを思いついたのは第二法則の有効性を示すためだった。同じテイトへの手紙の中でマクスウェルは、一個一個の分子の運動を測定して利用すれば、確かに第二法則を逆転させられると論じている。しかし実際にそのような測定をおこなうのは不可能だ。「そこまで賢くない我々にはできないことだ」とマクスウェルは述べている。[*8]
　テイトへの手紙の中でこの思考実験を提案した四年後の一八七一年、マクスウェルは『熱の理論』（*Theory of Heat*）というタイトルの教科書の中でそれを再び取り上げた。それにウィリアム・トムソンがすぐさま目を付けたらしく、一八七四年に自らの考えを示した論文の中で、マクスウェルのこの「小さな生き物」を「悪魔」と呼んだ。[*9] そしてこの呼び名が定着した。トムソンもマクスウェルと同じく、このような悪魔は確かにばかげた存在であると念を押した上で、悪魔なんていない現実世界では熱は必ず高温側から低温側に流れ、その逆方向には流れないと言い切った。第二法則は守られるのだ。

それから六〇年間、マクスウェルの悪魔は人目につかないところで生きつづけた。そして一九二九年に甦り、情報とエネルギーとエントロピーとのつながりをにおわせて我々をじらすこととなる。このときその悪魔を復活させたのは、第15章で登場した科学者レオ・シラードである。

一九二九年、シラードはベルリンでアインシュタインとともに安全な冷蔵庫の設計に取り組む傍ら、博士論文の中で熱力学の統計学的基礎について考察していた。[*10] そのおかげで、熱力学を理論面と実用面の両方から深く理解していた。そんなとき、マクスウェルの悪魔に惹きつけられる。だが、マクスウェルとトムソンがその悪魔を、熱力学の第二法則の有効性を検証する方法としてとらえていたのに対し、シラードはそれを、情報の物理に関する知見を与えてくれるものと考えた。

マクスウェルが悪魔に課した任務を、シラードはもっと単純なものに置き換えた。マクスウェルによるもともとの思考実験では、悪魔は熱力学の第二法則を覆すために、多数の分子のスピードを数え切れないほど測定しなければならなかった。しかしシラードは、『知的存在の干渉による熱力学系のエントロピーの減少について』(*Über die Entropieverminderung in einem thermodynamischen System bei Eingriffen intelligenter Wesen*)[*11] という的を射たタイトルの論文の中で、この悪魔はそのような途方もない任務をこなさなくてもいたずらを仕掛けられると論じた。

シラードもマクスウェルと同じく、隔壁のある箱を思い浮かべた。しかしその箱の中には、運動する分子が一個しか入っていない。最初、その分子は箱全体の中で自由に運動し、ときどき壁に衝突してはね返っている。そのため、マクスウェルの悪魔が何兆個もの分子を観察しなければならなかったのと違って、シラードの悪魔はたった一個の分子を観察していればいい。シラードは悪魔の任務をさらに単純化した。

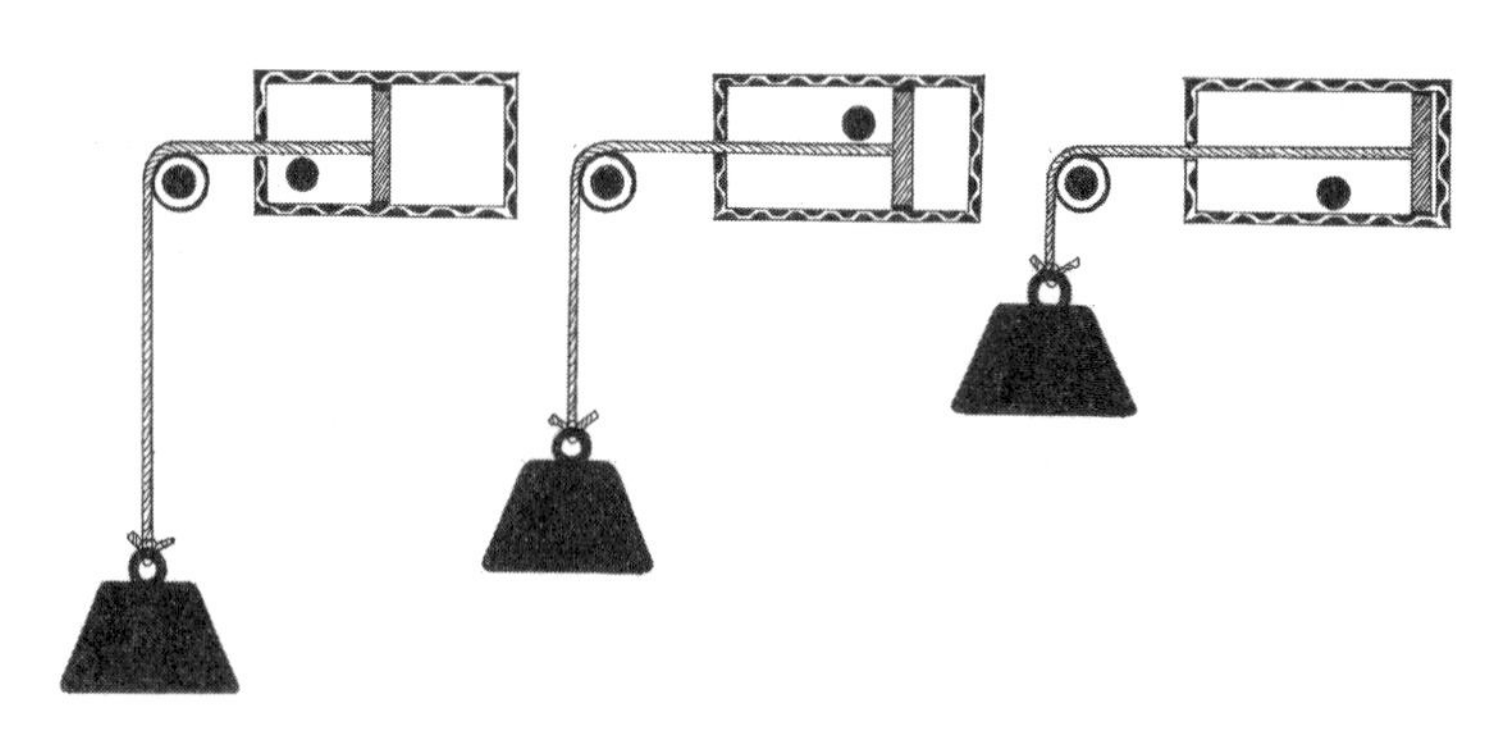

1個の分子によって駆動する熱機関

ある瞬間にその分子が箱の左右どちら側にあるかだけを観察すればいいのだ。たとえば分子が左側に来たら、シラードの悪魔は箱を二つに仕切る隔壁を下ろし、分子を箱の左半分に閉じ込めてしまう。

その隔壁は可動式で、エンジンのシリンダー内で動くピストンと同じように、箱の中で左右にスライドする。

分子が箱のどちら側にあるかが分かったら、悪魔は行動に出る。左側にあったら、可動式の隔壁の左側面に、滑車を介して錘をつなぐ。分子は飛び交ううちに、ときどき隔壁に衝突する。それによって隔壁が右に押されて動き、錘が持ち上がる。

この仕掛けで注目すべきは、分子が箱の左側にあるという単純な情報を得るだけで、シラードの悪魔は錘を持ち上げることができて、仕事ができるという点だ。このプロセスは際限なく繰り返すことができる。左か右かという一ビットの情報があるだけで、いわば無から有を生み出せるのだ。いま、わざと「ビット」という言葉を使った。左か右かというのは、1か0かと同じく二者択一だ。シラードの悪魔はこの一ビットの情報だけで、分子のランダムな運動を有用な仕事に変換できるように思える。しかしそれだと、熱を高温の場所から低温の場所に流さなくても有用な仕事ができることになって、熱力学の第二法則と矛盾してしまう。シラードの悪魔さえいれば、全体で温度が均一であっても、気体から出力を得られる。それどころか、そのようなシラードの悪魔をたくさん解き放てば、我々が必要とするすべての電力を大気から作れてしまうのだ！「熱力学系に知的存在を干渉させるだけで、永久機関を作れてしまうように思われる」とシラードは書いている。[*12]

この結論はいったい何を意味しているのだろうか？　前の章で述べたように、情報を処理するとエントロピーが増える。ではシラードはこの思考実験によって、逆に情報を使えば、熱力学の第二法則を克服して、均一な温度の空気を有用な仕事に変換できることを示したのだろうか？　その「ただで手に入った」仕事を使えば、熱を低温の場所から高温の場所へと逆向きに流せるのだから、このような仕掛けは宇宙のエントロピーを減少させることになるのだろうか？

シラードは以下の理由から、そのようなことは起こりえないと言い切っている。悪魔が分子の位置を特定するために測定をおこなえば、必ずエントロピーが増加する。そしてその増加分によって、ピストンが仕事をすることによるエントロピーの減少分は相殺されてしまうのだ。

どこか循環論法めいているし、悪魔がどのようにしてエントロピーを増加させるかをシラードははっきりとは示していない。[*13]それでもこの論文は、情報を処理すると必ず熱が拡散し、もしそうでなければ熱力学の法則に反する永久機関を作れてしまうことを、史上初めて主張したものである。しかも驚くことに、この論文が書かれた一九二九年は、国際通信網にビットが使われて、情報の伝達と保存にとってビットが重要であることが認識される、その何十年も前だったのだ。

それから三〇年ほど、シラードやマクスウェルの悪魔は物陰に潜んでいた。科学者のあいだでも、興味深い難問ではあるが現実とはほとんど関係ないとみなされていた。だがその間にも、シラードの論証に従う悪魔を取り上げた科学論文が何本か書かれた。[*14]悪魔が分子の位置を測定するにはどのような道具を使えばいいかを考察し、シラードと同じく、そのような仕掛けで拡散する熱によって、ピストンが錘を持ち上げることによるエントロピーの減少分が相殺されてしまうという結論に達している。
だが一九五〇年代以降、世界中のビットとトランジスターの数が急増して、コンピュータがかなりの量の熱を発生させるようになると、マクスウェルとシラードの悪魔は単なる学問的な興味の対象の域を超えて、技術的・商業的な重要性を帯びるようになった。情報には熱力学的なコストが伴うのかという疑問の解決に新たに迫られるようになり、大手コンピュータメーカーIBMの研究部門も再び悪魔を取り上げることとなる。一〇〇年以上前にサディ・カルノーは、蒸気機関を正しく理解するには工学的な実用面の先を見通して、その根本原理に目を向けなければならないと気づいた。それと同じようにIBMの科学者も、情報という概念を正しく理解するには、情報を処理する装置を理想化して、カルノーと同じような形でとらえなければならないと気づいたのだった。
この分野に携わったIBMの二人の研究者、ロルフ・ランダウアーとチャールズ・ベネットは、自分たちの研究について次のように述べている。「我々は、手法によらずあらゆる情報処理を司る一般的な法則を探している。現在使われているような技術でなく、根本的な物理法則のみによって規定される限界を見出さなければならない」[15]
この二人のうちで年上のロルフ・ランダウアーは、一九二七年二月四日にドイツのシュトゥットガルトでユダヤ人の家に生まれた。[16]父カールは建築家兼建設業者として成功したが、第一次世界大戦でドイツ軍兵士として戦って負傷し、一九三四年に世を去った。ナチスのブームはすぐに終わると信じていたカールは、妻アンナに宛てた最後の手紙で、息子たちを良きドイツ人として育ててくれと託した。しかし第三帝国の正体を見抜いたアンナは、一九三八年初めに一家でニューヨークに移住した。ロルフは新たな国で学問に秀で、一九四五年にハーヴァード大学を卒業した。そしてアメリカ海軍に入隊し、電子技師の助手として研鑽(けんさん)を積んだ。その実地経験がのちの研究に大いに役立ったのだという。

ランダウアーは学歴こそ非の打ち所がなかったものの、一九五〇年代前半、アメリカの多くの大学や研究所はユダヤ人を雇いたがらなかった。そこでランダウアーは旧友の勧めで、一九五二年、ニューヨーク州ポキプシーのピクルス製造工場跡地に建てられたばかりのIBMの研究所に就職した。かつてのAT&Tの経営陣と同じく、IBMの社長トーマス・J・ワトソン・シニアも、研究者たちに経営上のプレッシャーを掛けず、自らの科学的興味を追究するよう促した。それに加えて、コロンビア大学などいくつかの大学の科学者とも密接な関係を築いた。

ランダウアーがIBMにやって来たのは、真空管がトランジスターに置き換えられつつある、コンピュータの歴史の中でも重要な時期だった。コンピュータは詰まるところ、オン・オフスイッチを大量に並べたものにほかならない。初期のコンピュータでは真空管がスイッチの役割を担っていたが、大量の電力を必要とする割に信頼性が低く、大きさも電球くらいあった。アメリカ陸軍が砲弾の到達距離を計算するために開発資金を提供した初期のコンピュータ、ENIACは、専有面積約一七〇平方メートル、重量二七トン、消費電力一七四キロワットだった。[*17] また大量の熱も発し、オーバーヒートを防ぐために二〇馬力のファン二台で冷風を送っていた。

ベル研究所で一九四八年に発明されたトランジスターもスイッチとして動作するが、大きさは豆粒ほどしかなかった。消費電力や発熱量も真空管よりはるかに少なかった。そのため、IBMが一九五八年に世に出した初のトランジスターコンピュータは、真空管を使った従来のコンピュータに比べて明らかに有用だった。[*18] 高速で強力でありながら重量は半分、コンピュータ本体と冷却ユニットの消費電力は六〇パーセント以上も下がったのだ。[19] この分野の技術者や科学者は、小型化にこそ未来があると悟った。トランジスターが小さくなればなるほど、同じスペースにたくさんのトランジスターを詰め込むことができて、計算能力も上がるはずだ。

優れた先見の明を持つランダウアーは、電子部品の小型化が進めば最終的に何が起こるかを考察しはじめた。一九六一年の論文には次のように記されている。「より高速でより小型の計算回路を追求していくと、そのまま次のような疑問につながる。その方向での進歩にはどのような究極の物理的限界があるのだろうか?」[20]

一九七二年、二九歳のチャールズ・ベネットがＩＢＭ研究所でランダウアーと手を組んだ。[21] ベネットは化学を学んだのちに、コンピュータシミュレーションによって分子の挙動を明らかにする研究でハーヴァード大学から博士号を授与されていた。そんなベネットとランダウアーが、一ビットにかかる究極の熱力学的コストを導いたのだ。

それを理解するために、箱の中での一個の分子の位置情報を使って仕事を生み出す、レオ・シラードの悪魔を再び思い浮かべてほしい。[22] その悪魔が測定に使う道具は完璧な作りで、いっさい熱を放出しないとする。そんな仮定を置いたら論証が無意味になってしまうじゃないかと思われるかもしれないが、サディ・カルノーが摩擦のない蒸気機関を仮定したのと何ら違いはない。

初めに、分子が箱の左側にあったらどうなるか考えてみよう。悪魔はそれを一ビットの情報として受け止め、ピストンに錘をつなぐ。すると、先ほどと同じく分子がピストンに衝突して、錘が持ち上がる。

では、隔壁がそのまま押されていって、シリンダーの右端まで来てしまったら、はたしてどうなるだろうか?　悪魔が分子から仕事を引き出しつづけるにはどうすればいいだろうか?

そのためには同じプロセスを繰り返すしかない。隔壁を改めてシリンダーの中央に差し込み、分子の位置を観測して二つめのビットの情報を得るのだ。そして先ほどと同じように、隔壁に錘をつないで分子に押してもらう。

だがここに一つ問題が潜んでいる。最初のビットはどうするのか？　新しいビットを保存するために消去しなければならないのだ。では、悪魔が巨大なデータ保存装置を持っていたら？　それでもいつかはいっぱいになってしまうので、さらに仕事を引き出しつづけるには、それまでに獲得したビットを消去していかなければならない。

ここに、「一ビットにかかる熱力学的最小コストはどれだけか」という難題の答えが隠れている。ランダウアーとベネットは、悪魔が仕事を続けるためにはどこかの時点でビットを消去しなければならないと指摘した。新たなビットを保存するために、以前の測定結果を忘れるしかないのだ。その忘れるという行為によって熱が拡散し、その量は、ピストンを動かすことでなされる仕事とちょうど相殺する大きさなのだ。

サディ・カルノーが蒸気機関をどのようにとらえたのか、改めて考えてみよう。錘を持ち上げるといった有用な発動力を蒸気機関で発生させるには、炉などの高温の熱源から空気などの低温の「シンク」へ熱を流さなければならない。そのシンクの特徴として重要なのは、どんなに大量の熱を吸収してもほとんど温かくならないことである。実際の熱機関が大気中に熱を捨てても大気はすぐには温まらないのだから、これは現実的な仮定だ。しかしここで、シンクが熱を吸収できる容量に限界があるとしたら、いったいどうなるだろうか？　炉から熱が流れ込むにつれて、シンクは徐々に温かくなっていくだろう。しばらくすると炉と同じ温度になって、蒸気機関は止まってしまう。炉で燃料を燃やしつづけても、それ以上仕事はできない。

ランダウアーとベネットは、情報の流れもこの熱の流れに似ていることを示した。蒸気機関が仕事をするためには、熱を捨てて拡散させなければならない。それと同じように、悪魔もビットを捨てなければならない。そしてビットを捨てるたびにメモリーからある程度の熱が拡散する。ビットを保存するのにどんな物質や仕掛けを使ったとしても関係ない。

だが、悪魔のメモリーが無限に大きければ、「使用済の」ビットをすべて保存して、いっさい熱を拡散させずに仕事をしつづけられるのではないだろうか？　理屈上は確かにそうだが、現実的にはそういうわけにはいかない。実際のところ、シンクが炉と同じ温度になったら蒸気機関が止まってしまうのと同じように、メモリーが「古い」ビットでいっぱいになったら、悪魔も仕事ができなくなってしまう。再び仕事を始めるには、保存されているビットを消去して、新たな情報がメモリーに「流れ込んでくる」ようにしなければならない。

ランダウアーとベネットによるこの論法にはなんとも驚かされる。ビットの取得と保存の手段にいっさい摩擦がなかったとした場合、一ビットの情報を消去する際にどれだけの量の熱が放出されるかを、この論法で算出できるのだ。前章で触れたように、実際のトランジスターはスイッチをオン・オフするたびに、およそ一〇〇〇億分の一ジュールの熱を放出する。その熱の大部分は、トランジスターの材料であるシリコンの中で粒子が移動することによるものだ。そこで、悪魔のメモリーは完璧なトランジスターでできていて、いっさい熱を放出しないと仮定しよう。それでも一ビットの情報を捨てるたびに、少量の熱が放出される。その量が、一ビットの情報を消去する際に放出される熱の最小量に相当するのだ。

その量は物理法則によって定まる根本的な下限であって、光より速くは進めないという法則と同じくらい基本的だ。いまではその量は「ランダウアーの限界」と呼ばれている。ビット処理技術がどんなに進歩しようが、ビットを消去すると周囲が少しだけ温かくなるのだ。ではどれだけ温かくなるのか？　地表での常温の場合、完璧なメモリーから一ビットの情報を消去すると、一京分の一ジュールのさらに一〇万分の三の量の熱が放出されるのだ。[*23]

二〇一二年以降、世界中のいくつもの物理学実験室でこの限界値が実証されている。いち早く成功したのは、ドイツ・アウクスブルク大学のエリック・ルッツらである。[*24]そうして、前の章で示した次の疑問の答えが手に入った。宇宙のエントロピーを増大させずに思考できる機械を作ることは、原理的に可能だろうか？　その答えはノーだ。ただし一つ抜け道がある。[*25]

興味深い可能性として、データを消去する必要のないコンピュータを作ることができれば、そのコンピュータはエネルギーを拡散させない。無限のメモリーがなくても、一度保存したすべてのデータをいわば思い出すことができればいい。それはちょうど、摩擦やブレーキでいっさいエネルギーが失われず、代わりにバッテリーを充電する自動車のようなものだ。再び加速する際には、充電したそのエネルギーを再利用する。そのエネルギーの変換が完璧であれば、理屈の上では給油せずに永遠に走りつづけられる。それと同じように、いままでのステップをすべて逆転させることができて、過去をけっして忘れないようなコンピュータを思い描くこともできる。しかし自動車の場合と同じく、そのような装置の開発は技術的にとてつもなく困難である。当分のあいだはランダウアーの限界は破られないのだ。

しかしランダウアーの限界の値はとても小さい。実際のトランジスターはその一〇〇億倍の熱を放出する。それでも、一ビットの消去に伴って拡散する熱の理論的最小量が分かったのは、とても重要なことである。物理法則から言って、シリコンを用いた現在の技術よりもはるかに高性能のコンピュータが実現可能であることが明らかとなったからだ。ランダウアーの限界値程度しか熱を拡散させないコンピュータはけっして作れないかもしれないが、原理的には、現在のチップから放出される熱を、数百万分の一とまではいかないものの、数千分の一にまで減らすことはできるのだ。

現在の技術よりもはるかに少ない熱力学的コストでビットを処理できるはずだと信じられるもう一つの理由は、何十億年ものあいだできるだけ効率的に情報を処理してきたあるシステムに、クロード・シャノンの情報量の尺度を当てはめてみれば分かる。そのシステムとは生命のことである。

たとえば、棒状のちっぽけな単細胞生物である大腸菌を取り上げてみよう。長さはおよそ一〇〇〇分の二ミリメートルで、太さはその一〇分の一。人間などほとんどの温血動物の腸の中に何百万個も棲んでいる。近年、大腸菌の内部で起こる化学プロセスの研究によって、大腸菌一個が分裂する際には何ビットの情報を処理しなければならないかが明らかとなった。そして分裂スピードと消費エネルギーの測定から、大腸菌が一ビットの情報を処理する際に消費するエネルギーは、人間が作った情報処理装置に使われるトランジスターの一万分の一であるとはじき出されたのだ。[*26]

我々の腸の中に棲んでいる生物が、我々が作ったもっとも精巧なシリコントランジスターよりもはるかに高い効率で情報を処理できると考えると、何とも惨めな気分になってしまう。しかし、熱と情報に関する知見を組み合わせることで、生物の世界を新たな形で見通せるようになったのはすごいことだ。生命はまるで、熱力学と情報科学の重なった領域に存在しているかのようだ。その新たな領域を理解するには、再びあの人物に登場してもらわなければならない。先ほどベル研究所のカフェテリアでクロード・シャノンとティータイムを楽しんでいた、シャノン本人いわく「偉大な知性、すごく偉大な知性」の持ち主である。

第18章　生命の数学　チューリングと自然界の形

発生中の胚の数学モデルを提示する。

――アラン・チューリング[*1]

一九世紀半ば以降、ヘルマン・フォン・ヘルムホルツをはじめとした科学者は、生命も宇宙の万物と同じく熱力学の法則に従っていると確信するようになった。そして二〇世紀半ばまでに、その詳細が明らかとなった。植物は太陽光から自由エネルギーを得て、それを使って大気中から二酸化炭素を「固定」する。動物は食物に含まれる糖などから自由エネルギーを得て、代謝に使う。

また、一九五〇年代には遺伝子の概念も確立された。いまでは分かっているとおり、あらゆる生物の細胞の中には、親から受け継いだ、その生物を作るための設計図が入っている。

しかし、その遺伝子の働き、とくに発生中の胚の中でどのように働いているのかは、依然として謎のままだった。最初に作られる細胞はすべて同じで、どの細胞にもその生物の遺伝子の完全なセットが入っている。では、それらの同一な細胞が分裂するにつれて、どうやって胃の細胞や脳細胞や手足などに変わっていくのだろうか？

アラン・チューリングがその謎の解明に役割を果たしたと聞いたら、驚かれるかもしれない。チューリングの功績でもっとも有名なのは、第二次世界大戦中にドイツ軍の暗号システムの解読において中心的な役割を果たしたことだ。[*2] 大戦初期、イギリスにとって最大の脅威は、ドイツのUボートによって大西洋の海運が滞り、アメリカからの重要な補給線が途切れることだった。ドイツ海軍は、潜水艦との通信にきわめて強力な暗号を使っていた。チューリングは一九四一年前半、その暗号の解読に重要な貢献を果たした。六月に入るとイギリス軍がその情報を大いに活用するようになったため、大西洋に展開するUボートは二三日間連続で護衛艦を一隻も捕捉できなかった。チューリングとともに暗号解読に取り組んだヒュー・アレクサンダーは次のように記している。「チューリングの働きがハット・エイト〔イギリスの暗号解読部門〕の成功の最大の要因だったことに、誰も疑問を抱くことはないはずだ。初めの頃、この問題に取り組む価値があると考えた暗号学者は彼ただ一人だった」[*3]

チューリングのこの功績については、伝記や演劇、ドキュメンタリー番組や長編映画を通じて人々によく知られている。[*4] しかし、熱力学の第二法則の美しい一面を明らかにして、発生生物学に大きな貢献を果たしたことは、ほとんど知られていない。

アラン・マシスン・チューリングは、当時イギリスの統治下にあったインド・マドラス（現在のチェンナイ）のイギリス人行政官の息子として、一九一二年六月二三日にロンドンで生まれた。[*5] ちょうどインドの政治的混乱が高まりつつあったため、母親のサラ・チューリングは帰国してアランを出産した。出産後に母親はマドラスへ戻り、アランと兄のジョンはイングランド南海岸の街へイスティングズで里親に育てられた。八歳になるまでにアランが親の顔を見たのは、両親が休暇で帰国したときの二回か三回だけだった。植民地人階級のあいだでは、そのように子供を里親に育ててもらうのは一般的なことだった。チューリングの兄も、「大英帝国に仕える人々には受け入れられている方法だった」と述べている。[*6]
アラン・チューリングはその経験については一度も言及していない。しかし孤独な子供時代を過ごしながらも、風変わりな性格と天才ぶりが徐々に表れはじめる。チューリングが九歳のとき、小学校の女性校長は、「これまでも賢い少年や勤勉な少年はいたが、アランは天才だ」と語った。[*7]イングランド南部の街シャーボンにある全寮制の中等学校に進むと、チューリングはアルベルト・アインシュタインの相対論について読んで内容を理解し、母親にも自分と同じくそのすごさを分かってもらおうと、解説文を書いた。
チューリングは数学とともに、自然界への愛情も育んだ。たとえば八歳のときには、『顕微鏡について』(*About a Microscope*)という本を書きはじめた。[*8]一家での貴重な休暇の最中には、スコットランド滞在中にハチの飛び方を延々と観察した。一〇歳になると、生物の成長を論じた『すべての子供が知っておくべき自然界の驚異』(*Natural Wonders Every Child Should Know*)[*9]という本に夢中になった。その本には、ヒトデやウニなどの生物の解説とともに、生命を支えるシステムについてはいまだほとんど分かっていないと正直に書かれている。すべての生物は細胞からできているが、著者いわく、「いつどこで速く成長し、いつどこでゆっくり成長し、いつどこでまったく成長しないかを、生物がどのようにして知るのかについては、まだ誰もその手掛かりすらつかんでいない」。[*10]それから三〇年後、アラン・チューリングはその解明に乗り出すこととなる。母親も、息子が自然界に惹きつけられていることに気づいていた。小学校でのホッケーの試合中の息子を描いた絵では、ほかの子供が試合に没頭している中で、アランだけは運動場の端で身をかがめ、ヒナギクの茂みを夢中で見つめている。母親はその絵に『ホッケー、またはヒナギクの生長の観察』(*Hockey, or Watching the Daisies Grow*)というタイトルを付けた。[*11]

一九三一年、一九歳のチューリングは、数学を学ぶためにキングス・カレッジ・ケンブリッジに入学した。三年後に首席の成績で卒業し、同大学の特別研究員に選ばれた。そうして、年三〇〇ポンド（現在の価値にして約一万一〇〇〇ポンド〔約一万四〇〇〇ドル〕）の給料と、数学へのさまざまな興味を追究できる自由を手にした。その間に書いた論文が、戦時中の暗号解読の研究と並んで、もっともよく知られた業績となる。一九三六年に発表されたその論文のタイトルは、『計算可能数と、決定問題への応用について』（*On Computable Numbers, with an Application to the Entscheidungsproblem*）[*12]。決定問題とは、ゲッティンゲン大学でエミー・ネーターの師だったダフィット・ヒルベルトが一九二八年に現在の形で示した、数学の難問である。簡単に言うと、あらゆる数学的命題について、それが真かどうかを自動的に決定する方法は存在するか、という問題だ。例として「素数はランダムに並んでいる」という命題を考えてみよう。もしもそれを手っ取り早く確かめる何らかの方法があって、「いいや、それは偽だ」と言い切れれば、証明しようとして無駄な努力を重ねずに済む。逆に「真だ」と言い切れれば、証明に取り組む価値が出てくる。チューリングはこの決定問題に対する並外れた見事な答えとして、「万能機械」というものを思い浮かべた。この万能機械は、人間に解けるあらゆる数学的問題を解くようにプログラムすることができる。要するにチューリングは、ソフトウエアを変えるだけでさまざまな作業に転用できるハードウエアというものを思いついたのだ。そして、そのような万能機械を使ってあらゆる数学的命題の真偽を検証することは不可能であり、ヒルベルトの疑問への答えは「ノー」であることを証明した。いまではこのチューリングの万能機械は、現代のコンピュータを支える根本原理とみなされている[*13]。

チューリングはプリンストン大学に二年間勤めたのち、一九三八年にケンブリッジ大学の数学科に戻ってきた。しかし当時は、世間と隔絶された学者社会ですら、ドイツでのナチズムの台頭による影響を受けていた。チューリングにも人ごととは思えなかった。戦争の危機が迫る中、友人で同大学の優れた言語学者・古典学者であるフレッド・クレイトンから、こんな話を聞かされた。窮地に陥っているユダヤ人の子供たちがナチスの支配するヨーロッパから逃げ出せるよう、いくつもの有志グループが支援をしている。そして彼ら難民の多くは、イングランド東海岸のハリッジにある、仮設の収容所に転用されたリゾート施設、バトリン休暇村で暮らしている、と。

そんな子供たちのために何かしたい、チューリングはそう思った。そこで一九三九年二月のある雨の日曜日、クレイトンと一緒に、ケンブリッジから、八〇キロほど離れたハリッジまで自転車で向かった。そして、ロベルト・アウゲンフェルトという一五歳のユダヤ人難民と出会った。*14 アウゲンフェルトは両親の計らいで、イギリスのクエーカー教徒の団体が借り切ったウィーン行きの列車に、数百人の子供とともに乗り込んだのだった。そうして収容所にたどり着いてからすでに数か月経っていたアウゲンフェルトに、チューリングは、自分が保護者となって教育費を出そうと申し出た。アウゲンフェルトはありがたく受け入れたが、チューリングがケンブリッジ大学からもらっている少ない給料では学費を払うのもままならないことなど、知るよしもなかった。結局、ランカシャー州にあるロッサル・スクールという中等学校が、難民の子供を何人か無償で受け入れることに同意してくれた。それでもチューリングはアウゲンフェルトの面倒を見つづけ、のちに高校や大学への進学を積極的に手助けする。何度か旅行に連れていったり、ケンブリッジ大学に招待したりもした。二度と両親の顔を見ることのなかったアウゲンフェルトは、チューリングの厚意をけっして忘れず、チューリングが死ぬまで友人でありつづけた。

アウゲンフェルトと出会ってから数週間もせずに、チューリングはブレッチリーパークの施設で暗号解読に取り組みはじめた。難民の子供と出会ったことが自分の研究に影響を与えたかどうか、本人の口からは一度も語られていないが、戦争が始まって、ナチスがどんな政治体制を築いたのかを自分事のようにとらえたのは間違いない。チューリングは他人に共感できない難しい人物と形容されることが多く、兄によれば「退屈な会話」が嫌いだったという。[*15] しかし実際の行動を見ると、仲間たちを深く思いやっていたことがはっきりと読み取れる。そんなチューリングが、第二次世界大戦の勃発から一八か月で、暗号解読者として歴史的な功績を挙げた。その間にはニューヨークのベル研究所を訪問して、音声暗号化システムSIGSALYの可能性を見定めたり、自分に匹敵する知性の持ち主とみなせる世界中で数えるほどしかいない人物の一人、クロード・シャノンと定期的にティータイムを過ごしたりもした。

ブレッチリーパークでチューリングがもっぱら関心を向けていたのは戦争のことだったが、自然界とそれが織りなすパターンや形にも魅了されていることは周囲に知られていた。同じ興味を持っていた同僚の数学者ジョーン・クラークが、チューリングと親密になり、まもなくして婚約した。ケンブリッジの学生時代に数学の二科目でトップの成績を取り、ブレッチリーパークの女性暗号学者の中でもっとも年長だったクラークは、チューリングとともにドイツ海軍の暗号の解読に取り組んだ。チューリングは、クラークと結婚すれば世間体も保てると思いつつも、正直に、自分には「同性愛的性向」があるとクラークに打ち明ける。[*16] それでもクラークはプロポーズを受け入れ、二人は互いに自分の家族に紹介した。ところが数か月後、どうしても偽装結婚に耐えられなくなったチューリングが、婚約を破棄してしまった。それでも二人は親友どうしでありつづけた。かつて植物学も学んでいたジョーン・クラークは、チューリングと一緒にブレッチリーパークの庭を歩き回っては、相手がとくに興味を示した植物の種類を同定してあげた。

チューリングとクラークは暗号解読の息抜きにたびたび芝生の上にうつ伏せになり、チューリングの母サラの絵を思い起こさせるように、ヒナギクの花の中心にある筒状花(とうじょうか)が作るらせんをじっと見つめていた。

ヒナギクの花の頭部、花びらに取り囲まれた円形の部分は、やがて種子となる筒状花がびっしりと並んでできている。[*17] よく見るとそれらの筒状花は、中心から時計回りと反時計回りに広がるらせんの形に並んでいる。チューリングとクラークは、それらの時計回りのらせんの本数と反時計回りのらせんの本数が必ず、フィボナッチ数列と呼ばれる数列の二つの数になっていることに興味をそそられた。一二世紀のイタリア人数学者にちなんで名付けられたフィボナッチ数列は、各項がその直前の二つの項の和になっている(1+1=2, 2+1=3, 3+2=5, 5+3=8, 8+5=13, 13+8=21, 21+13=34…)。ヒナギクの花の場合は、時計回りのらせんが二一本で反時計回りのらせんが三四本、または時計回りのらせんが五五本で反時計回りのらせんが八九本であることが多い。フィボナッチ数列は自然界の至るところに見られる。たとえば松ぼっくりの鱗片(りんぺん)も時計回りと反時計回りのらせんの形に並んでいて、ヒナギクと同じく、それぞれのらせんの本数はフィボナッチ数列の二つの数になっている。トップクラスの長距離ランナーで、フルマラソンを二時間四六分で完走したチューリングは、ランニングの最中に松ぼっくりを拾ってきては、たびたび同僚の暗号解読者たちに見せていた。

終戦が近づいて暗号解読の手腕が徐々に求められなくなると、一九三七年に着想した理論上の万能機械のように動作する実際のマシンについて考えはじめた。さまざまな数学的作業をおこなうようにプログラミングできる装置、要するにコンピュータである。戦争が終わると、サリー州にある国立物理学研究所(NPL)がその構想の実現に力を貸す約束をし、チューリングは一九四五年一〇月に同研究所に加わった。だが、その計画をあまりにも野心的すぎるとみなすNPLの技術者たちと仲違いをし、長期休暇を取ってケンブリッジ大学に戻ってしまう。それでもNPLは、チューリングの設計した装置をスケールダウンした、パイロットACEというコンピュータを組み立てた。

考えにふける時間を手にしたチューリングは、数学とコンピューティングと生物学が重なり合う魅力的な分野に集中した。一九四七年から四八年にかけては、脳細胞の働きと、機械でそのプロセスを模倣する方法について考察した画期的な論文を書いた。そして一九四八年、かつてブレッチリーパークで暗号解読者として一緒に働いていて、このときにはマンチェスター大学の数学教授になっていたマックス・ニューマンに招かれて、同大学の教授となった。ニューマンはコンピュータの研究開発の資金を確保していて、チューリングの専門知識がぜひ必要だと判断したのだ。そうしてチューリングらがマンチェスター大学で開発したマシンは、図体がでかいわりに性能は低かった。「ベイビー」と名付けられた重量一トンの一号機は、基本的な加減乗除くらいしかできなかった。それでも、ベイビーとその後継機に初めて取り入れられたランダムアクセスメモリー（RAM）などの概念は、現代のあらゆるコンピュータに欠かせないものとなる。チューリングは自らプログラムを書いて、そのベイビーに長除法を実行させた。また、次々に複雑なソフトウエアを走らせてそれらのマシンの能力を確かめる上でも、チューリングは重要な役割を果たした。[*18]

世界初のコンピュータに直接関わった経験に着想を得たチューリングは、一九五〇年に哲学誌 *Mind*（『心』）で、いまでは名高い『計算する機械と知能』（*Computing Machinery and Intelligence*）というタイトルの論文を書いた。[*19] その中では、いつか機械が人間と同じように、さらには人間よりも優れた形で思考できるようになるという説を裏付ける一連の議論を展開している。また、いくつかの質問に対してコンピュータが出した答えが人間の答えと区別できなければ、そのコンピュータは事実上人間とみなせるとする、「模倣ゲーム」という概念を提案した。いまではチューリングテストと呼ばれているその概念を大衆文化に定着させたのは、一九八二年の映画『ブレードランナー』である。その映画では、ブレードランナーと呼ばれる捜査官が面と向かって相手に一連の質問をし、その回答から、相手が人間かアンドロイドかを判断する。

Mind 誌で発表されたこの論文を読むと、チューリングが次のような疑問に長年関心を持っていたことがよく分かる。以前は人間の脳でしか実行できなかった数学的作業を、コンピュータの「バカな」電気回路が実行できるとしたら、人間の脳の働きも詰まるところ、それと似たような「バカな」プロセスに基づいているのではないだろうか？　ただし脳の回路を構成する部品は、真空管やリレーではなく、神経細胞の中で相互作用する化学物質ではあるが。

チューリングは、この疑問に直接答えるのはほぼ不可能だろうと考えた。たとえ脳が単純な化学的相互作用からなる回路でできていたとしても、その回路を構成する部品は数十億個にもおよぶ。そこでチューリングは最初のステップとして、別のある生物学的プロセスを単純化したものについて考察し、そのプロセスを単純な「化学回路」の作用によって説明できるかどうか確かめることにした。最終目標は、複雑な生物学的振る舞いを単純なプロセスから導けることの証明である。

それをきっかけにチューリングが書いたのが、生涯でもっとも野心的な論文『形態形成の化学的基礎』（*The Chemical Basis of Morphogenesis*）である。[*20] 一九五一年末に投稿されたこの論文は、ほかならぬ、子宮の中で発生した胚が特定の形を取るメカニズムを提案しようとしている。チューリング自身はこの論文を、コンピューティングの基礎を築いた一九三六年の論文に次いで最高の成果とみなしていた。[*21] どう見てもすさまじい科学的想像力の産物だ。この論文の中でチューリングは、熱力学の第二法則をまったく違う形でとらえている。振り返ってみると、一九世紀半ば、エントロピーは必ず増大することが明らかとなって以降、第二法則はきわめてネガティブにとらえられることが多かった。熱が高温の場所から低温の場所に流れるなどして、エネルギーがいやおうなしに拡散することは、劣化や死と同義だとみなされていた。拡散によって宇宙の多様性がことごとく均されるせいで、生物のような美しくて複雑なシステムは衰退して死んでいくというのだ。

チューリングはそのような悲観的見方を覆し、拡散は衰退を引き起こすだけでなく、構造や形態を作り出すこともあると主張した。ある条件のもとで特定の物質が拡散すると、パターンを持った構造が「自己組織化」されるというのだ。チューリングはパターンを生成するその物質をモルフォゲンと名付け、胚の細胞のあいだでそれが拡散することによって、胚が特定の形を取るのだと論じた。

要するに、接合子または受精卵と呼ばれるたった一個の細胞が分裂してできた、互いに同一な多数の細胞が何種類かの特別な細胞に分化して、きわめて組織立った形に配置し、生命体が形成される、そのメカニズムを説明しようとしたのだ。自分の手を見てみてほしい。あなたのもととなった少数の細胞はどれもまったく同じで、その一個一個に遺伝子の完全なセットが収められていた。では、あなたの手を作っている細胞はどうやって、手の形成に関わる遺伝子だけをスイッチオンすることを知ったのだろうか？　なぜ腕の先端に足を作らなかったのだろうか？　チューリングは、その生物学的な仕立て技を理解する鍵はモルフォゲンの拡散にあると考えた。そのプロセスこそが、「接合体の遺伝子が最終的な生命体の解剖学的構造を決定するためのメカニズムなのかもしれない」と書いている。[*22]

拡散によって構造が作られるというのは、直感に反する考え方だ。発生生物学者のジェレミー・グリーンとジェイムズ・シャープは次のように述べている。「水にインクを一滴落としたとしよう。拡散によって徐々にだが確実にインクの分子が散らばっていって、水全体に微かな色が付くだろう。最初にあったスポット状のパターンは壊れてしまう。最終状態には空間的な不均一性はいっさいなく、パターンもない。

拡散はエントロピーを増大させて無秩序さを最大限に増やす究極のプロセスだと思われていた。拡散自体によってパターンが形成され、混ざり合ったインクがスポットに戻るなどというのは、当時でもいまでもとても驚くべき発想だ[*23]」

チューリングの論文ではもう一つ重要な概念が取り上げられている。戦時中に電気回路を取り扱った経験から発想を得たに違いないその概念とは、技術者がフィードバックと呼んでいる現象である。フィードバックには正と負の二種類がある。正のフィードバックの例として（チューリング以後で）よく知られているのが、エレキギターをスピーカーに近づけると発生するハウリングである。聞こえないくらいに微かな弦の振動が弱い電気信号に変換されて増幅器に送られ、小さいが聞こえる程度の音に増幅される。空気の圧力の波であるその音が、最初よりも大きい振幅で弦を共振させる。それが最初よりも大きい電気信号に変換されて増幅器に送られ、スピーカーから最初よりもずっと大きい音が出てくる。それによって弦がますます激しく振動し、ますます大きい電気信号が増幅器に送られる。これが何度も繰り返される。そうしてあっという間に、耳をつんざくハウリングになってしまうのだ。

チューリングがジミ・ヘンドリックスの有名なエレキギターのハウリングを聞くことはなかったが、戦時中にチューリングは、それと同じ正のフィードバックを起こしにくい無線通信システムの設計についても研究していた。そのため、正のフィードバックが起こるのは、原因によって引き起こされる結果が一周して戻ってきて、もともとの原因を大きくするような場合であることを知っていたはずだ。それに対して負のフィードバックは、原因によって引き起こされる結果が、その原因を縮小させる場合に起こる。その好例が、サーモスタットによって温度調節する家庭用暖房器具である。放熱器からの熱によって室温が一定レベルを超えると、サーモスタットのスイッチが切れて、室温がそのレベルよりも下がる。するとサーモスタットのスイッチが入り、室温が再び上昇する。こうして室温がほぼ一定のレベルに保たれる。一般的に、正のフィードバックが起こるとシステムの制御が利かなくなり、負のフィードバックはシステムを安定に保つ。

チューリングは、反応によって正負どちらかのフィードバックを引き起こすような化学物質が何種類かあって、モルフォゲンもその一種であると指摘した。そして、同一の細胞からなる塊の中でそのような化学物質が拡散すると、細胞内に変化が起こって細胞が分化し、それによって特徴的なパターンが形成されると論じた。

そのようなパターンの一例としてチューリングが思い浮かべたのが、シマウマの縞模様である。シマウマの毛を作る細胞は、最初はすべてまったく同じである。そこにフィードバックを起こすモルフォゲンが拡散すると、一部の細胞が濃い色の、一部の細胞が白色の毛を生やすように変化して、縞模様に見えるパターンが作られる。チューリングはそのようなモルフォゲンの具体的な化学式を示すのではなく、適切な条件下では何もないところからひとりでにパターンが生じるのを数学的に証明することに焦点を絞った。「そのような系は、最初は完全に均一であっても、のちにパターンや構造を発達させることができる」と書いている。[*24]

その上でチューリングは、一つ重要な注意点があると指摘している。実際の生物の中で起こっている化学プロセスは、数学で記述できるようなものよりもはるかに複雑だろうというのだ。チューリングの狙いはあくまでも、モルフォゲンの拡散によって構造が作られることを証明し、自発的なパターン形成の根底をなす原理を明らかにすることだった。「このモデルは単純化・理想化されている」のだ。[*25]

チューリングは、同一の細胞がリング状に並んでいるという、きわめて単純化された仮想的な細胞の配置を思い浮かべた。そして、決まった条件のもとでそれらの細胞のあいだを二種類のモルフォゲンが流れると、あるパターンが出現することを示した。規則的なパターンに従って、一部の細胞が黒色に、一部の細胞が白色に変化するのだ。たとえば細胞の数が一〇〇個だったら、黒い細胞が一〇個、その隣に白い細胞が一〇個、その隣に黒い細胞が一〇個……というふうになる。遠くから見ると、一様だったリングが縞模様のリングに変わったように見える。

チューリングは、その二種類のモルフォゲンが以下のような性質を持っていればこのような現象が起こることを示した。第一のモルフォゲン（Xと呼ぶことにする）は、細胞を黒色に変化させる。第二のモルフォゲン（Yと呼ぶことにする）は、細胞を白色に変化させる。またXは正のフィードバックを引き起こすことができる。つまり、X分子二個が反応してX分子がもう一個生成する。自由エネルギーと原材料がある限り、Xは自身のコピーを作りつづけるのだ。それに対してYは、Xの生成を抑えるような負のフィードバックを引き起こす。つまり、Xの濃度がある値を超えると、Y分子がX分子を破壊して、Xの生成をストップさせる。Yは、Xの生成を制御するサーモスタットのような働きをするのだ。

チューリングは未発表の草稿の中で、この系がパターンを生成させるしくみを次のように説明している。[*26] 円形の島の海岸線に沿って人が住んでいるとしよう。住んでいるのは人食い人と宣教師で、どちらもモルフォゲンが拡散するのと同じように海岸線をランダムに動き回る。どちらもいずれは死ぬが、人食い人だけは子供を作って、モルフォゲンXのように数を増やすことができる。一方、宣教師は禁欲主義なので子供を作れない。しかし二人の宣教師が一人の人食い人と出くわすと、その人食い人は改宗して宣教師になる。それによって宣教師の数が増え、人食い人の人口増加にブレーキがかかる。モルフォゲンYもこの宣教師と同じく、モルフォゲンXの増加スピードを減速させる。

その上でチューリングは、このような系が時間とともにどのように変化するかを数学的に解析した。人食い人が宣教師よりもはるかに多ければ、宣教師はすぐに死に絶えて、島の海岸線に住んでいるのは人食い人ばかりになる。逆に宣教師が人食い人よりもはるかに多ければ、すぐに人食い人が全員改宗して、島は宣教師ばかりになる。

しかし、宣教師と人食い人の比率がある範囲内に入っていて、各グループが島の中を動き回るスピードの値がある範囲内に収まっているという条件のもとでは、宣教師と人食い人が安定したパターンを形作る。島の海岸線に沿って、人食い人の居住地と宣教師の居住地がすべて同じ大きさで交互に並ぶのだ。それと同じように、リング状に並んだ細胞でも、XとYの比率およびそれらの拡散スピードが適切であれば、リングに沿って、Xが優勢な領域とYが優勢な領域がすべて同じ大きさで交互に生じる。そしてXが細胞を黒色に変化させ、Yが細胞を白色に変化させるので、このリングには縞模様が現れる。

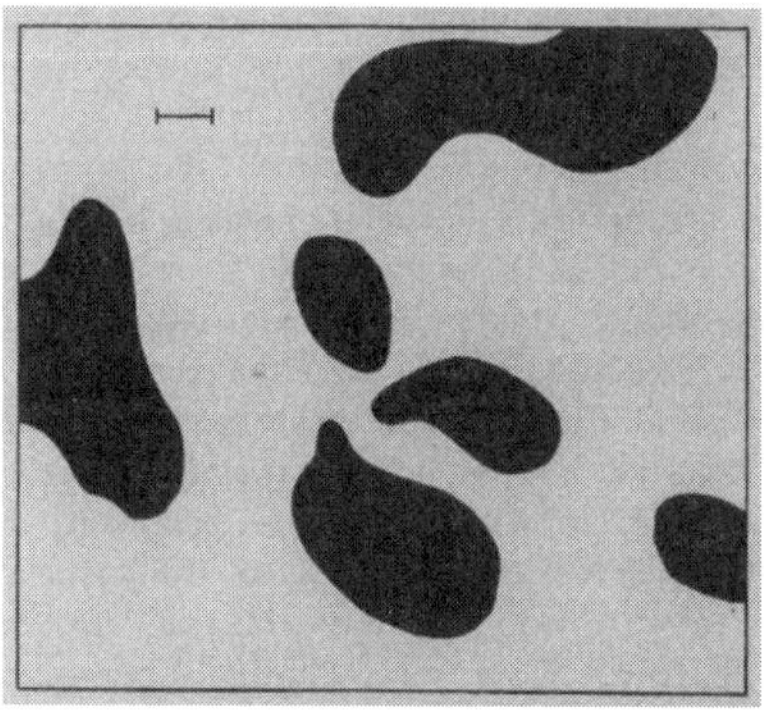

チューリングの論文に掲載されているまだら模様のパターンの一例

しかしこの論法の中で厄介なのは、この状況を表現した方程式を解いて、安定したパターンが生成するようなXとYの比率および、それらの拡散スピードを予測するところである。しかもチューリング本人が指摘しているとおり、実際の生物の細胞がリング状に並んでいることはめったにない。もっと現実に近い三次元の形に集合した細胞を数学的に解析するのは、リング状の場合よりもさらに難しい。そのような方程式を解くのはあまりにも難しいため、「方程式を示すだけに留まらずに、そのようなプロセスを包括的に説明するような理論は望めない」とチューリングは記している。[27]

そのため、その方程式の最適な「パターン誘導解」は試行錯誤で探さなければならない。XとYの比率およびそれぞれの拡散スピードの無数の組み合わせを試して、その中から数少ない有効な組み合わせを見つけるしかないのだ。手計算でやるのは面倒だ。しかしその作業はコンピュータにおあつらえ向きだと、チューリングは気づいた。そこで、マンチェスター大学のマシンの性能が向上すると、モルフォゲンの拡散を表現した方程式の解のうち、パターンが形成されるようなものを探すプログラムを書きはじめた。一九五一年には友人に宛てて興奮交じりに、「月曜日から新しいマシンが到着しはじめる。『化学発生学』に関する最初の研究ができると思うとわくわくするよ」と書き送っている。

今日の基準からすれば、当時のマンチェスター大学のマシンはとてつもなく遅くて扱いづらい代物だった。それでもチューリングは、そのコンピュータと「数時間の手計算」によって、拡散するモルフォゲンの系からウシのような白黒のまだら模様が生じることを示す図を描き出すことができた。

数学的プロセスによって生物に近いパターンが生じることが、その図によって初めて証明された。このチューリングの研究をきっかけに新たな科学分野が誕生し、今日では、コンピュータを使ってその種のプロセスのモデルが盛んに構築されている。チューリングも論文の中で指摘しているとおり、重要なのは、この種のパターン形成が熱力学の法則を自然な形で満たしていることである。そのような構造が形成されるには、「自由エネルギーが絶えず供給されることが必要である」[28]。チューリングが目指したのは、地球上のほぼすべての生物が太陽から直接または間接的に得ている自由エネルギーが拡散することで、どのようにしてパターンや構造が作られるのかを明らかにすることだった。

拡散によるこのようなパターン形成を別の方向から理解するために、砂漠や長い砂浜に規則的に連なった砂丘が形成される様子を考えてみよう。最初、のっぺりとした平らな砂浜に強い一定の風が吹いている。その風が自由エネルギーの安定的な供給源となる。最初のうちは、風が吹いても砂丘が作られる理由は何もない。しかし砂浜は完璧に真っ平らではなく、たいていどこかに小さな石や丸太が転がっているものだ。風圧によってその石の風上側に砂が積もると、正のフィードバックが引き起こされる。砂が積もれば積もるほど、風を遮る障害物が大きくなり、その障害物にますます多くの砂が吹き寄せられて、障害物がますます大きくなるのだ。

やがて、重力によって負のフィードバックが起こりはじめる。砂丘がある高さに達すると、砂を支えられなくなって、風下側に滑り落ちる。しかしすでにその砂丘は、風よけとなるくらいに高くなっている。そのため、その砂丘の風よけ効果がおよばない、ある程度離れた場所に、隣の砂丘が形成される。このとき、風速および、砂粒の大きさとくっつきやすさが適切な範囲内の値だと、砂丘が次々に連なって形成される。小さな石のようなちょっとした障害物が、砂浜全体にパターンを生み出すのだ。チューリングの天才ぶりは、これと似たようなプロセスが化学反応でも起こり、それによって胚が特定の形を取ることを見抜いたところにある。

チューリングは、生物の形が作られるメカニズムを理解するための、まったく新しい大胆な方法を示してくれた。しかしそれが最初の一歩にすぎず、さらにかなりの思索を重ねる必要があることは、本人にも分かっていた。だが悲劇的なことに、その研究が発展するはるか前に、チューリングはこの世を去ることとなる。

一九五一年秋、チューリングは形態形成に関する論文を、イギリス随一の科学団体である王立協会に送った。当然ながらこの成果に誇りを持っていたし、重要なブレークスルーであるとすらみなしていたらしい。その証拠として、三年後の一九五四年五月、アレック・プライスという架空の科学者が登場する短編小説を書きはじめている。[*29] 現存する数ページの原稿から判断するに、プライスがチューリング本人であるのはほぼ間違いない。チューリングと同じくプライスも同性愛者だし、BBCの番組で何度か話をしているし、二〇代のうちに重要な論文を発表している。明らかに形態形成の論文のことを指している箇所には、「この最新の論文はとても良い出来で、二〇代半ば以降に書いたどの論文よりも優れている」と記されている。ところが、その成果によって思いがけない出来事が次々と起こり、それが悲劇的な結果へとつながっていく。物語の中でプライスは同性愛者であることを公言している。「彼が最後に誰かと『寝た』のは、前の夏にパリであの軍人と会ったときのことで、それからずいぶん月日が経っていた。論文を書き上げた彼は、そろそろ別のゲイの男性を見つけてもいいだろうと思った。いい相手を見つけられそうな場所も知っていた」

このアレック・プライスの物語のとおり、頭をフル回転させて形態形成の論文を書き上げたチューリングは、性的パートナーを見つけることにした。そして望みどおり相手を見つけた。論文を書き上げてから数週間後の一九五一年一二月、マンチェスターのいかがわしい一角で、アーノルド・マレーという若い男と出会ったのだ。それから数週間、二人はチューリングの家で何度かセックスをした。ところがそれが厄介な事態に発展する。マレーの知人がその情事の噂を聞きつけて、チューリングの家に強盗に入ったのだ。大学教授は高給取りだと思い込んでいたようで、チューリングは格好のターゲットだった。しかも同性愛が違法だったこの時代、一人暮らしのゲイの男なら、同性愛者であることをばらすぞと脅しておけば、警察には通報しないだろう。盗んだ品物の総額は約五〇ポンド、その中には、方位磁石、何着かの衣服、魚料理用ナイフ、そしてチューリングが父親からもらった腕時計も含まれていた。

チューリングはマレーに詰め寄った。マレーは共犯ではなかったが、犯人に強盗のターゲットとしてチューリングを名指ししていたことは白状した。何よりも父の腕時計が盗まれたことに怒り心頭だったチューリングは、地元の警察署に通報した。

その決断が大惨事をもたらす。マレーに事情聴取した警察は、彼とチューリングが性的関係にあって、さらなる調査が必要だと結論づけた。そして一九五二年二月一一日、チューリングを取り調べた。チューリングはまたもや正直に白状し、一八九五年にオスカー・ワイルドが有罪になったのと同じ、重性犯罪でただちに起訴された。そして一九五二年三月三一日に法廷で罪を認めた。判決は、ホルモン療法を受けることに同意すれば懲役刑を免れるというものだった。そのホルモン療法とは、男性の性欲を抑えるジエチルスチルベストロール(合成エストロゲン)を大量投与するというものである。チューリングは同意し、一年にわたって投与を受けた。初めのうちは錠剤を飲んでいたが、しばらくすると太ももに注射するようになった。それによって体内でのテストステロンの生成が止まり、事実上去勢された状態になる。チューリングには、睾丸機能不全患者によく見られる二つの症状が表れた。胸が膨らみはじめ、また集中力がなくなったのだ。「やるべきことが手に付かず、時間を無駄にして、ふと気づくとショックを感じる」[*30]。男性生殖器の専門家によると、この手の薬を投与された男性は体重が増えて髪が抜け、勃起不全になって気力を失うという[*31]。

チューリングはこの処置を受けたおかげで、マンチェスター大学での仕事を辞めずに済み、コンピュータを使いつづけることができた。のちに自宅から発見された大量の手書きのノートからはっきりと読み取れるとおり、チューリングは判決から何年間か、ジエチルスチルベストロールの副作用と闘いながら、形態形成理論を発展させる研究に手広く取り組んだ。そして、茎の周りでの葉の並び方、いわゆる葉序（ようじょ）の一般的な数学的理論に向けてある程度前進したらしい。だが、それ以外の箇所に何が書いてあるかは容易には読み取れない。チューリングは字が汚く、せっかく正しい数式を考察していても友人にはちんぷんかんぷんだった。友人で同僚数学者のロビン・ギャンディーはのちに、「この文章の断片が正確に何を意味しているのかを判断するのは難しいし、まったく読み取れない箇所もいくつかある」と言っている。[*32]

チューリングが新たな大発見の一歩手前まで迫っていたのかどうか、それはけっして分からないだろう。一九五四年六月八日、家政婦が、自宅のベッドに横たわるチューリングの遺体を発見する。検死解剖で胃の中に青酸化合物溶液約一一〇ミリリットルが見つかり、死因は青酸中毒であると判断された。検死陪審は短時間で終わり、検死官はただちに、チューリングの死は「故意の行為[*33]」だったと結論づけた。そして、「心のバランスが崩れていたための」自殺との評決が出された。

だがその評決を受け入れなかった人もいる。その一人であるチューリングの母サラは、兄のジョンと同じく事故死だったと信じようとした。チューリングは自宅でよく化学実験をしていて、カトラリーを金メッキする装置もこしらえており、そのメッキ処理には青酸化合物が必要だったのだ。サラは前年のクリスマスに、危ないから気をつけなさいとチューリングに注意していた。マンチェスター大学の同僚や近所の人も、死までの数週間のあいだ、チューリングに悩んでいるそぶりはいっさいなかったと言って、事故死だったというサラの見方を支持した。チューリングがいっさいメモを残していないだけに、真相はますます闇の中だ。

だが実際には検死官の判断が正しかったのだろう。あれほど大量の青酸化合物をうっかり飲み込むのは難しい。また、チューリングは逮捕と判決から二年間、見た目にはふつうでも精神的に苦しんでいた証拠がある。さらに、少し前に極秘の暗号解読任務に携わっていて、しかも犯罪記録のある自分を、当局が監視していることにも気づいていた。判決から一年後に、友人に宛てて次のような手紙を書いている。「道の反対側に自転車を止めただけでも、懲役一二年を食らいかねない。もちろん警察はそれに輪を掛けてお節介なのだから、美徳を積んでいくしかない」[*34]。監視されてつねに正しく振る舞わなければならないストレスが、チューリングの精神をむしばんだに違いない。その証拠に、この手紙を書いてからまもなくのこと、マンチェスターの精神分析医フランツ・グリーンボームの治療を受けている。

グリーンボームとチューリングは馬が合った。同性愛に対して否定的な見方を取っていないグリーンボームは、チューリングに患者としてだけでなく友人としても接し、自宅にも何度か招待した。チューリングが自ら命を絶ったことをおそらくもっとも説得力のある形で示す証拠が、そんなグリーンボームのおかげで残っている。チューリングは精神分析療法を受けていた一年のあいだに、グリーンボームの勧めで夢日記を三冊書いた。チューリングの死からまもなくしてその夢日記を読んだ兄のジョンは、考えを改めた。ジョンの息子ダーモット・チューリングによると、「それを読んで父は、あれは事故ではなく、アランは自殺したのだと確信した」という[*35]。ジョンを青ざめさせたその日記には、自らの精神状態を吐露した記述のほかに、「母親へのありとあらゆる憎しみが記されていて、目を背けたくなるような様子が赤裸々に描き出されていた」。ジョンは母親がこれ以上悲しまないようにと、その日記を破棄することにしたのだった。

ダーモット・チューリングは叔父アランについてもう一つ重要な点を指摘している。アランは、迫害されて監視されていると感じていただけでなく、孤独でもあったのだという。家族から距離を取っていたし、私生活でも仕事でも秘密を抱えていたし、腹を割って話せる相手もいなかった。兄や母は、チューリングが逮捕されて初めて彼が同性愛者であることを知ったが、それについて話し合う気分にはなれなかった。グリーンボーム医師にだけは個人的な事柄を正直に話すことができたが、公職機密法のせいで、戦時中の仕事や生活についてはけっして多くは語れなかった。自殺だったと確定的に証明する術はない。しかしだからといって、チューリングの死の悲惨さや、彼を追い詰めた社会や国家による仕打ちの不当さはけっして薄れることはない。

チューリングが四一歳で世を去ったことは、計り知れない損失だったといえる。もしもあと二〇年か三〇年生きていたら、コンピュータのパワーの急速な進歩を目にして、形態形成や胚形成に関するさまざまなアイデアを育んでいたかもしれない。だが実際には、チューリングの晩年の研究は忘れ去られてしまう。何よりも、一九五〇年代の物理学者や数学者が、生物学を自分とは無関係な分野とみなしていたからだ。生物学者のほうも、チューリングの論文に使われている数学には面食らっていた。

拡散による自発的なパターン形成というチューリングの理論にさらなる一撃を加えたのは、一九六〇年代後半から七〇年代前半にかけて発展した、概念的にもっと単純な胚形成理論である。[*36]「位置情報理論」と呼ばれるようになったその学説の中心人物が、発生生物学者のルイス・ウォルパート。一九二九年に南アフリカで生まれたウォルパートは、最初は土木工学を学んでいたが、キングス・カレッジ・ロンドンで生物学に転向し、細胞分裂のメカニズムの研究で博士号を取得した。位置情報理論はチューリングの理論と違って、複雑な数学は必要ない。この理論では、胚の各部分に各種のモルフォゲンがそれぞれ異なる濃度で存在していると仮定する。各地点でのその濃度の違いによって、細胞の成長のしかたが変わってくるというのだ。

それを分かりやすく説明したのが、いわゆるフランス国旗モデルである。モルフォゲン溶液を入れた容器の中に同一の細胞が長方形に並んでいるとする。モルフォゲンの濃度は左から右へ行くにつれて低くなっている。つまり、長方形の左三分の一では、左から右へ行くにつれて濃度がたとえば一〇〇パーセントから七〇パーセントまで下がっていて、中央の三分の一では七〇パーセントから三〇パーセント、右三分の一では三〇パーセントから〇パーセントまで下がっている。ここで、モルフォゲンの濃度が高いと細胞は青色に、中程度の濃度では白色に、濃度が低いと赤色に変化するとしよう。すると簡単に分かるとおり、左から右へ青・白・赤と、フランス国旗のような色のパターンが現れる。

ウォルパートは当初から、チューリングの理論はこの位置情報モデルと相容れないとみなしていて、一九七一年には「位置情報理論のアンチテーゼである」と書いている。[*37] しかも実験データは、ウォルパートの理論を支持しているようだった。一九八〇年代後半、ドイツのテュービンゲン大学の生物学者でノーベル賞受賞者のクリスティアーネ・ニュスライン゠フォルハルトらが、ショウジョウバエの幼虫の形が作られる上で重要な役割を果たしているモルフォゲンを特定した。モルフォゲンとして初めて単離されたそのビコイドという物質は、チューリングの拡散パターン形成理論よりもウォルパートの位置情報理論に従って作用しているように見えたのだ。

ショウジョウバエの幼虫

ショウジョウバエの幼虫は小さな芋虫のような形をしていて、長さは約一〇ミリメートル。身体は円筒形で一一の体節に分かれており、一つ一つの体節の長さは一ミリメートルにも満たない。

一九八〇年代後半から九〇年代前半にかけて、ショウジョウバエの各体節の大きさがビコイドなどのモルフォゲンによってどのように決まるのかが研究された。そして位置情報理論のとおり、モルフォゲンの濃度の違いによって決まることを示す強力な証拠が見つかった。[*38] さらに一九九〇年代におこなわれた研究によって、形態形成の様子を説明するにはチューリングの理論よりも位置情報理論のほうが優れているという結論に落ち着いたかに思われた。

ところが二一世紀に入ると、形態形成に関するチューリングの論文に記されていたとおり、拡散による自発的なパターン形成が生物の世界で実際に起こっていることを示す証拠が、徐々に積み上がっていった。まずは、一つの生物種に属するすべての個体で起こるものの、個体ごとに独特のパターンを作るようなパターン形成の証拠が発見された。例として、ヒトを含む哺乳類の毛穴の分布について考えてみよう。どんな人の頭部にも毛穴が二次元状に並んでいるが、一つ一つの毛穴の位置は人によって違う。そのようなパターンを位置情報理論で説明するのは難しい。位置情報理論で説明しようとすると、胚の段階ですでにモルフォゲンの濃度分布がそれぞれ異なっていて、それによって毛穴のパターンが人それぞれ違ってくるのだと考えるしかない。すると、そもそもどうやってモルフォゲンの濃度分布のパターンが作られたのかという疑問が出てくる。これに対してチューリングの理論では、各個体で似ているが微妙に異なるパターンが形成されることを容易に説明できる。

砂丘の形成と同じく、最初にわずかな違いさえあれば、それが引き金となってパターン形成が始まる。その最初の違いを生み出すのは、つねに起こっている分子のランダムなゆらぎかもしれないし、遺伝子にコードされている非ランダム的な要因かもしれない。チューリングの数式に基づく予測によると、そのようにして作られるパターンは互いにかなり似ているが、まったく同じにはならない。このプロセスを引き起こすわずかな「揺さぶり」自体がそれぞれまったく同じではなく、そのために、そこから最終的に作られるパターンもけっして同じにはならないからだ。毎年毎年同じ日の同じ時刻に、同じ砂浜の写真を撮ったとしよう。どの写真にも似たような形に並んだ砂丘が写っているが、パターン形成の引き金となるでこぼこが年によって違うため、どの写真もそれぞれ少しずつ違っているはずだ。

マウスを使って実験をおこなったドイツのある研究チームは、ＷＮＴとＤＫＫという二種類のモルフォゲンたんぱく質によって毛穴の並び方が決まることを示す、説得力のある証拠を発見した。[*39] ＷＮＴは正のフィードバックを起こす「人食い人」モルフォゲンで、ＤＫＫは負のフィードバックを起こす「宣教師」モルフォゲンである。日本の研究者も、エンゼルフィッシュやゼブラフィッシュの縞模様がチューリングのメカニズムによって作られることを、説得力のある形で示した。

さらに、チューリングが生まれてからおよそ一〇〇年後の二〇一二年、彼の理論を裏付けているように思われる論文が次々と発表された。中でも、キングス・カレッジ・ロンドンの発生生物学者ジェレミー・グリーンの研究チームが発表した論文によって、それまででもっとも説得力のある証拠が示された。[*40]

この研究チームがもともと関心を持っていたのは、子宮の中で顔がどのようにして形成されるのか、とくに口蓋裂（こうがいれつ）などの形成異常がどのようにして起こるのかだった。そこで彼らは、上口蓋の襞（ひだ）の形成過程を調べた。上顎（あご）の内側を舌で撫でると感じられる襞で、ヒトでは四本、マウスでは八本ある。

グリーンらは、そのパターンを作り出す、人食い人と宣教師に相当する二種類のモルフォゲンを特定した。人食い人に相当するのは線維芽細胞増殖因子（ＦＧＦ）、宣教師に相当するのはソニック・ヘッジホッグ（Ｓｈｈ）と呼ばれる化学物質である。マウスの胚でこの二種類のモルフォゲンの量を変えると、口の中に形成される襞の本数が、まさにチューリングの数式から予測されるとおりに変化することが分かったのだ。

口蓋の襞について論じたこの論文から二年後、バルセロナにあるゲノム制御センターのジェイムズ・シャープ教授の研究チームが、別の本格的な研究をおこなった。[*41] そして、ヒトの手がモルフォゲンによってチューリングの予測どおりに形作られることを明らかにした。脊椎動物の手は縞模様のパターンととらえることができる。我々の手も、五本の指がおおむね平行に並んでできている。シャープの研究チームは、コンピュータモデリングとマウスの胚の観察に基づいて、このような指のパターンの形成に関わるモルフォゲンを特定した。そのプロセスでは、Ｓｏｘ９、ＢＭＰ、ＷＮＴという三種類の化学物質が役割を果たしている。チューリングによる、モルフォゲンが二種類だけの「人食い人＝宣教師」モデルよりは若干複雑だが、しくみは似ている。マウスにおけるこの指形成がチューリングのパターンの実例であることの証明は、マウスの胚の中でこの三種類の化学物質の相対量を変化させることで得られた。コンピュータモデルから、これらの化学物質の相対比がある値だと指が五本でなく三本になると予想され、実際に実験したところそのとおりになったのだ。

どうやら生物は、チューリング流の自発的パターン形成とウォルパート流の位置情報を組み合わせて用いることで、生物界に見られるさまざまな形を作り出しているらしい。再びヒトの手について言えば、チューリングのメカニズムによって五本の指の雛形（ひながた）が作られ、位置情報理論におけるモルフォゲンの濃度勾配によってそれぞれの指が特徴的な形を取ると考えられている。つまり我々の手は、チューリングシステムのおかげで五本の指ができ、位置情報のおかげで親指・人差し指・中指・薬指・小指がそれぞれ違う形になるのだ。胚形成に関するチューリングの説が発生生物学の中央の座に復活したことを物語るように、この指形成に関する論文が発表されてまもなくすると、以前は痛烈に批判していたルイス・ウォルパートも、あるインタビューの中でその説が有効であることを認め、チューリングを「天才」と評したのだった。[*42]

いまだに胚発生の科学は、まさに胚のように未熟な段階にある。それでも、心臓弁や肺などの発生メカニズムの解明に徐々に近づきつつある。数十年後にはそれらの知見が、いまでは夢物語にすぎない病気や先天異常の治療法につながるかもしれない。

科学者は何から何まで説明しようとして、この宇宙の驚異をただの数式や化学反応に変えてしまうと批判する人がいる。そういう人にはこう言ってやりたい。砂浜に立って自分の指のあいだから波や砂丘の連なり方を見てほしい。そして、それらの現象がすべて同じ自然の原理と結びついていることに思いをめぐらせてほしい。それらの美しいパターンがすべて、わずかなゆらぎから自由エネルギーの拡散によって現れることについて、じっくり考えてみてほしい。

第19章　事象の地平面　ベッケンシュタインとホーキングのブラックホール理論

ベッケンシュタインとホーキングが初めて遠くの国に足を踏み入れて、黄金を持ち帰ってきた。

——理論物理学者レオナルド・サスキンド[*1]

君のアイデアはあまりにもばかげているから、もしかしたら正しいのかもしれない。

——物理学者ジョン・ホイーラーから学生のヤコブ・ベッケンシュタインへ[*2]

一九七〇年代までに熱力学は長い道をたどってきた。熱力学の法則は、生物学や科学、工学や物理学の研究を進めるための基礎となった。しかし一つだけ、熱力学の手が届かない科学分野があった。はるか遠くの宇宙空間には、この宇宙で唯一、熱力学の原理に従わない現象があると考えられていたのだ。具体的に言うと、この宇宙のように閉じた系のエントロピーは必ず増大するという、熱力学の第二法則に背いているらしき現象である。それは、アインシュタインの一般相対論から予測される中でももっとも突飛な現象、ブラックホールのことである。

ブラックホールとは、あらゆるものがその中に落ちていくが、（ほぼ）どんなものも出てくることのできない、奇怪な空間領域のことである。

その奇妙な存在は、アルベルト・アインシュタインが一九一五年一一月に発表した最高の偉業、一般相対論から導かれる。一般相対論のもととなった特殊相対論は、どんな速度で運動している観測者にとっても物理法則は同じであるという仮定から導かれる。しかし、観測者の速度が変化している場合は対象としていない。加速していたり、重力の影響を受けて運動していたりする人を含め、あらゆる観測者にとって共通の物理法則を作るにはどうすればいいのか？　この疑問に答えを出そうとして編み出されたのが、一般相対論である。

アインシュタイン本人も承知していたとおり、そのためには、一六八七年に発表されたアイザック・ニュートンの重力理論を別のものに置き換えなければならなかった。また、特殊相対論によって定義しなおされた空間と時間の概念を、さらに奇妙な代物に変えなければならなかった。その新たな現実像を直感的に理解するために、アインシュタインが一九〇七年に初めて考え出して、のちに「人生で一番楽しかったアイデア」と形容した有名な思考実験を、頭の中で再現してみよう[*3]。

恒星や惑星の重力がいっさいおよばない空っぽの深宇宙に、窓のない箱が浮かんでいて、その中にアリスという物理学者がいる。アリスは箱の中に浮かんでいて、どちらの方向にも引力を感じていない。足の下に体重計をくくりつけて体重を量ろうとしても、体重計に下向きの圧力がいっさいかからない。そのためこの体重計では、アリスの体重はゼロと記録される。要するに無重量だ。

次に、この箱が深宇宙でなく、経度〇度のロンドン・グリニッジの上空五〇キロメートルにあるとイメージしてほしい。この箱は下向きに自由落下している。つまり、箱とその中にいるアリスは、地表に向かってどんどん加速している。ここで重要なのが、箱とアリスが正確に同じ加速度で加速していることだ。

質量にかかわらずすべての物体が同じ加速度で落下することは、ガリレオの時代から知られていた。助手ヴィンチェンツォ・ヴィヴィアーニの回想によると、ガリレオはこの性質を人々に知らしめるために、ピサの斜塔のてっぺんから重さの異なる二個の物体を落下させて、同時に地面に衝突することを証明したという。これが実話かどうかは定かでないが、ガリレオがさまざまな質量の球を傾斜路で転がして、どの球も同じ時間内に同じ距離だけ転がることを証明したのは事実である。

グリニッジ上空で自由落下している箱の中のアリスに話を戻そう。アリスと箱は同じ加速度で下向きに加速しているので、アリスの感覚では、深宇宙に漂っていたときと同じく自分は箱の中に浮かんでいると感じられるだろう。体重を量れば、やはりゼロと測定されるはずだ。自分がどんどんスピードを増しながら落下していて、やがて地面に叩きつけられることをアリスが知る術はいっさいない。地面に衝突する瞬間まで、箱の中で地球の重力を検知することは不可能だ。「自由落下している観測者にとって、落下中は重力場は存在しない」とアインシュタインは述べている[*4]。自由落下している状態と重力ゼロの領域に浮かんでいる状態とを区別できないというこの事実は、等価原理と呼ばれている。

ではさらにイメージを膨らませよう。同じく経度〇度のグリニッジ子午線の上空五〇キロメートルに、もう一つ箱がある。その箱はアリスの五〇キロメートル南に位置していて、アリスと同時に落下している。この二つめの箱は、最初の箱よりも重い材料でできている。そしてその中には、体重がアリスよりも二〇キログラム重いもう一人の物理学者ボブがいる。

この二つの箱が落下している様子を、物理学者クレオが地上から見上げている。クレオは透視能力を持っていて、壁を通して箱の中を見ることができる。ではクレオには何が見えるのか？　二つの箱とその中にいる二人の人間が、すべて同じ加速度で下向きに加速している様子が見える。さらに、二つの箱は落下しているだけでなく、互いにどんどん近づいていっている。つまり水平距離が縮まっている。そのスピードは落下スピードよりもずっと遅いが、それでも着実に近づいている。

クレオが見ると二つの箱が互いに近づいているように見えるというのは、とても興味深い話だ。それを理解するには、まずニュートンの重力法則に目を向けなければならない。ニュートンの重力法則によると、地球の中心に向かってあらゆる物体を引っ張るような力が存在する。その力は地球の中心という一点に向かって作用するので、下向きに引っ張られている二つの箱は、落下するにつれて互いに近づいていくことになる。

クレオの目に映る現象は確かにニュートンの重力法則で説明がつくが、それでもいくつもの疑問が湧いてくる。第一に、落下している二人の人と二つの箱はすべて質量が違うのに、すべて同じ加速度で加速している。ということは、それぞれの物体に作用する引力の強さは単に違うだけでなく、すべてちょうど同じ加速度になるような値を取っていることになる。いったいどうしてだろうか？　各物体の質量にぴったり合った引力の強さになっているのはなぜだろうか？　さらに、地球の重力は放射状に作用する。まるで、地球の中心とその周囲のあらゆる物体とのあいだに、謎めいた通信線が走っているかのようだ。言ってみれば、地球は近くにあるあらゆる物体の質量を測定すると同時に、地球の中心からその物体までの距離を測る。そして、それぞれの物体にかけるべき力の強さと方向を計算し、その力を落下中の物体に瞬時に伝えるのだ。

そんなことはばかげている。ばかげていると最初に指摘したのは誰あろうニュートン本人だ。重力理論を発表してまもなく、手紙の中で次のように書いている。「重力が物質に本来備わっている本質的な性質であって、何ら媒体がなくても一つの物体が真空を通じて離れた別の物体に作用するというのは、私にとってもあまりにもばかげているし、哲学的問題に関する思考力を持ったどんな人もけっして信じないと思う。ある法則に従ってつねに作用している作因によって重力が引き起こされるのは間違いないが、その作因が物質的か非物質的かを考えるのはあなたにお任せするしかない」[*5]。なんといっても、自然界に重力のように振る舞う力はほかに一つもない。たとえばクリップと、もっと重いボルトに磁石を近づけると、それぞれ違う加速度で引っ張られる。しかしクリップとボルトを落とすと、まったく同じ加速度で落下するのだ。

一般相対論は、このニュートンの疑問に対して、アインシュタインが熟慮した上で出した解答にほかならない。地球のような物体が複雑な計算をして、空っぽの空間を通じて離れた別の物体に瞬時に作用するなどというばかげた考え方は、いっさい使われていない。アインシュタインによれば、物体が落下するときには、それとまったく違うことが起こる。地球などの質量を持った物体は、近くにある物体を感知することもないし、そもそも力をおよぼすことすらしない。地球のような質量を持った物体が存在すると、その周囲の空間がゆがんで、周囲での時間の進み方が遅くなるのだ。

空間自体がゆがむとか、重力によって時間の進み方が変わるとかいった発想は、科学全体の中でももっとも過激なものだろう。それを理解するには、いくつもの常識的な概念を拭い去るしかない。数学的にもきわめて複雑な考え方で、アインシュタインもそれを数式にまとめるのに八年かかった。自由落下している人は重力を感じないという「一番楽しかったアイデア」を思いついたのは一九〇七年だったのに、一般相対論を発表したのは一九一五年一一月になってからだったのだ。

宇宙空間に浮かんでいる箱の中のアリスに話を戻そう。アリスは空間内では完全に静止しているが、時間としてはいわば前方に進んでいる。それを視覚的にとらえるために、アインシュタインと同じく、時間を縦軸で、空間を横軸で表したグラフを思い浮かべてほしい。話を単純にするために、空間は横軸に沿った左右の一次元だけとする。このように表現すると、アリスはけっして静止してはおらず、時間を表す縦軸と平行な直線に沿って上方向に移動している。これは要するに、空間的位置は変化しないまま、未来に向かって進んでいることを表している。

それに対し、地球に向かって自由落下している場合には、アリスはどのように感じるのだろうか？　等価原理によれば、アリスにとってはいっさい違いはない。先ほどと同じく、自分も箱も時間と空間の中を直線に沿って進んでいると感じるのだ（アリスの入っている箱には窓がないので、地面がどんどん近づいてきているのは見えない）。

ところがクレオから見ると、アリスは加速しながら、二つめの箱の中で落下しているボブにどんどん近づいていっているように見える。どうしてそんなことが起こるのだろうか？　その答えは、地球の質量によって空間がゆがみ、そのゆがんだ空間の中をアリスとボブが上の図のように運動していくからだ。

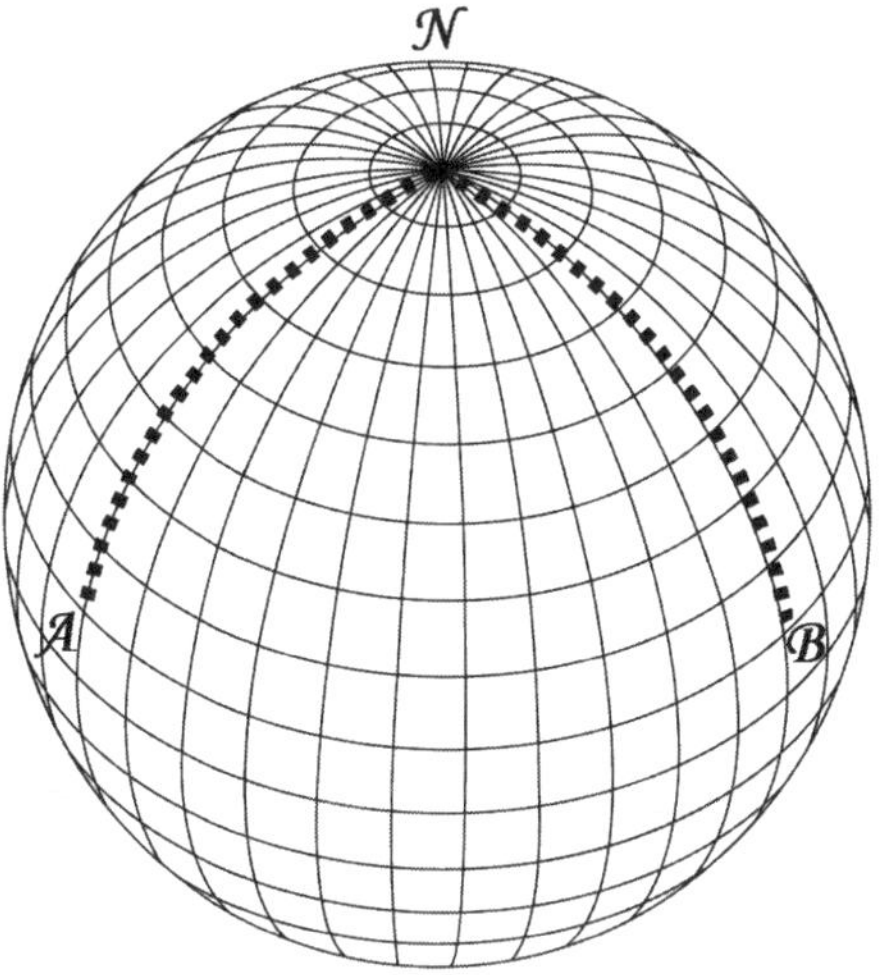

重い物体によって空間と時間がゆがんでいるせいで、アリスとボブの「直線」経路が点Nで交差する

もともと平らだった空間が、地球の質量によって点Nに向かって湾曲している。そのためアリスは、自分では時間的に前方に進んでいるだけで空

間内を移動しているつもりはないのに、実際には点Aから点Nへと至る曲線上を進んでしまう。ボブも、自分では時間的に前方に進んでいるだけで空間内を移動しているつもりはないのに、点Bから点Nへと至る曲線上を進んでしまう。そのためアリスもボブも、いつの間にか互いに、そして点Nに向かって引き寄せられていく。それは重力によって引っ張られているからではなく、じっとしているとゆがんだ空間の中を移動してしまうからなのだ。

このように一般相対論では、ニュートンのいう重力は幻想にすぎないと考える。我々は何らかの力で地球に引っ張られていると思い込んでいるが、実はそうではない。地球の質量によって空間がゆがみ、そのゆがんだ空間内での直線が地球の中心に向かって伸びているだけなのだ。

一九一五年一一月にアインシュタインは、ベルリンにあるプロイセン科学アカデミーの会合で一般相対論の数式を発表した。それから何年か後に、天体観測によって一般相対論は見事実証された。一般相対論によれば、太陽など重い天体の近くの空間はゆがんでいるため、遠くの星から発せられて太陽のそばを通過してくる光線は曲がった経路をたどると予想される。そして実際にそのとおりになる。次ページの図のように、遠くの星からの光は、太陽のそばを通過する際に曲がる。しかし地球上の観測者は、光は直線的に進むものと思い込んでいるので、あたかもその星の位置がずれたかのように見えるのだ。

この効果が観測できるのは、太陽のそばの星が見える日食の最中に限られる。日中は、そのような星は太陽の輝きに覆い隠されている。しかし太陽が月に隠される日食の最中には、昼が夜になって、短時間だけ星が見えるようになる。そこで、アインシュタインが一般相対論を発表したわずか四年後の一九一九年、イギリスの科学者チームがブラジルと西アフリカに赴いて、日食中に太陽のそばの星を写真に収めた。そしてその位置を六か月後の位置と比較したところ、わずかな違いが認められた。その星の光は、六か月前

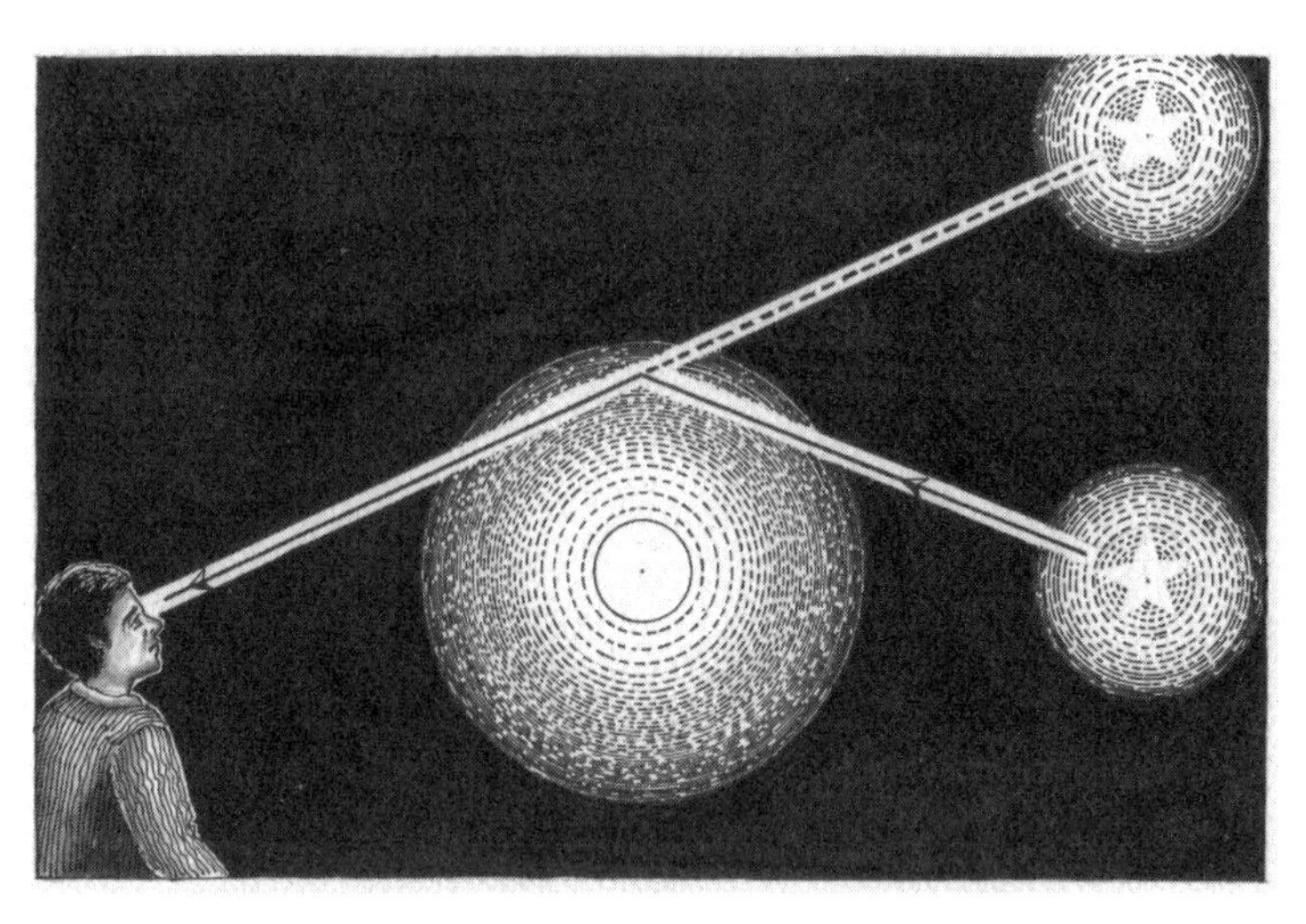

重力によって星の位置がずれたように見える（図は誇張している）

に太陽のそばを通過した際には確かに曲がっていたのに、その六か月後には曲がっていなかったのだ。その後も、重い天体のそばで光が曲がった経路をたどる現象は何度も観測されている。

科学界はすぐさま一般相対論を受け入れた。だがとてつもない発想の転換が必要だったし、数式を追いかけるのもとてつもなく難しかったため、二〇世紀前半のあいだは一般相対論を研究する科学者は一握りしかいなかった。一般相対論に基づく予測のほとんどは、もっとずっと単純なニュートンの重力理論による予測とほとんど違いがなかった。ニュートンの重力理論は概念的には確かに「ばかげている」かもしれないが、扱いはずっと容易だったのだ。

第二次世界大戦後、太陽の何倍も重い超巨大天体の振る舞いに物理学者が興味を持つようになったことで、一般相対論に対する関心がようやく膨らみはじめた。そのような天体に関しては、一般相対論による予測とニュートンの重力理論による予測は大きく食い違っていた。そのためそのような天体を観測すれば、この宇宙のしくみをそれまでとは違った形で理解するための新たなヒントが得られるはずだ。中でも大きな関心を集めたのが、アインシュタインによる一般相対論の発表からわずか数週間後には予測されていたある現象である。

一九一六年初め、当時ロシア戦線で従軍していたドイツ人物理学者・天文学者のカール・シュヴァルツシルトが、一般相対論に関するある解析結果を発表した。[*6] その解析によると、星のような重い物体が圧縮されてかなりの高密度になると、空間のゆがみと時間の遅れの程度が非常に大きくなって奇妙なことが起こるという、心穏やかでない予測が導き出される。空間と時間のゆがみ方が無限大になってしまうというのだ。きわめて重い星が作り出すその状態を「特異点」といい、そこでは一般相対論の数学が破綻していて、起こっていることをいっさい説明できない。

アインシュタインを含め多くの物理学者は、実際の宇宙にそのようなものが存在するはずはないと言い張って、特異点存在の予測を無視した。しかし、その存在を否定するために人々が並べ立てた理由が一つずつ崩れていき、一九六〇年代後半から七〇年代前半には、世界有数の物理学者の中にも、特異点についての考察してその秘密を探ろうとする人たちが現れはじめる。実際の宇宙に特異点が見つかっていなかったため、すべて理論的な研究に留まっていた。しかし証拠がないながらも、この特異点、またの名を重力崩壊天体には、「ブラックホール」という想像を掻き立てるニックネームが付けられた。[*7]

浅い海があらゆる方角に果てしなく広がっているとイメージしてほしい。[*8] その海に棲んでいる魚は目が見えず、泳ぐことはできるが、水の存在を感じることはできない。そのため、周囲の水が流れているとその流れとともに移動するが、自分ではそのことにいっさい気づかない。この魚は聴覚がとてつもなく優れていて、コミュニケーションを取るために音の信号を発する。その音の信号は水中を一定のスピードで伝わる。そしてこの水中世界の重要な特徴として、どんなものもこの音のスピードより速く移動することはできない。

この海の一角に、周囲の水を残らず吸い込む排水口が開いている。この排水口に近づけば近づくほど、水は速く流れる。そしてある一定の距離（水を吸い込む勢いによって決まる）に達すると、水の流れ込むスピードが音のスピードを上回ってしまう。

この排水口を中心とした円をイメージしてみればよく分かる。その円の外側では、水は音のスピードよ

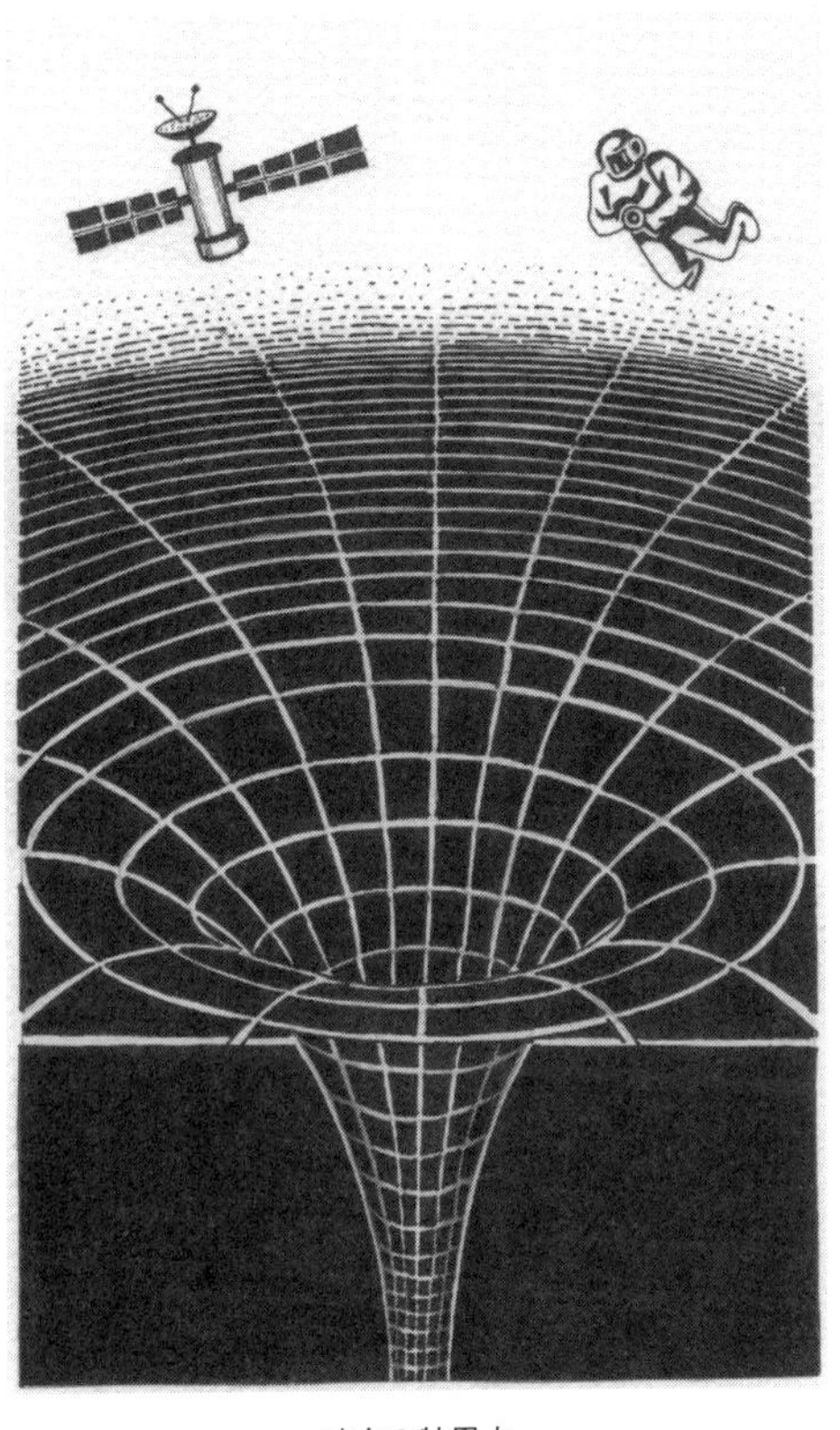

時空の特異点

りもゆっくり流れている。内側では、排水口に向かって音のスピードよりも速く流れている。そして円周上では、音とちょうど同じスピードで流れている。この円を「音境界」と呼ぶことにしよう。

ここに二匹の魚がいたとしよう。そのうちの一匹であるアリスは、排水口から十分に離れたところにいて、水の流れに影響を受けていない。しかしもう一匹のボブは、もっとずっと排水口に近いところにいて、水とともに排水口に向かって動いている。しかし水と一緒に動いているので、自分が動いていることには気づいていない。二匹は連絡が途切れないよう、ボブが一秒に一回「ピッ」という音の信号を出すことで示し合わせている。

最初のうち、アリスにはボブからの信号が一秒に一回聞こえる。しかし徐々に信号どうしの間隔が広がっていく。なぜかというと、アリスもボブも気づいていないが、ボブの周囲の水が、排水口へと向かう方向、つまりアリスから遠ざかる方向に流れているからだ。そのためボブの信号は、水の流れに逆らってアリスの方へ伝わっていかなければならず、ボブからアリスまで伝わるのにかかる時間が、水が流れていない場合に比べて長くなる。ボブが音境界に近づけば近づくほどその効果は大きくなり、やがて信号どうしの間隔があまりにも広がって、アリスはボブが信号を送るのをやめたと思うようになる。またアリスには、ボブが遠ざかるスピードとボブの時計の進み方がどんどん遅くなるように思える。そして音境界に来ると、ボブの時計が止まってしまったように思える。

しかしボブの感じ方はそれとはまったく違う。ボブは律儀に一秒ごとに信号を送っているし、自分が排水口に向かって流されていることにも、音境界を越えてしまったことにも気づかない。ところが、Uターンしてアリスの方へ戻ろうとすると困ってしまう。どんなに必死に泳いでも、音境界を越えてアリスのいるところに戻ることはできないのだ。なぜなら、音境界の内側では水が音のスピードよりも速く排水口に向かって流れているからだ。この水中世界ではどんなものも音より速く進むことはできないので、ボブがこの水域から抜け出して、もといた場所に戻ることはできない。それどころか、どんなに一生懸命泳いでも、無情にも排水口の中心に向かって流されてしまうのだ。

この排水口がブラックホールとどう関係しているというのだろうか？　この二つは互いに似ていて、水が流れ込んでいく排水口が、ブラックホールの中心にあって空間が流れ込んでいく特異点に相当するのだ。排水口を中心とする円周上で水の流れが音のスピードよりも速くなりはじめるのと同じように、ブラックホールの中心にある特異点の周囲にも、空間の流れが光のスピードよりも速くなりはじめる球面が存在する。お分かりのとおり、空っぽの空間を、流れる液体として考えるわけだ。この宇宙ではどんな物体や信号も光より速く進むことはできないので、この球面より内側にあるものはけっして外に出られない。ボブは、内側へ向かう水の流れよりも速くは泳げないので、音境界を越えてもとの場所に戻ることはできないのだった。それと同じように、特異点を中心としたこの球面の内側にいる宇宙飛行士も、その球面を越えてもとの場所に戻ることはできない。そして、水中世界のボブが水に押し流されて排水口に落ちてしまうのと同じように、この宇宙飛行士も空間とともに特異点に落ちてしまうのだ。

ここで重要なのは、ブラックホールの特異点を中心としたその球面が、二度と引き返せない境界線になっていることだ。ひとたびこの球面を越えてしまったら、けっして戻ることはできない。球面の内側にあるものは、たとえ光であっても外に逃げ出すことはできないのだ。特異点に向かって落ちつつある宇宙飛行士がその球面に向けて光線を発射しても、空間がその光線よりも速く内側に向かって流れているので、光線はUターンして特異点の方へ戻ってきてしまう。この球面は外側から内側への一方通行なのだ。物理学者はこの球面をブラックホールの「事象の地平面」と呼んでいる。

事象の地平面が熱力学とどう関係しているのかを探る前に、近年になってブラックホールの存在が裏付けられたという話をしておきたい。事象の地平面の外側でも空間と時間は大きくゆがんでいて、近くの星の運動が影響を受ける。そのため宇宙のさまざまな場所で、見えない天体の周囲を公転する星が観測されている。[*9] そのような星はブラックホールの周囲を公転していると考えるのがもっとも自然だ。

また一般相対論によれば、二個のブラックホールが衝突すると一つに合体して、膨大なエネルギーが空間のさざ波、いわゆる重力波という形で放出される。先ほど述べたとおり空間は液体のように振る舞うので、水の波と同じように空間の中にも波が立つ。海上で二個の氷山が衝突したら、衝突地点から外側に波が広がっていく。それと同じように、二個のブラックホールが衝突すると、空間の中に重力波が広がっていく。二〇一五年、その波が、北アメリカに設置された二台の特別な検出器でとらえられたのだ。[*10]

では事象の地平面に話を戻そう。こちら側から向こう側にしか行けない一方通行の扉のような、この事象の地平面に、熱力学の法則が何よりも奇妙な形で姿を現しているのだ。その発見の物語は、周囲の喧噪(けんそう)を超越した歴史上数少ない人物の一人、スティーヴン・ホーキングから始まる。

一九六二年夏、オックスフォード大学の試験官たちと向かい合って、若くて健康な一人の学生が座っていた。二〇歳のその学生スティーヴン・ホーキングは、学士号取得のための審査を受けていた。「試験官たちには、話している相手が自分たちよりもはるかに賢いことに気づくくらいの知性はあった」[*11]と、当時ホーキングに物理学を教えた教官は言う。それからまもなくしてホーキングは、博士号を取得するためにオックスフォード大学からケンブリッジ大学に移り、この大学に生涯留まることとなる。ところがしばらくすると、運動ニューロン疾患の症状が現れはじめる。このつらい進行性の病気のせいでホーキングは、次々に身体の自由を奪われていく人生を運命づけられてしまった。まずは歩けなくなり、続いて自分で食事を取れなくなった。やがて、のどにチューブを挿入しないと呼吸すらできなくなった。この病気と診断されたときに受けたショックと、その身体障害によるすさまじい困難をホーキングは克服し、理論物理学者として画期的な研究を進めた。人々を勇気づけるその物語は広く知られているとおりだ。

一九六〇年代後半から七〇年代前半にかけてホーキングは、オックスフォード大学の優れた数理物理学者ロジャー・ペンローズと共同研究をおこなった。一般相対論に基づいて宇宙誕生の謎の解明を進めるとともに、ブラックホールのさまざまな性質を探求したのだ。一九七〇年、その研究からホーキングは、ブラックホールと熱力学のあいだにただならぬ関係があるかもしれないことに気づく。その関係性は、ブラックホールの事象の地平面がけっして小さくなりえないことを証明する、そのための研究から浮かび上がってきたものだった。

恒星や惑星から宇宙船まで、どんな物体がブラックホールに落ちたとしても、そのブラックホールの質量は増える。そしてそれとともに、周囲の空間を引きずり込む勢いが強まる。そのため、ブラックホールの質量が増えるにつれて、ブラックホールの中心から、空間の流れる速さが光のスピードに達する地点までの距離が延びる。つまり事象の地平面の半径が大きくなっていく。一方、ブラックホールの中からは何も逃げ出せないので、ブラックホールの質量が減ることはけっしてない。そのため事象の地平面の半径が小さくなることはありえない。ホーキングは、この振る舞いとエントロピーの挙動とのあいだに不思議な類似性があることに気づいた。事象の地平面とエントロピー、どちらもけっして小さくなることはないのだ。

しかしそのように似ているのはただの偶然だろうと、ホーキングは思った。エントロピーを持っている物体は必ず熱を発しているのだから、事象の地平面とエントロピーのあいだに関係があるはずはないと考えたのだ。箱の中の気体を思い浮かべてみよう。その気体がエントロピーを持っていれば、その気体を構成する分子集団は互いに区別のつかないさまざまな状態のあいだで移り変わっている。これが、ルートヴィヒ・ボルツマンとジョサイア・ウィラード・ギブズによるエントロピーの定義だった。この気体のエントロピーがゼロになるためには、すべての分子が静止していなければならない。しかしそうであれば、この気体の絶対温度は定義上ゼロになる。要するに、分子集団がエントロピーを持っていれば、それらの分子は運動していて、したがって温度を持っている。それと同じ論法で、ブラックホールがエントロピーを持つためには、気体と同じように温度を持っていなければならない。ということは、熱を放射していなければならない。しかし、熱を含めどんなものも事象の地平面からは逃げ出せないのだから、そんなことはありえないのではないか?

一九七一年にホーキングは、事象の地平面の面積とエントロピーのあいだに類似性があると指摘する論文を発表した。[*12] これらは宇宙の中で二つだけ、必ず増えていってけっして減らないものだというのだ。しかしブラックホールが熱を放射することはありえず、したがってエントロピーを持っているはずはないのだから、これは単なる偶然の一致であると、ホーキングは論じた。[*13]

だがホーキングは知るよしもなかったが、その前年、ニュージャージー州プリンストンにある高等研究所のとある一室で、それは偶然ではないかもしれないことをうかがわせる会話が交わされていた。話していたのは、ヤコブ・ベッケンシュタインという博士課程の若い学生と、その指導教官のジョン・ホイーラー[*14]。

ジョン・ホイーラーは二面的な人物だった。共産主義に反発する保守的な愛国主義者で、アメリカの核兵器開発に携わっていた一方、ソ連の科学者やチリの共産主義者の友人がいた。ほとんどいつもスーツを着て会社の重役のような雰囲気を醸し出す一方で、公民権運動や女性の権利、一九六〇年代を象徴する多様性の拡大を支持した。若い頃に花火の実験に失敗したせいで、片方の手の親指が一部欠けていた。大人になってからも、学会の最中に退屈すると、膨らませた紙袋を破裂させてそのことをアピールした。ホイーラーは二〇世紀でもっとも洞察力のある思索家であると同時に、「ブラックホール」という言葉を世に広めた人物でもある。[*15] それまでブラックホールは、重力崩壊天体やシュヴァルツシルト特異点と呼ばれていた。ホイーラーはいろいろな点でグスタフ・マグヌスに似ていた。一八四〇年代にエントロピーに関する考察を始めた若きルドルフ・クラウジウスの師であった、ベルリン大学のあの偉大な物理学教授である。それから一〇〇年以上経った一九七〇年代後半にプリンストン大学で研究をしていたホイーラーにとっても、エントロピーの性質はいまだに謎多きテーマであって、それをわずか二三歳のヤコブ・ベッケンシュタインに話して聞かせていたのだ。

ベッケンシュタインは変わった経緯でプリンストンのホイーラーの研究室にたどり着いた。一九四七年メキシコシティ生まれ、両親は一九三〇年代にヨーロッパから逃れてきたユダヤ人。父親は大工、母親は専業主婦だった。二人は一から生活を立て直すしかなく貧しかったが、それでも息子の才能を育んだ。ヤコブは子供時代、母親に連れられてよくメキシコシティの中央図書館に通っては、学校では手にできない本を読み、科学や工学への興味を膨らませていった。一九六〇年代のソ連のスプートニク計画に魅了されると、小遣いをはたいて薬局で買った化学薬品から燃料を調合し、学校の友人たちとロケットを自作した。「何基かは実際に飛んだし、二度ほどはあまりにも遠くまで飛んで回収できなかった」とのちに記している。[*16] 一九六〇年代初め、ベッケンシュタイン一家はアメリカへの移住許可を取り、メキシコシティからテキサス州へ向かうバスに飛び乗って、最終的にニューヨークに落ち着いた。その地でベッケンシュタインは高校を卒業し、大学では優秀な成績を収めて、プリンストンにある高等研究所で博士号取得を目指すための奨学金を勝ち取った。その頃にはすでに、理論物理学者になるという意志を固めていた。「若い頃、考えられるいろいろな職業を天秤(てんびん)に掛けた結果、宇宙の別の場所からやって来た生き物にも理解できるようなことをやろうと決心した」とのちに説明している。[*17]

一九七〇年のあの日、二人はプリンストン大学のホイーラーのオフィスで膝を突き合わせて座りながら、カルノーやケルヴィンやクラウジウスを魅了したのと同じ、エネルギーの拡散に関する問題に考えをめぐらせていた。彼ら一九世紀の科学者が明らかにしたのは、一つの系の中に温度差がある、つまりある部分が別の部分よりも熱い場合に限って、熱から有用な仕事を引き出せるということである。ケルヴィン卿が思い浮かべたとおり、鉄の棒の一方の端が高温でもう一方の端が低温であれば、高温の端から低温の端への熱の流れを利用して、錘を持ち上げるなど有用な力学的仕事をおこなうことができる。だが、熱が棒全体に拡散して全体が同じ温度になってしまったら、たとえエネルギーが消滅していなくても、その熱はもはや役に立たず、その熱を使って錘を持ち上げることはできない。別の言い方をすれば、その鉄の棒は低エントロピー状態から高エントロピー状態に変わってしまったのだ。エントロピーが増えるとエネルギーから有用な仕事を引き出せなくなるというこの考え方を思い出したホイーラーは、ベッケンシュタインに次のように語った。「ホットティーの入ったカップをアイスティーの入ったグラスのそばに置いて、両方が同じ温度になるまで待つたびに、罪悪感のようなものを覚えてしまう。世界中のエネルギーを保存しながらも、世界中のエントロピーを増やしてしまうんだから。その罪は消したり元に戻したりできないので、時間の終わりまで影響は残りつづける。でも、そばにブラックホールが漂ってきて、その中にこのホットティーとアイスティーを投げ込めたとしたらどうだろう？　私の犯罪の証拠は永遠に消されてしまうんじゃないだろうか？」[*18]　たいていの学生ならただ戸惑うしかなかっただろうが、ウィーラーいわく「この話を聞いただけでヤコブはピンときた」。

これをヒントにヤコブ・ベッケンシュタインが書いた博士論文は、独創性に富んではいるがいまだ証明されていない新たな物理学に向けた第一歩だったと、いまでは受け止められている。注目すべきは、蒸気機関という日常的なテクノロジーから生まれた熱力学の原理を、ベッケンシュタインは無視できないと感じたことである。のちにベッケンシュタインは、ホイーラーとの会話について次のように記している。「その結論にはとうてい納得できなかった。熱力学の第二法則はとても一般的で、かなり多くのケースに当てはまるのだから、それが通用しなくなるなんて容易には受け入れられなかった」[*19]

ベッケンシュタインを悩ませたその結論を別の角度からとらえるために、高温の気体（もちろんエントロピーを持っている）の入った箱を思い浮かべてほしい。この箱をブラックホールの事象の地平面に向かって落としてみよう。事象の地平面の向こう側からは何も戻ってこられないのだから、箱は後戻りできない地点を越えると、もはやこの宇宙の一部ではなくなる。気体の入った箱も、それが持っていたエントロピーも、この宇宙から消えてしまうのだ。だがそうすると、この宇宙のエントロピーが減少したことになって、熱力学の第二法則に真っ向から反してしまう。どうやら一般相対論と熱力学はブラックホールをめぐって対立し、一般相対論が勝ってしまうらしいのだ。

そこでベッケンシュタインは、熱力学が何とかして一般相対論との戦いを生き延びられないか、見極めることにした。だがそのためには、スティーヴン・ホーキングらが信じていたのとは正反対に、ブラックホールはエントロピーを持っていると仮定するしかない。同僚たちによると、ベッケンシュタインは無口で物腰柔らかなのに、それとは対照的に考え方はなんとも大胆だったという。物理学者のレオナルド・サスキンドは次のように記している。「ベッケンシュタインの物理研究の進め方は、むしろアインシュタインに似ていて、二人とも思考実験の達人だった。数学はほとんど使わないが、物理学の原理と、それを想像上の（しかし起こりうる）物理的条件に当てはめる方法について深く考察することで、幅広く通用して物理学の未来に深い影響をおよぼす結論を導くことができた[*20]」

熱力学とブラックホールを折り合わせるには、もちろん「深く考察する」ことが必要だった。そのためにベッケンシュタインは、相対論と熱力学、そして量子力学のエッセンスを組み合わせなければならなかった。その論法は次のようなものだった。

まず、ブラックホールに追加できるエントロピーの最小量はどれだけだろうか、という疑問を考えた。その答えは、事象の地平面の内側の空間全体に拡散しうる最小のエネルギー量、となる。要するに、事象の地平面の内側の空間を鉄の棒にたとえ、その中ですべての熱が均一に拡散すると考えるわけだ。この考え方にはトムソンもうなずくはずだ。

では、事象の地平面の内側に拡散しうる最小のエネルギー量はどれだけだろうか？　ベッケンシュタインは、事象の地平面の内側のどこにでも存在しうる、つまり、波長が事象の地平面の半径にほぼ等しいような光子一個が、そのエネルギー量に相当すると考えた。そしてそのエネルギー量を計算するために、アインシュタインが一九〇五年に発表した、光子のエネルギーは波長に比例することを示した論文に頼った。そうして、拡散する最小のエネルギー量を算出し、それが事象の地平面の半径に比例するという結論に至った。

事象の地平面の内側に拡散するエネルギーの量が分かったところで、ベッケンシュタインはアインシュタインの有名な公式$E=mc^2$を使ってそれを質量に変換した。

それがこの論証の肝となった。ブラックホールのエントロピーが増えると、質量も増える。そして一般相対論によると、ブラックホールの質量が増えれば、事象の地平面の面積も大きくなる。スティーヴン・ホーキングが少し前の論文で示した、事象の地平面が小さくなることはけっしてないという結論と一致する結果だった。

まとめると、エントロピーが増えればブラックホール内部のエネルギーが増え、質量と事象の地平面の面積が大きくなる。そこでベッケンシュタインは、**ブラックホールのエントロピーが増えれば、必ず事象の地平面の面積が大きく**なると主張した。要するに、事象の地平面の面積は、エントロピーにたとえられるというだけでなく、**エントロピーの直接的な尺度である**というのだ。ベッケンシュタインの考えでは、これによって熱力学の第二法則の普遍性は守られる。宇宙のエントロピーはつねに増大する。たとえブラックホールに物体が落ちても、事象の地平面の外側でエントロピーが失われる分だけ、事象の地平面の面積が大きくなるのだから。ベッケンシュタインはこの結論を、「一般化された熱力学の第二法則」（GSL）と名付けた。[*21]

このテーマについて初めて議論してから数か月後、そのGSLを博士論文にまとめてホイーラーに見せた。それを読んだときの反応を、ホイーラー自身が次のように語っている。「それまでの研究人生の中で何度も学んできたとおり、自然は我々が思い込んでいるよりも少しだけ奇妙な振る舞いをするものだ。だからヤコブにこう言ってやった。『君のアイデアはあまりにもばかげているから、もしかしたら正しいのかもしれない。もっと研究を進めて発表するんだ』とね[*22]」。ベッケンシュタインは言われたとおりにした。

しかし一九七二年にその論文が発表されても、真に受ける人はほとんどいなかった。確かにこの論文には、ブラックホールのエントロピーと事象の地平面の面積とのあいだの数学的関係性が示されている。だが、エントロピーを持っているとしたら、ブラックホールからは熱が放射されるはずではないのか？　誰もが、そんなことはありえないと信じていたのだ。ベッケンシュタインは自伝の中で当時のことを次のように振り返っている。「孤独な二年間だった。当時、ブラックホールのエントロピーはとても新しい概念で、それを耳にしてもほとんどの人は、明らかにナンセンスだと吐き捨てた。時間を無駄遣いするんじゃないと突っかかってくる人すらいた[23]」

スティーヴン・ホーキングもまた、ベッケンシュタインの論文を読んで顔をしかめた。何年ものあいだ一般相対論を研究してきた経験上、ブラックホールが熱を発するなんて一般相対論が許さないはずだと強く感じたのだ。そこですぐさま二人の同僚とともに、ベッケンシュタインが間違っている理由を指摘する論文を書いた。ホーキングにとってとりわけ面白くなかったのは、ベッケンシュタインが自分の研究を引用していることだった。ホーキングはベストセラー『ホーキング、宇宙を語る』（*A Brief History of Time*）の中で次のように述べている。「実はこの論文を書いたきっかけの一つは、事象の地平面の面積が大きくなるという私の発見を、ベッケンシュタインが間違って使っていると思って腹が立ったことだった[24]」

その一年後、事態は急展開を迎える。一九七三年九月、ホーキングはモスクワを訪れ、ソ連を代表する二人の物理学者、ヤーコフ・ゼルドウィッチおよびアレクセイ・スタロビンスキーと、ブラックホールについて議論を交わした。そして、その議論の中から出てきたアイデアを使えば、ブラックホールが熱を発するなんてことはありえず、ゆえにエントロピーも持ちえないことを証明できるだろうと感じつつ帰国した。ところがいざ計算を始めてみると、期待していたのと正反対の結論を示すような結果が出てきた。「驚いて頭を抱えた。ベッケンシュタインがこの結果に気づいたら、いったいどうするだろう。ブラックホールのエントロピーに関する自分のアイデアを支持する、さらなる論拠として使ってしまうのではないだろうか。私はいまだにそのアイデアが気に入らないというのに」[25]。だが計算を進めれば進めるほど、ベッケンシュタインは正しいように思えてきた。ブラックホールは単に熱を発するだけでなく、その熱の量は、事象の地平面の面積がブラックホールのエントロピーの尺度であるとした場合に必要な量と正確に一致したのだ。一九七四年初めにホーキングは、この結果を完全な理論へと発展させた。そして、どんなブラックホールからも「ホーキング放射」が漏れ出しているという、いまでは有名な発見を成し遂げたのだ。

ではホーキングはどのようにして、光さえも逃げ出せないブラックホールから、その原則に逆らって熱が放射されることに気づいたのだろうか？　その答えは、ブラックホールの事象の地平面を量子力学の観点から調べてみようとしたことにある。当時、ほとんどの物理学者の感覚では、一般相対論の原理に従うきわめて重い天体であるブラックホールは、量子力学とはほぼ関係がないとされていた。そもそも量子力学は、原子の内部の微小な世界を探るためのものである。しかしホーキングは、モスクワで交わした議論を一つのきっかけに、事象の地平面のそばの空間を量子力学の観点から調べれば、何か面白いことが出てくるかもしれないと思いついた。ホーキングの論法を忠実に追いかけていくのはちょっと難しいので、おおざっぱなところを直感的に見ていくことにしよう。そのためには、量子力学の有名な「不確定性原理」から導かれる、とりわけ奇妙なある帰結について考えなければならない。それは「真空エネルギー」という名前で呼ばれている[26]。

この呼び名が示すとおり、真空はけっして静まりかえっていないどころか、逆に盛んに活動している。どこからともなくエネルギーを借りたかと思うと、次の瞬間にはそれと同じ量のエネルギーを返す、そんなことをつねにやっているのだ。ある瞬間に正のエネルギーが生じても、その直後に生じる負のエネルギーと打ち消し合ってしまうため、このゆらぎにはたいてい気づかない。負のエネルギーとは何とも奇妙な概念だが、確かに存在している。そのエネルギーはさまざまな形を取りうる。電子や陽電子などの粒子として現れることもあれば、電磁気エネルギーを持った光子として現れることもある。

そこでホーキングは考えた。ブラックホールの事象の地平面やそのすぐ外側では、この「打ち消し合い」がうまくいかないのではないか。そこでは空間と時間が激しくゆがんでいるため、ふつうなら消滅させ合うはずの正のエネルギーと負のエネルギーが互いに引き離されてしまう。そうして生き残った正のエネルギーは、ブラックホールから外に出てくる。一方、負のエネルギーはブラックホールに落ちていく。それが負のエネルギーなので、ブラックホールの質量は小さくなるのだ。外から観察している人にとっては、まるでブラックホールがエネルギーを発しながら徐々に縮んでいって、「蒸発」していくように見える。これが「ホーキング放射」である。

ホーキングのこの考察で驚かされるのは、事象の地平面から発せられるこの放射の温度を推定できたことである。その温度は一般的にはとても低く、絶対温度で一ケルヴィンにもとうていおよばない。それでもその値は、ベッケンシュタインの説、すなわちブラックホールのエントロピーは事象の地平面の面積に比例するという説から予想される値と、正確に一致する。「最終的に、彼［ベッケンシュタイン］は基本的に正しかったのだと分かった。ただし、彼が期待していたような形の解決ではなかったが」とホーキングはのちに記している[*27]。

物理学は苦境を脱した。一般相対論と量子力学と熱力学という現代物理学の三大理論が調和して成り立っていることを、ホーキングとベッケンシュタインが明らかにしたのだ。それゆえ、自然界をもっとも基本的なレベルで説明するたった一つの原理、いわゆる大統一理論を追い求める現代の物理学者にとって、ブラックホールのエントロピーとホーキング放射は最重要テーマとなっている。

ホーキングとベッケンシュタインの研究から数十年経ったいまでは、ブラックホールの事象の地平面の面積はエントロピーそのものであるということで見解がまとまっている。この不思議な考え方からは、この宇宙の構造に関するある基本的な事実がうかがい知れる。エントロピーはふつうは三次元の現象とみなされている。たとえば箱に入った高温の気体のエントロピーは、その気体の分子が三次元空間内で取りうる、互いに異なるが区別できない配置が何通りあるか、その個数にほかならない。ではどうして、明らかに三次元的であるこのプロセスが、事象の地平面という二次元の上での現象に置き換えられるというのだろうか？

三角形のタイル一枚一枚に１ビットの情報が書き込まれている。全体では、ブラックホールの内部に存在するあらゆるもののエントロピーが表されている

ここ数十年、熱力学や量子力学や一般相対論とは別のもう一つの分野がこの議論に加わってきて、研究が大いに盛り上がっている。その分野とは情報理論である[*28]。先ほどと同じく、高温の気体の入った箱がブラックホールに落ちていく様子を思い浮かべてほしい。その気体のエントロピーを計算するには、理屈上、一個一個の気体分子の位置と運動方向をとてつもなく長いリストにまとめればいい。そしてそのリストの各項を、一九四〇年代にクロード・シャノンが発見した方法を使って二

進数に変換する。そうすることで、気体の内部状態を、1と0の長大な列として完全に記述できる。ところでベッケンシュタインとホーキングによれば、気体の入った箱がブラックホールに落ちると、事象の地平面の面積が、その気体のエントロピーによって定まる分だけ大きくなる。それはあたかも、気体のエントロピーを表現するすべての1と0をちょうど書き込める分だけ、事象の地平面の面積が大きくなるようなものだ。

ベッケンシュタインとホーキングの公式を使うと、気体のエントロピーを表現する二進数の一つの数字が事象の地平面上でどれだけの面積を占めるかを計算できる。その面積はきわめて小さく、およそ4×10^{-66}平方センチメートルである。そこで次のように考えることもできる。ブラックホールの事象の地平面は何枚もの小さなタイルで覆われていて、そのタイルの一枚一枚に、これまでにブラックホールに落ちたあらゆる物体のエントロピーを表す情報の一ビット分が書き込まれているのだ。

計算によると、その事象の地平面の面積は、ブラックホールに落ちたあらゆる物体のエントロピーを表現するビットすべてを符号化するのに、ちょうど良い枚数だけ増える。おおざっぱにイメージするなら、球体の表面に油を注ぎかけると、その表面にとても薄い油の層ができるようなものだ。油をかければかけるほど、球体の表面積は、ちょうど薄い油の層ができた分だけ大きくなる。それと同じように、ブラックホールを外から観察すると、物体がその中に落ちていったようには見えない。事象の地平面の上に薄い層となって塗りつけられるだけなのだ。

そこで物理学者は、ブラックホールの事象の地平面をホログラムにたとえた。ホログラムとは、完全な三次元像を生成するのに必要なすべての情報が収められた二次元面のことである。3D映画はそれとは違って、三次元の幻影を生み出しているにすぎない。ホログラムの周りを一周歩くと、あたかも実際の三次元物体の周りを一周しているかのように見える。それでも、その像を生成するのに必要な情報はすべて、一枚の薄いフィルムの上に保存されている。このいわゆるホログラフィック原理をヒントに、物理学者たちは、ブラックホールの事象の地平面に書き込まれている二次元情報の方が、そのブラックホールに落ちていった三次元物体よりも、ある意味「より現実的」なのではないかと論じている。落ちていった物体は永遠に失われるが、事象の地平面には我々の側の宇宙から手が届くのだから。

この考え方からは、ますます驚きの結論から導かれる。この宇宙を記述するすべての情報が、宇宙を取り囲む二次元面に保存されているのではないかというのだ。

一九九八年、この宇宙の膨張が加速していることが発見された。[*29] 遠方の銀河が我々から遠ざかっていくスピードが、どんどん速くなっていたのだ。この加速膨張の原因はいまだ分かっておらず、謎の「ダークエネルギー」のせいではないかと言われている。それでも実際、遠くの宇宙に目を向ければ向けるほど、空間はどんどん速いスピードで我々のもとからあらゆる方向に流れ去っている。そして地球からおよそ四六〇億光年の距離になると、そのスピードは光の速さを超える。そのため、この境界を越えた銀河から発せられた光はけっして我々のもとに到達できず、そのような銀河は我々にとって消えてしまったも同然だ。宇宙の加速膨張が限りなく続くとしたら、光よりも速く流れていく空間によって次々と銀河が押し流され、我々の視界から消えていくことになる。そしてやがて、見えるのは我々の天の川銀河とその近くの何個かの銀河だけになってしまう。

それを具体的にイメージする一つの方法として、この宇宙のすべての銀河を球形の風船の表面に点として描いたとしよう。謎のダークエネルギーによってこの風船はどんどん速いスピードで膨らんでいって、点どうしはどんどん速いスピードで互いに引き離されていく。

その点のうちの一つを我々の天の川銀河とみなし、天の川銀河とその近傍のいくつかの銀河を中心とする円を描いたとしよう。その円の内側では、風船は光のスピードよりも遅く膨張していて、外側では光のスピードよりも速く膨張している。我々に見えるのはこの円の内側にある銀河だけで、外側にあるものはいっさい見えない。そして風船の膨張スピードが加速しているため、次々とたくさんの銀河がこの境界を越えて視界から姿を消していく。

この手の現象はもうご存じのはずだ。この宇宙はあたかも、「内と外をひっくり返したブラックホール」のようなものなのだ。二度と見えなくなるのは、一方通行の境界面の内側に流れていった物体ではなく、外側に流れていった物体である。つまり、ブラックホールが事象の地平面に取り囲まれているのと同じように、この宇宙のまわりにも事象の地平面が存在するのだ。さらに話は盛り上がっていく。先ほど述べたように、ブラックホールに落ちたすべての物体を記述するのに必要な情報が、そのブラックホールの事象の地平面には符号化されている。それと同じように、この宇宙に存在するすべての物体を記述するのに必要な情報が、宇宙を取り囲む二次元の地平面上に符号化されているのではないだろうか。そうだとすると、我々が見ているこの三次元宇宙は単なる幻影でしかないことになる。現実の二次元宇宙を我々が三次元として経験しているにすぎない。我々が見ているこの宇宙はホログラムのようなもので、二次元の現実が三次元に落とす影にほかならないのだ。

物理学者がこの発想に魅力を感じている理由はどこにあるのだろうか？　三つめの次元はただの幻影というだけでなく、重力の源でもあるというのだ。[*30] 誰もが現実として体験している重力は、実はまやかしであって、宇宙の境界に保存されている二次元データを我々が解釈するための手段にすぎないのかもしれない。もしも重力が「現実」でなかったとしたら、自然界のほかの力と統一する必然性はなくなる。物理学者が必死で追い求めている「万物理論」は、実はすでに手の中にあるかもしれないのだ。

熱力学の物語は、二〇〇年前、単に蒸気機関の効率を上げようとした若きフランス人、サディ・カルノーによって幕を開けた。精神科病院でコレラにより世を去ったカルノーには、自分の研究がやがて何かにつながるなんて知るよしもなかった。自分の蒔いた種がいつか宇宙の果ての解明につながるなんて、どんなに突拍子もない想像を膨らませようがけっして予期できなかったはずだ。

スティーヴン・ホーキングは次のように記している。「我々は、ごく平均的な恒星のちっぽけな惑星上に棲む、高等なサルの一種にすぎない。それでも我々はこの宇宙を理解できる。だからこそ我々はとても特別な存在なのだ[*31]」

エピローグ

本書の一番の狙いは、熱力学と、基礎科学におけるその重要性を世に知らしめることだった。エネルギーやエントロピーや温度、そしてそれらを司る法則の解明は、人々の生活を人類史上もっとも大きく改善する上で欠かせない役割を果たしてきた。

一八五〇年以前、ほとんどの人は、原始的で病気にかかりやすい短い人生を送っていた。生き延びようにも、自分と家畜の筋力くらいしか使えなかった。エリートたちは良い生活を送っていたが、彼らもほかの人の筋力に頼りきって生きていた。

その後、何かが変わった。本書で取り上げた数々の科学的大発見のおかげで、筋力が徐々に、石炭や石油やガス、水力や原子力といった別の動力源に置き換えられていった。その結果、いまではほとんどの人が、過去のどんな時代と比べても幸せで健康的で充実した長い人生を送っている。この「朗報」は見過ごされがちだが、説得力のあるデータがほしいのであれば、オックスフォード大学の経済学者マックス・ローザーが作ったourworldindata.orgというウェブサイトを見てほしい。そこに挙げられている、世界中から集められた包括的な証拠を見れば納得できるはずだ。

熱力学の法則の発見は、史上もっとも重大で、もっとも大きな恩恵をもたらした進歩の一つだったと思う。しかし読者の中には、私が科学や技術の進歩に熱中するあまりに、産業化による環境破壊のことを無視していると言う人もいるかもしれない。なるほどそのとおりだ。

第一に、地球の現状をどんなに憂えている環境保護論者でも、一九世紀初めの世界に戻すことを望んでいる人なんて一人もいない。その事象の地平面はあまりにも遠すぎる。歴史の大半にわたって人類を支配していた、貧困や病気、あまりにも高い乳児死亡率が復活することなんて、誰も望んでいないのだから。第二に、人々の生活状況を向上させたのが科学や技術であることには、ほとんどの人がうなずくだろう。だが問題は、その科学や技術が引き起こした気候変動に我々が圧倒されて、これまで築き上げてきた人類の進歩がすべて無駄になるのではないかということだ。

ここである物語を紹介したい。一九世紀の偉大な科学者、ジョン・ティンダルの物語である。*1

優れた実験科学者で社会貢献に情熱を燃やすティンダルは、一八二〇年にアイルランドのカーロー県で生まれた。一家はイングランド系アイルランド人で、父親は地元の巡査だった。ティンダルは二〇代で実家を離れ、イングランド国内に急速に広がりつつある鉄道網の測量技師として働いた。正式な科学教育はほとんど受けていなかったが、のちに物理学に強い興味を持ちはじめる。そして、物理学を追究するにはドイツで学ぶのが一番だと判断した。イギリスの大学は古典文学と純粋数学にこだわっていて、実験室や実験科学のレベルは低いと感じていたからだ。それに対してドイツの比較的新しい大学では、まさに実験科学が重んじられていた。

そこでティンダルは、一八四八年から五一年までマールブルクの街で働きながら勉学にいそしみ、ドイツを代表する何人かの実験科学者と親密な関係を築いた。ブンゼンバーナーで知られる偉大な科学者ロベルト・ブンゼンのもとで学ぶ傍ら、熱力学に関するルドルフ・クラウジウスの文書を初めて英語に翻訳した。アルプスにも魅了されて、この地方での登山の先駆者となり、マッターホルンに初登頂したメンバーの一人にもなった。

一八五一年、イギリスに帰国したティンダルは、この国有数の実験物理学者となっていた。その手腕が、ロンドンの王立協会で磁気の研究を主導するマイケル・ファラデーの目に留まり、ティンダルは王立協会の自然哲学教授に就任した。そうしてイギリスでもっとも設備の整った物理学実験室を手に入れ、そこに優れた想像力と強い意志を注ぎ込んだ。

ティンダルの研究テーマは、磁気や音から、牛乳の加熱殺菌法まで多岐にわたった。しかし最大の研究テーマは、地球大気が太陽熱を吸収・放射・保持する能力についてだった。要するに、地球の温度を保つ上で大気が果たしている役割を明らかにしようとしたのだ。

そのためにティンダルは、一八六〇年代初め、歴史に残るある美しい実験をおこなった[*2]。

太陽エネルギーはおもに可視光として地球に届き、それによって地表の土や水が温められる。そのエネルギーの一部は大気中に放射される。しかし地表から放射されるそのエネルギーは、可視光とはかなり違った形を取っている。赤外線として放射されるのだ。可視光よりも振動数が小さいため目では見えないが、温かく感じられる。

ティンダルが知りたかったのは、大気中で赤外線はどのような振る舞いを見せるかである。可視光と同じく、空気に邪魔されずにそのまま進んでいくのか？　それとも、一部は空気に捕らえられたり遮られたりするのか？　これは重要な問題で、もしも宇宙空間に逃げていけないのであれば、赤外線は大気を温める働きをしていることになる。

それを明らかにするために、まずは実験室の中に赤外線源を確保しなければならなかった。ティンダルはかなりの試行錯誤を重ねた末に、沸騰水で満たした銅の箱を使うことにした。そしてその箱を、気体を詰められる長さ約一二〇センチメートルの水平の管の端に取り付けた。もう一方の端には、高感度の温度計として作動する熱電対（ねつでんつい）を取り付けた。こうすれば、銅の箱から放射された熱が管の中の気体に吸収されるかどうかが分かる。

　実験をしたところ、とても驚くべきことが分かった。大気の九九パーセントを占める窒素と酸素は、赤外線にほとんど影響を与えなかった。しかし、水蒸気または二酸化炭素を含んだ空気に赤外線を通過させると、たとえそれらの気体がごく少量であっても、温度計の示す値が下がったのだ。これらの気体が含まれていると、空気が赤外線を吸収する能力が約一五倍に跳ね上がる、そう結論づけるしかなかった。

　要するにティンダルは、いまでは温室効果と呼ばれている現象を発見したことになる。大気中の水蒸気や二酸化炭素は、太陽エネルギーの一部を捕まえる。いわば地球をくるむブランケットのような働きをするのだ。もしも大気中からこれらの気体がなくなったら、地球の温度は急降下して、赤道付近でも摂氏〇度をはるかに下回ってしまうだろう。

　では逆に、温室効果ガスである水蒸気と二酸化炭素の濃度が上がったらどうなるのか？　地表から放射されても大気に捕らえられてしまう熱の量が増えて、地球の温度が上がるのは間違いない。ティンダルや当時の人たちがすぐに気づいたとおり、産業革命時代の、石炭を動力とする工場は、大気中に大量の二酸化炭素を吐き出してこの温室効果ガスの濃度を上昇させていた。こうしてティンダルは、早くも一八六〇年代に、人間の産業活動が気候に影響をおよぼす可能性を明らかにした。それを受けて一九一七年、電話の発明で知られる偉大な工学者のアレクサンダー・グレアム・ベルは、化石燃料を燃やしつづけることの危険性を抑えるためにソーラーパワーを活用するよう訴えた。[*3]

そこがこの物語のポイントである。人類は熱を研究することで、熱を動力源として利用する術を身につけ、人々の生活状況を大きく改善させた。しかしそのごく初期の段階から、そこに潜む危険にも気づいていた。その頃から現代までに、この危険を和らげる方策を考える時間はたっぷりあった。そうしていままでは、熱力学の法則の理解が深まったおかげで、気候変動に対処するためのさまざまな戦略が明らかになっている。すでにイギリスの電力の約三分の一は風力などの再生可能エネルギーによってまかなわれているし、その割合を引き上げる方法も分かっている。[*4] ジェイムズ・ラヴロック[*5]やマーク・ライナス[*6]など、環境問題に関する確かな実績のある科学者たちは、カーボンニュートラルで、人々が考えているよりもはるかに安全である原子力発電の割合をもっと大幅に増やすよう訴えている。地熱発電や潮汐発電にも期待できる。気候変動に対処する上で最大の障害となっているのは、科学的な問題ではない。政治的・感情的な問題だ。気候変動の存在すら認めない人もいるし、解決法を受け入れない人もいる。

私が本書を書きたかった理由はそこにある。いまや、あらゆる人が熱力学の基本を理解することが、以前にも増して重要となっている。そうすれば、環境を傷つけずに人々の生活状況を維持して向上させる最善の方法を、知識に基づいて理性的に判断できる。原子力に委ねるべきか？　電気自動車を使うべきか？　ガソリンにはどれだけの税金をかけるべきか？　風力発電所にはどれだけの補助金を支給すべきか？　熱力学の法則の基本を理解していない限り、きわめて重要なこれらの疑問に答える資格はないだろう。

その答えは、知識を踏まえた議論によって得られるのだと思う。熱の科学によって我々は、地球を破壊することなしに人間の生活状況を向上させることができるし、そうすべきである。すべて我々にかかっているのだ。

謝辞

本書の執筆に際して、大勢の人が計り知れないさまざまな形で力を貸してくれた。

とても幸運なことに、代理人のパトリック・ウォルシュが、提案書の段階から最終原稿の段階まで見事な手腕で私を支え、励まし、助言をしてくれた。ピュー・リテラリーのジョン・アッシュにも深く感謝する。この物語に対する私の情熱に当初から共感してくれた、ハーパーコリンズのマイルズ・アーチボルトとスクリブナーのダニエル・ローデルにもとても感謝している。スクリブナーでは、サラ・ゴールドバーグ、原稿整理編集者のスティーヴ・ボルト、デザイナーのエリック・ホビングにもとても感謝している。科学的概念が的確に表現されているとともに、美しくて楽しい見事なイラストを描いてくれた、コーカン・ギリに感謝する。

歴史的にも科学的にも入り組んだこの物語をたどる上では、大勢の人たちの専門知識を頼りにした。フィラデルフィア歴史研究センターの主任研究員で所長のダニエル・ミッチェル博士は、とくに本書の初め三分の二に関して貴重な手ほどきをしてくれた。数多くの科学的概念を直感的に説明しようと苦心していた際には、グラスゴー大学の宇宙物理学教授グレアム・ウォンから熱のこもった惜しみない手助けをいただいた。ジェイムズ・クラーク・マクスウェルによる運動論の実験を説明する上で力を貸してくれた、ジム・シャイク博士にも深く感謝する。アラン・チューリングと形態形成に関する章では、キングス・カレッジ・ロンドンの発生生物学教授ジェレミー・グリーンから貴重な意見をいただいた。情報理論とマクスウェルの悪魔の章について意見を寄せてくれた、マンチェスター大学のダニエル・ジョージ教授とカリフォルニア大学バークレー校のラジャ・セングプタ教授に深く感謝する。ブラックホールに関する最後の章では、ハーヴァード・スミソニアン宇宙物理学センターのソーナック・ボース博士に頼った。その章に関しては、時間を割いて父親のヤコブについて語ってくれたイェホナダフ・ベッケンシュタインにも感謝する。

ケンブリッジ大学の科学史教授サイモン・シャッファーに深く感謝する。多くのページに根気強く意見をしたり修正を加えたりしてくれただけでなく、科学史に対する彼の情熱と知識はさまざまな形で刺激となった。

誰よりも感謝を捧げたいのは、山あり谷ありの執筆活動を通してずっと知的にも感情的にも支えてくれた、友人のアンドリュー・スミスである。アンドリューほどの優れたセンスと鋭い判断力、そして人を勇気づける能力を兼ね備えた人物を友人に数えられるような物書きは、めったにいないだろう。

付録1　カルノーサイクル

サディ・カルノーは、ある量の熱の流れから取り出すことのできる発動力の最大量が、炉とシンクの温度差によって決まるということを証明しようとした。しかしそれに加えて、ある量の熱の流れHから熱機関によって生み出すことのできる発動力の最大量Mを算出することも目指した（M/Hがこの熱機関の効率となる）。そのためにカルノーは抽象的な考察を進め、理想的な熱機関の作動のしくみをモデル化した。そのような機械は現実には作ることができないが、あらゆる熱機関の効率の上限がそれによって定まる。

カルノーはすでに、理想的な熱機関の効率が作動物質によらないことを証明していた。そこで論証を進めるために、一七世紀から研究されていて性質がよく分かっていた物質、空気を使うことにした。加熱や冷却、圧縮や膨張に伴う空気の振る舞いは、既知の数学的法則に従う。空気も気体の一種にすぎないが、摂氏〇度よりかなり低温になっても気体のままなので、気体としての振る舞いを予測する法則は幅広い温度範囲で通用する（水蒸気の場合は、摂氏一〇〇度で凝縮するとその法則が成り立たなくなってしまう）。

カルノーはとくに、空気の振る舞いに関する二つの特徴に注目した。第一に意外な事実として、熱を加えたり取り除いたりしなくても、温度を上げたり下げたりできることだ。

蒸気機関に使われているタイプのシリンダーを垂直に立て、ピストンが上下に動くようにする。シリンダーは断熱されていて、熱が出入りすることはできない。ここでピストンを押し下げて、シリンダー内の空気を、たとえばもとの体積の半分に圧縮する。その際、空気が抵抗して押し返してくるため、力を加えてシリンダーに発動力を注ぎ込まなければならない。それでも押し下げていくと、空気の温度は摂氏約六〇度まで上昇する。

このような圧縮操作は、気体への熱の出入りを伴わないことから、断熱圧縮と呼ばれている。断熱圧縮は逆転させることができる。ピストンを押し下げていた手を離すと、空気は膨張して、ピストンがもとの位置まで押し返される。シリンダーが断熱されている限り、空気が最初の温度まで冷えるとともに、圧縮したときにかけたのと同じ量の発動力で押し返してくる。熱の出入りがないため、この過程を断熱膨張という。

カルノーが注目した空気の第二の特徴は、炉から空気に熱が流れ込んだときに起こる現象についてである。このとき、空気の温度が上昇するとともに、空気は膨張し、容器の壁にかかる圧力が高くなる。蒸気機関のピストンはこの膨張によって押し出される。ここでカルノーは次のような結論を導いた。蒸気機関の効率を最大にするには、シリンダーに流れ込んだ熱がすべて空気の膨張に使われて、温度の上昇にはいっさい使われないようにしなければならない。

しかしそんなことは不可能なように思える。何かに熱を加えても熱くさせないようにすることなんて、はたしてできるだろうか？

現実的にはほぼ不可能だが、理論上は次のようにすればいい。垂直に立てたシリンダーの底すれすれの位置にピストンを合わせる。そしてピストンとシリンダーの底のあいだの小さな空間に、接触している炉と同じ温度の熱い空気を圧縮して詰め込む。すると空気は膨張してピストンを押し上げ、発動力を生み出す。もしもシリンダーが完全に断熱されていれば、断熱膨張が起こって空気は冷えるはずだ。しかしシリンダーが炉に接触しているため、空気に熱が流れ込んで、温度の低下が相殺される。

そのため、空気に熱が流れ込むとともに、温度が一定のままで空気が膨張し、ある量の発動力が生み出される。これを等温膨張という。温度が一定に保たれているため、決められた量の熱から最大量の発動力が生み出される。

等温膨張も断熱膨張と同じく反転させることができる。いまの場合、シリンダー内の空気の温度をシンクと同じに保ったまま、ピストンを押し下げる。そのときシンクに熱が流れ出していくため、断熱圧縮の場合と違って温度は上昇しない。これを等温圧縮という。温度が一定に保たれているため、熱を取り除きながら空気を圧縮するのに必要な発動力は最小量で済む。

カルノーは、この断熱過程と等温過程という二つのプロセスを念頭に、最大限の効率で作動する理想的な熱機関を考案した。

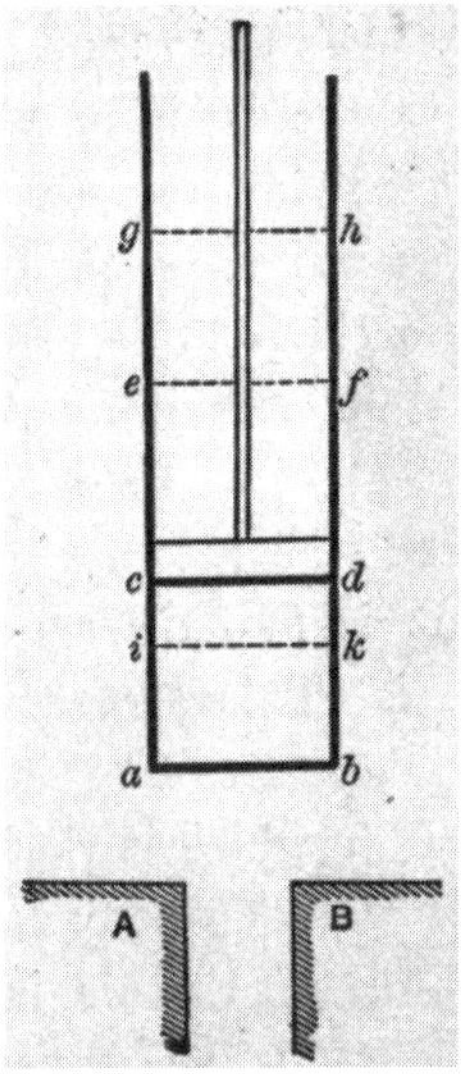

上の図には、垂直に立てたシリンダーと、その中を上下するピストンが描かれている。左下には炉（A）が、右下にはシンク（B）がある。熱を加えると気体は膨張し、ピストンがそのまま押し出される。

気体を加熱するときにはシリンダーを炉（A）に接触させ、冷却するときにはシリンダーを横にずらしてシンク（B）に接触させる。この炉はとても大きくて、いくら熱が流

カルノーが描いた理想的な熱機関の図

れ出しても温度は下がらないとする。温度はたとえばT(高)に保たれる。同様にシンクもとても大きくて、いくら熱が流れ込んでも温度は上がらず、たとえばT(シンク)に保たれる。

その上でカルノーは、この熱機関を作動させる方法を説明している。以下の四つのステップからなるサイクルを何度も繰り返すのだ。

ステップ1

ピストンをシリンダーの底すれすれの位置に合わせ、ピストンとシリンダーの底とのあいだの小さな空間に、炉と同じ温度T(高)の熱い空気を詰め込む。ここでシリンダーを炉に接触させると、ある量の熱(H)が空気に流れ込む。すると空気は膨張してピストンを押し上げ、$M(1)$という量の発動力を生み出す。

これは等温過程としているため、熱Hはすべて発動力$M(1)$を生み出すのに使われる。

このステップを動力行程といい、熱機関の発動力のほとんどはこのステップで生み出される。

しかし熱機関を役立てたいのなら、ここでやめるわけにはいかない。ピストンをシリンダーの底すれすれまで戻して、このプロセスを繰り返せるようにしなければならない。

ステップ2

最初の状態に戻すには、ピストンを押し上げた空気を再び圧縮しなければならない。そのための最良の方法は、空気をできるだけ冷やすことだとカルノーは論じた。なぜなら、高温の空気よりも低温の空気の方が、少ない労力で圧縮できるからだ。

(納得できない人は、膨らませた風船を冷蔵庫に入れてみてほしい。数分経って中の空気が冷えると、風

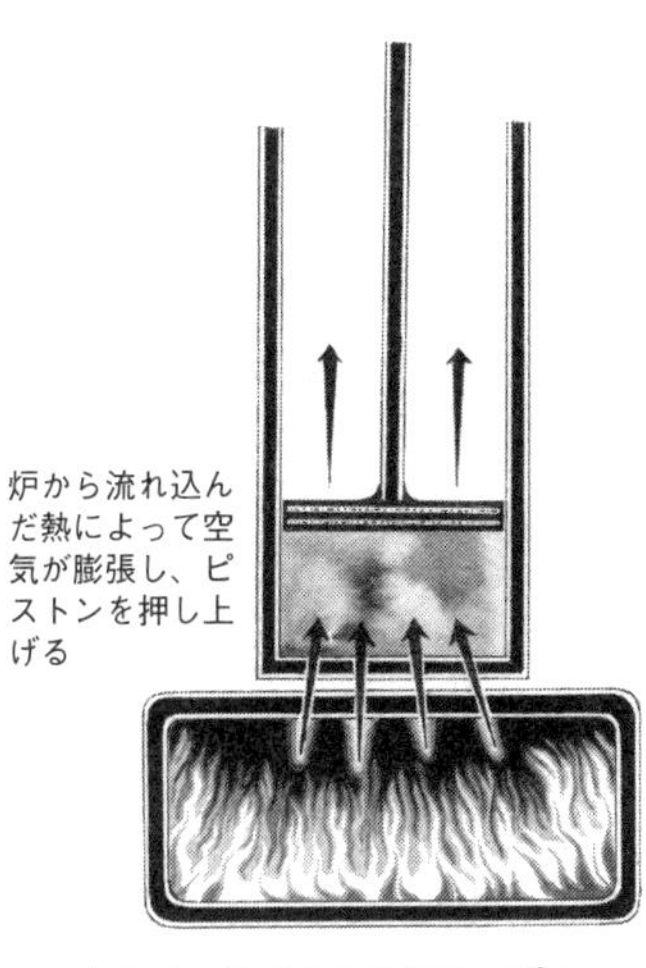

カルノーサイクルのステップ1

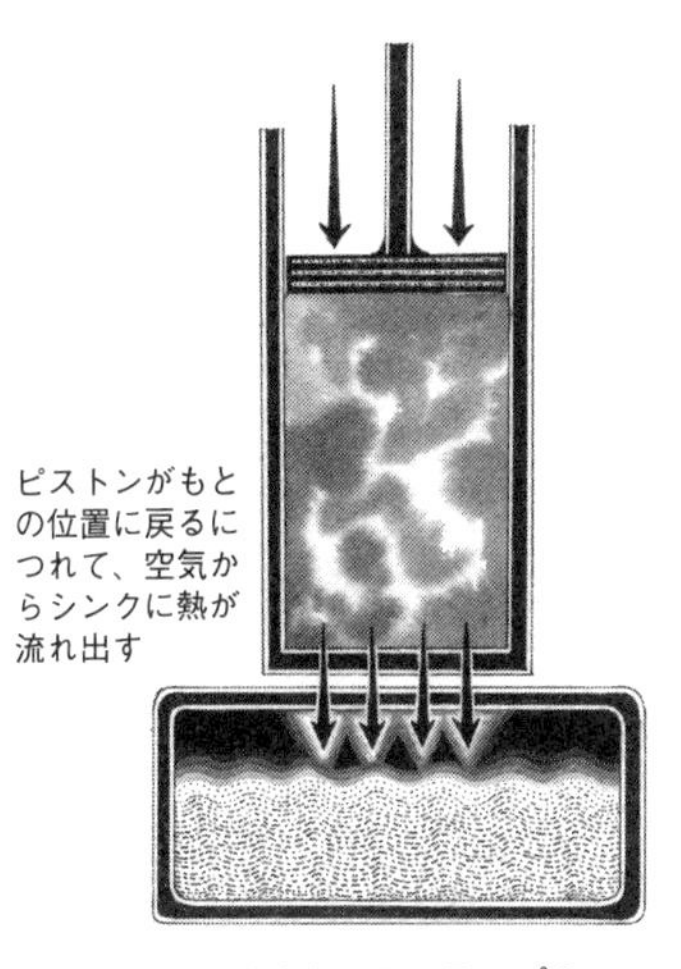

カルノーサイクルのステップ3

船はもとの何分の一にも縮んで、押しつぶしやすくなる。冬になるとタイヤが沈むのも同じ理由だ）

では、シリンダー内の空気を速く冷却するための最良の方法は？　空気を断熱膨張させて、ピストンをもとの位置よりも上に押し上げさせればいいのだ。

そのためこのステップでは、さらにもう少し発動力が生み出され（その量をM(2)とする）、シリンダー内の空気は温度T(シンク)に下がる。

ステップ3

これで空気が十分に冷えてはるかに圧縮しやすくなったので、ステップ1で生み出された発動力M(1)の一部（その量をM(3)とする）を使えば、ピストンを押し下げて空気をもとの体積まで圧縮できる。

これを等温圧縮でおこなえば、M(3)は最低限の量で済む。

（カルノーは熱素説のとおり、ステップ1で空気に入ってきた熱Hがすべて、この圧縮の際にシンクに流れ出すと考えていた）

このステップによって、空気は最初の小さな空間にまでほぼ完全に押し縮められる。その際には発動力$M(3)$が使われる。

ステップ4

ステップ1に再び戻るには、空気を再び炉と同じ温度まで加熱しなければならない。しかしそのために炉からの熱を使うと、その熱は発動力には使われずに捨てられてしまう。そこでシリンダーを再び断熱し、さらに少量の発動力$M(4)$を使ってピストンを押し下げて、空気を圧縮する。シリンダーから熱は出ていかないので、この断熱圧縮によって空気の温度はT(炉)まで上昇する。これでステップ1のスタートと同じ状態に戻った。高温の空気が膨張して再びピストンを押し出す準備が整った状態だ。

このステップ4は、ステップ2とちょうど逆のプロセスである。ステップ4で使われる発動力の量$M(4)$と、ステップ2で生み出された発動力の量$M(2)$は同じなので、互いに打ち消し合う。

四つのステップからなるこのサイクルは、科学史上もっとも偉大な思考実験の一つであり、いまでは世界中の工学者や物理学者からカルノーサイクルと呼ばれている。これを使ってカルノーは、一定量の熱から得られる発動力の理論的最大量を算出した。

この一サイクルの間に、Hという量の熱が炉から空気に流れ込んで、シンクに流れ出す。生み出される正味の発動力の量は、ステップ1で生み出された量とステップ3で使われた量との差、$M(1)-M(3)$である。したがってこの理想的な熱機関の効率は、$(M(1)-M(3))/H$となる。

熱機関の効率を上げる方法は明らかだ。膨張させるときには空気をできるだけ高温に、圧縮するときにはできるだけ低温にすればいい。空気は熱ければ熱いほど力強く膨張するし、冷たければ冷たいほど圧縮しやすい。したがって、これらのステップにおける温度の差が大きければ大きいほど、熱機関の効率は高くなる。

付録2　クラウジウスはどのようにしてエネルギー保存則とカルノーの説を折り合わせたのか？

ルドルフ・クラウジウスは、熱と仕事は互いに変換可能で、仕事を生み出すには高温の場所から低温の場所に熱が流れなければならないと考えた。そうして熱と仕事の関係性を明らかにした。この考え方は、ガソリンエンジンやディーゼルエンジンやジェットエンジン、蒸気タービンやロケットにも活かされている。

クラウジウスはまず、仕事とエネルギーが相互変換可能であるという自らの考えを踏まえて、カルノーの理想的な熱機関とその四ステップのサイクルについて改めて考察した。そうして、ある形態のエネルギーが見えないところに隠されていることを突き止め、それを*U*という文字で表した。今日ではそれは内部エネルギーと呼ばれている。

膨らんだ風船を思い浮かべてほしい。その内部に閉じ込められていて風船のゴムを押し広げようとしている高圧の空気は、エネルギーを蓄えている。バッテリーが電気エネルギーを蓄えているのと同じだ。バッテリーの電気を使ったり充電したりできるのと同じように、気体の内部エネルギーも使ったり補給したりできる。

手で風船を押しつぶしていくと、抵抗が強くなって熱くなっていく。そこから分かるように、仕事をして風船を押しつぶすと、中に入っている空気の内部エネルギーは増える。

次に、風船を手で完全にくるんで膨らまないようにしておいてから、風船を加熱してみよう。すると、膨張しようとする圧力が感じられて、風船の温度が上がる。加えた熱が空気の内部エネルギーに変わって、内部エネルギーが増えたのだ。

内部エネルギーは熱として放出させることもできる。膨らんだ風船を冷蔵庫の中など冷たい場所に置くと、内部エネルギーが熱として周囲に放出され、風船は縮んで冷たくなる。

内部エネルギーを再び仕事に変換することもできる。風船を破裂させてみよう。すると、内部エネルギーの一部が「バンッ」という音として姿を現す。また、一部の内部エネルギーによってゴムの破片が部屋中に飛び散り、周囲の空気が押しのけられる。

熱機関の場合は、クラウジウスが考えたとおり、気体の内部エネルギーからできるだけ効率的に仕事を生み出さなければならない。四つのステップからなるカルノーサイクルを使う場合には、次のようにすればいい。

ステップ1：等温膨張

ピストンとシリンダーの底とのあいだの小さな空間に、熱い気体を詰め込む。気体は膨張してピストンを押し上げ、仕事をする。そのため気体は内部エネルギーの一部を失う。しかし、炉と接触しているために熱が気体に流れ込み、失った内部エネルギーが補充される。それによって気体の温度は一定に保たれる。

したがってこの等温過程では、$H(1)$という量の熱が$W(1)$という量の仕事に変換される。

熱が仕事に
変換される

ステップ１：等温膨張

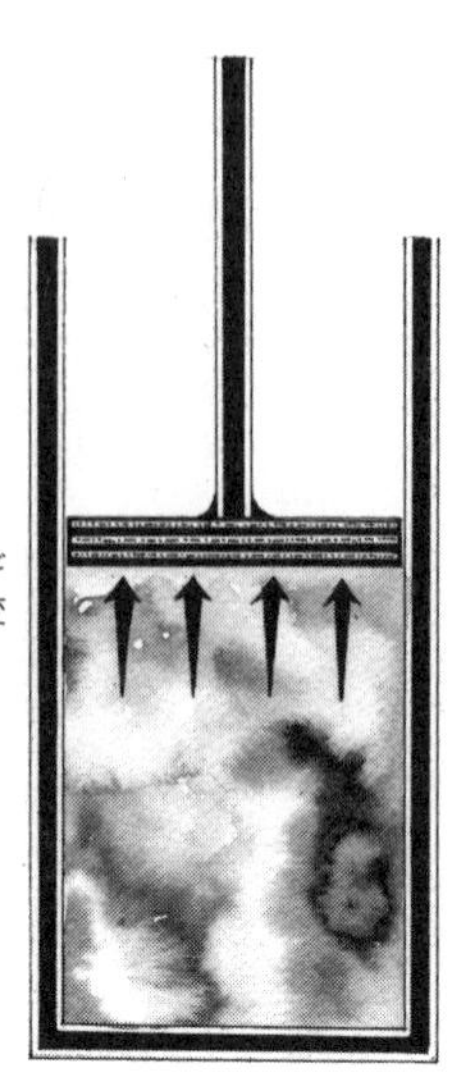

ステップ２：断熱膨張

ステップ２：断熱膨張

シリンダーを断熱する。中の気体はピストンを押し上げつづけ、仕事をする。気体は内部エネルギーを失うが、断熱されているので、熱が流れ込んできてそれが補充されることはない。気体は温度が下がり、この断熱膨張過程によって、$W(2)$という量の仕事をする。

ステップ３：等温圧縮

シリンダーをシンクに接触させてから、気体を圧縮する。すると気体に対して仕事がなされる。もしもシリンダーが断熱されたままだったら、それによって気体の内部エネルギーが増えて温度が上がるはずだ。しかし実際にはシンクと接触しているので、生み出された熱はすべてシンクに吸収され、気体の温度は変化しない。ここでは、$W(3)$という量の仕事が$H(3)$という量の熱に変換されたことになる。

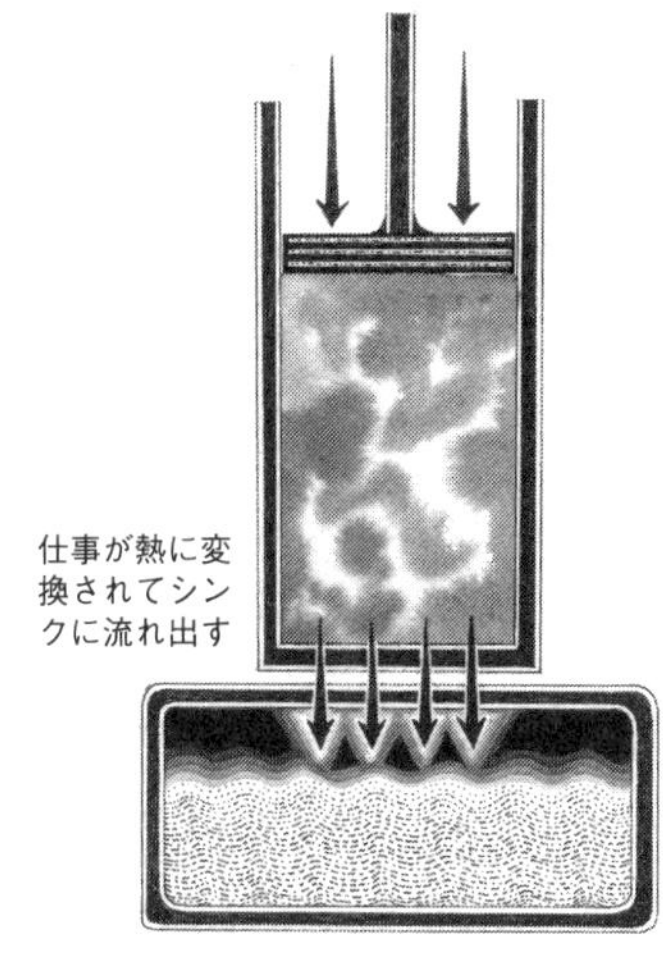

ステップ3：等温圧縮

ステップ4：断熱圧縮

ステップ4：断熱圧縮

シリンダーを断熱してピストンを押し下げ、気体をステップ1のスタートと同じ体積にまで圧縮する。すると気体に対してさらに仕事がなされて、気体の内部エネルギーが増え、温度がステップ1のスタートと同じ値にまで上がる。このステップで気体に対してなされた仕事 $W(4)$ と、ステップ2で気体がおこなった仕事 $W(2)$ は、互いにちょうど打ち消し合う。

クラウジウスは全体像をとらえるために、熱機関に出入りする熱の量と、熱機関がおこなう仕事および熱機関に対してなされる仕事の量を集計した。その結果が次ページの表である（慣例に従って、熱機関に流れ込む熱と、熱機関がおこなう仕事を、正としている。それぞれの逆プロセスは負の値となる）。

このようにしてクラウジウスは、理想的な熱機関を流れる熱の量とそこから生み出される仕事の量を分析することで、一見したところ相矛盾しているカルノーの説とジュールの説を折り合わせた。そして、

ステップ	熱の流れ	仕事
1：等温膨張	$H(1)$	$W(1)$
2：断熱膨張	0	$W(2)$
3：等温圧縮	$-H(3)$	$-W(3)$
4：断熱圧縮	0	$-W(4)$（$W(2)$ と大きさが同じ）
仕事に変換される熱	$H(1)-H(3)$	
シンクに捨てられる熱	$H(3)$	
生み出される正味の仕事		$W(1)-W(3)$

理想的な熱機関では次のようなことが起こると結論づけた。

熱の一部は、ジュールの言うとおり仕事に変換される。

残りの熱は、カルノーの言うとおりシンクに流れていく。

ではここから何が分かるか？　熱を残らず仕事に変換することはできず、一部はシンクに捨てられて二度と回収できないのだ。

付録3　熱力学の四つの法則

本書では、熱力学の第一法則と第二法則の発見および、そこから導かれる事柄に話を絞った。二〇世紀になると、完全な理論を目指してここにさらに二つの法則が付け加えられた。その一つめはいまでは第〇法則と呼ばれていて、一九世紀にはすでに正しいと考えられていたものの、当時は法則とはみなされていなかった。付け加えられた二つめの法則は、いまでは第三法則と呼ばれていて、絶対零度に近い超低温の物質に関するものである。

第〇法則

二つの熱力学系がそれぞれ三つめの熱力学系と熱平衡にあれば、最初の二つの熱力学系も互いに熱平衡にある。

（温度計を使って考えてみよう。互いに接触していない二つの物体を温度計で測って同じ値であれば、それらを接触させてもそのあいだで熱が流れることはない）

第一法則
宇宙のエネルギー量は一定である。
第二法則
宇宙のエントロピーは増えていく。
第三法則
温度が絶対零度に近づくにつれて、その系のエントロピーは一定の値に近づいていく。
（この法則が成り立っているおかげで、エントロピーは変化量としてだけでなく、絶対量としても表すことができる）

訳者あとがき

本書は、Paul Sen, *Einstein's Fridge, How the Difference Between Hot and Cold Explains the Universe*, Scribner (2021) の全訳である。

熱力学とは、物質のさまざまな性質の中でも、熱や温度といったものを論じる物理学の一分野である。物理と聞いて真っ先に思い浮かぶのは、ボールや鉄球のような固体の物体の運動、いわゆる力学だろう。その際には、質量・速度・力など、機器で直接測定できて感覚的に理解できるような量をもっぱら扱う。熱力学はそれとはまったく異質なように感じられる。おもに気体を対象としている上に、そもそも感覚的な性質である熱や温度といったものを扱う。さらにエネルギーやエントロピーなど、直接測定できないし、具体的なイメージもつかみにくい量が次々に登場する。それだけに、雲をつかむような感じがして、すっきりと理解できたという境地にはなかなか到達できないものだ。だがそれもそのはず、力学がニュートンによって初めからほぼ完成された形で提示されたのと違い、熱力学は何人もの科学者が、熱という混然とした現象を何とか理解しようと、さまざまな試行錯誤を重ねることで徐々に形になっていったのだから。

本書はそんな科学者たちが拓いてきた紆余曲折の歴史を、一九世紀初頭から現代に至るまで追いかけたものである。彼らはさまざまな境遇の中で、熱や温度をめぐる数々の謎の解明に挑み、人類の知識を少しずつ広げていった。発端は、産業革命を牽引した蒸気機関。その効率を高めるにはどうしたらいいかという、きわめて実用的な問題に挑む中で、熱とは何か、温度とは何かという根源的な疑問が浮かび上がってきた。そして動力を生み出す、エネルギーという抽象的な概念が導かれた。さらに、熱はなぜどのようにして拡散するのかを解き明かすために、エントロピーというますます抽象的な物理量にたどり着いた。では、つかみどころのないこれらの概念は具体的に何を意味するのか？　この疑問に答えるために、気体は微小な粒子からできているとする仮説が提唱され、のちにそれが原子や分子の実在証明へとつながっていく。

ここまでは単に、気体やエンジン、熱や温度といった身近なものを対象とする学問だった。ところがそれが実は、宇宙の誕生や死、そしてブラックホールという、私たちの想像力の限界を試すようなテーマと密接につながっていることが明らかとなる。さらに情報や通信、および生物の形態形成という、まったく異質な分野における深い考察が、不思議なことに熱力学の概念にたどり着いた。そして極めつけに、私たちが知覚しているこの世界、この宇宙は、実は幻影なのかもしれないという、なんとも心かき乱す学説まで提唱されている。熱という日常的な概念に関する思索がどうしてそんな壮大な結論に至るのか、熱力学はなぜこんなに幅広い分野に当てはまるのか、それはぜひ本文を読んで味わっていただきたい。

ちなみに本書の原書のタイトルは、「アインシュタインの冷蔵庫」という意味である。詳細は本文を読んでいただきたいが、アインシュタインは純粋な理論家というだけでなく、冷蔵庫というきわめて世俗的な装置の開発にも精を出した。しかもその取り組みは、人々の命を救いたいという人道的な思いゆえだった。希代の大天才の知られざる一面をうかがわせるとともに、熱力学が理論と実践の両面を兼ね備えていることを物語るエピソードと言えるだろう。

本書を読んで一つ感じたことがある。これほどの深い意味合いを帯びている熱力学も、黎明期には世間にほとんど顧みられず、その重要性に誰一人気づかなかった。熱力学の構築に携わった科学者たちは、自分の研究成果がことごとく無視され、忸怩（じくじ）たる思いのまま世を去った。このように科学研究というものは、生まれた当初はそれがいかに重要か、のちのちどれほど社会の発展や知識の探究に役立つか、当の研究者本人を含め誰にも分からない。一見したところ無意味で的外れに思える研究も、やがて大樹に生長して立派な実を実らせるかもしれない。現代はとかく、すぐさま金になる成果ばかりがもてはやされて、地味な研究はバッサバッサと切り捨てられている。そうして打ち捨てられた研究の中に、熱力学に匹敵するような巨大な学問に生長するはずだった芽が潜んでいたとしたら？　どんな科学も人類に寄与する、これは普遍の真理と言えるのではないだろうか。

学生時代に熱力学の授業でモヤモヤした経験のある方、自動車やタービンやロケットなどの動力機関のしくみに関心のある方、そして現代の情報理論や宇宙論の一端に触れたい方も、本書をひもとけば、人類の発展や宇宙の解明に熱という概念がどれだけ寄与してきたかを、深く感じ取っていただけると思う。

二〇二一年五月

水谷淳

索引

あ行

アインシュタイン、アルベルト　192-206
　一般相対論　209, 288-289, 292, 294-296
　現象主義　165
　砂糖水　197-198
　シラードとの冷蔵庫の共同開発　9, 216-221
　特殊相対論　9, 289
　ニュートンと　289, 292, 294
　ネーターと　209-210, 212
　熱力学　8-9, 194, 205-206
　光　195-196
　ブラウン運動　198-201
　ボルツマンと　191-192, 194-196
　マリッチと　192-193
　量子論　213-215
　$E=mc^2$　202-204, 212, 307
位置情報理論　282-284, 286
ウィルソン、ロバート　211
ウォルパート、ルイス　282-283, 286
宇宙創造説（ボルツマン）　169
宇宙の熱的死　87, 244
宇宙マイクロ波背景放射　211
運動量　210
運動論　103, 107-108, 110-112, 117, 121-127, 131-133, 178
永久運動　34, 68-70
エネルギー　7-8, 46, 70, 96
　運動エネルギー　133-134, 138
　活性化エネルギー　158-159
　真空エネルギー　309
　ポテンシャルエネルギー　71, 76
エネルギー保存則　46, 48, 72, 75, 77, 79-80, 82-85, 205
エネルギー論　165-167
エントロピー　7-8, 93-97
　宇宙のエントロピー　97, 131-132, 150, 156-160, 164, 169, 172, 260, 307

情報エントロピー　241, 243–245
ブラックホール　301–312
王立協会　42, 46–47, 101, 107, 126, 277, 319
オストヴァルト、ヴィルヘルム　166, 202
温室効果　320
温度計　47–48, 58, 88–89, 91

か行

化学反応　156–157, 160–164
確率（論）　117–120, 131, 137–139, 170, 184, 214–215, 232
花粉粒子　198–201, 215
カルノー、サディ　10, 21–38
クラウジウスと　75–76, 79–80, 83, 95, 335–336
トムソンと　49–50, 53–60, 85, 89, 102
理想的・超理想的な機関　31–35, 89
カルノー、ラザール　21–23, 26, 34
カルノーサイクル　325–331
カロリー　25–26
『気体論に関する講義』（ボルツマン）　191, 196
ギブズ、ジョサイア・ウィラード　128–129, 140–143, 146, 150, 174–175
エネルギー論者と　166
ギブズ、ジョサイア・ウィラード・シニア　140–141
ギブズ自由エネルギー　160–164
ギブズの法則　156–157, 159
グーグル　222
クラーク、ジョーン　267–268
クラウジウス、ルドルフ　75–84, 332–336
運動論　103, 108–112
エントロピー　93–97
カルノーと　75–76, 79–80, 83, 95, 335–336
ジュールと　76, 335–336
テイトと　249
マクスウェルと　117, 120
理想的・超理想的な熱機関　77, 79–83
グリーン、ジェレミー　271, 285
クレイトン、フレッド　266
クレマン、ニコラ　23–26
『計算可能数と、決定問題への応用について』（チューリング）　265
『計算する機械と知能』（チューリング）　269
『形態形成の化学的基礎』（チューリング）　270
決定問題　265

ケルヴィン（温度スケール） 92-93
現象主義 165
光合成 161-164
光子 196, 306
光電効果 195
氷
　採氷・製氷 147-149
　トムソンの実験 57-58
呼吸 66-67, 164
『コネティカット学術アカデミー紀要』 150, 156
コペンハーゲン学派 214
ゴルトシュミット、ルドルフ 216

さ行

サスキンド、レオナルド 306
時間の矢 86, 139, 170-171
仕事 41
　熱と 44-47, 75-77, 79-83, 85
　熱の仕事当量 45, 48
事象の地平面 299-302, 305-314
シマウマの縞模様 273
シャノン、クロード・エルウッド 225-233, 235-236, 239-243, 245
　チューリングと 230-232, 267
　ベティと 231
　レヴォーと 228-229
シャープ、ジェイムズ 271, 285-286
シュヴァルツシルト、カール 296
重力 71, 314
　一般相対論 289, 292, 294-295
　ニュートンの重力理論 291, 295
　光 294-295
シュテファン、ヨーゼフ 132
『種の起源』（ダーウィン） 99
ジュール、ジェイムズ 39-50
　クラウジウスと 76, 335-336
　トムソンと 49-50, 55-60
蒸気機関
　イギリス 16, 18
　カルノーと 25-36, 326
　ジュールと 41-42
　トムソン兄弟と 54, 57

フランス　20
プロイセン　63-64
ヘルムホルツと　68
ショウジョウバエ　283
状態図　143-146, 149, 156
冗長性　242-244
シラード、レオ　216-221, 252, 254
アインシュタインとの冷蔵庫の共同開発　216-221
シラードの悪魔　252-255, 257
シリコン（トランジスター）　246, 259-261
真空管　224-225, 245, 256
スタロビンスキー、アレクセイ　308
セイ、ジャン゠バティスト　14-16, 20, 23
斉一説　98-100
生気論　65, 67-68, 164
生物・生命
情報　261
生命のサイクル　163-164
発生　270, 286
石炭　16, 18, 20, 320
絶対温度　88, 92, 233, 302, 310
絶対零度　91-92, 337-338
ゼネラルモーターズ　219
ゼルドウィッチ、ヤーコフ　308
相対論　165, 214
一般相対論　209, 288-289, 292, 294-296
特殊相対論　9, 289
$E=mc^2$　202-204, 212, 307
相転移　146-147, 149-150

た行

大気圧　57-58, 144
対称性　209-211
大腸菌　261
大統一理論　310
太陽光　71, 96, 161-164, 183
ダーウィン、チャールズ　98-102, 144, 198
ダンサー、ジョン・ベンジャミン　48
地球の年齢　100-102
地質学　98-99
『知的存在の干渉による熱力学系のエントロピーの減少について』（シラード）　252

チューリング、アラン　263-286
　クラークと　267-268
　シャノンと　230-232, 267
チューリングテスト　269
『通信の数学的理論』（シャノン）　232
ツェルメロ、エルンスト　168, 169
ディーゼル、ルドルフ　36, 149
テイト、ピーター・ガスリー　248-249, 251
ティンダル、ジョン　318-320
手の形成　285-286
デプレ、セザール＝マンシュエト　66-67
デュロン、ピエール・ルイ　66-67
デュワー、キャサリン・メアリー　115-117, 124-125, 127
電気
　ジュールの実験　41-45
　電気力線　180-181
電球　178, 182
電磁気　126-127, 179, 248
電磁波　181-184, 186, 189-190, 194-195, 203
天文学（者）　110, 117-119
統計学　126-127, 131, 169, 172-173, 187-189, 194-195, 213-215, 232
トムソン、ウィリアム　51-60, 83-87, 88-92
　カルノーと　49-50, 53-60, 85, 89, 102
　ジュールと　49-50, 55-60
　ダーウィンと　99-102
　ヘルムホルツと　87
　ボルツマンと　139
　マクスウェルと　251
トムソン、ジェイムズ　53-54, 56-57
トランジスター　245-246, 255-257, 259-261
トンプソン、ベンジャミン　24-25

な行

内燃機関　36
ナチス　220-221, 255, 265-267
ナポレオン・ボナパルト　20, 22-23
ニューコメン、トーマス　16
ニューコメンの機関　16-18
ニュートン、アイザック　19
　アインシュタインと　289, 292, 294
　重力理論　291, 295

ニュートンの法則　19, 86, 110, 117
人間原理　171
ネーター、エミー　207-212, 220-221
　アインシュタインと　209-210, 212
　ヒルベルトと　208-209
ネーターの定理　210-212
熱素（説）　24-25, 29-30, 37-38, 41, 43, 49, 59-60, 103
熱の流れ　29, 35-36, 93, 160, 179, 232, 259, 325
『熱の理論』（マクスウェル）　156, 251
熱力学　7-10, 56
『熱力学の合理的基礎にとくに関連して導かれた統計力学の基本原理』（ギブズ）　174
熱力学の法則
　第 0 法則　337
　第 1 法則　46, 83-84, 156, 159, 184, 202, 205-206, 209, 338
　第 2 法則　83-84, 126-127, 131-133, 138-139, 150, 153, 156, 159, 166, 184, 251-254, 270, 305, 307, 338
　第 3 法則　337-338
粘性　121, 123-126, 197

は行

光
　空洞放射体　185-189
　重力　294-295
　スピード　202-205, 299, 313-314
　電磁波　181-183, 190
　熱の放射　179
　ブラックホール　299
　粒子　194-196
ビット　235-236, 253, 257-261, 312
『火の発動力についての考察』（カルノー）　9-10, 37, 51
氷河　59
ヒルベルト、ダフィット　208-209, 212, 221, 265
　ネーターと　208-209
ファインマン、リチャード　173, 212
ファラデー、マイケル　126, 319
フィードバック　272-274, 277
フォーブズ、J・D　100
フォン・アイゲントラー、ヘンリエッテ　131, 152-153, 174
フォン・ノイマン、ジョン　228, 240
不可逆性　86, 155
不確定性原理　309

ブッシュ、ヴァネヴァー　227
『物理学紀要』（ドイツ）　72, 75 193, 196, 199
ブラウン、ロバート　198-200
ブラウン運動　198- 201, 215
ブラックホール　288, 296, 299-314
プランク、マックス　184-185, 187-190, 194
　ボルツマンと　166, 178, 187-190
フーリエ、ジョゼフ　52
プリーストリー、ジョゼフ　19
フレオン　219-220
ベッケンシュタイン、ヤコブ　302-312
ベネット、チャールズ　255, 257-259
ペラン、ジャン　201-202
ベル、アレクサンダー・グレアム　223-224, 320
ベル研究所　211, 225, 229-232, 245, 256, 267
ベルヌーイ、ダニエル　104-109
ベルヌーイの定理　105
ヘルムホルツ、ヘルマン　63-65, 67-72
　トムソンと　87
　ボルツマンと　140
ペンジアス、アーノ　211
ボーア、ニールス　213-215
ホイーラー、ジョン　302-305, 307
放射能　101
ホーキング、スティーヴン　300-302, 308-312, 315
『ホーキング、宇宙を語る』（ホーキング）　308
ホーキング放射　309-311
ボース、サティエンドラナート　213
ボルツマン、ルートヴィヒ　11, 128-134, 138-140, 152-155, 164-168, 169-176
　アインシュタインと　191-192, 194-196
　トムソンと　139
　プランクと　166, 178, 187-190
　ヘルムホルツと　140
　ヘンリエッテと　131, 152-153, 174
ボルツマンの脳　173
ボールトン、マシュー　18-19
ホログラフィック原理　313

ま行

マイトナー、リーゼ　176
マウス　285-286

マクスウェル、ジェイムズ・クラーク　113-118, 120-127, 179-182, 248-252
　キャサリンと　115-117, 124-125, 127
　クラウジウスと　117, 120
　テイトと　248-249, 251
　トムソンと　251
マクスウェルの悪魔　249, 251-252, 254
マグヌス、グスタフ　74-75
マッハ、エルンスト　165-167, 202
マリッチ、ミレヴァ　192-193
マンセル、ロバート　58
ムーア、ベティ　231
モルフォゲン　271, 273-274, 276, 282-286

や行

ユダヤ人迫害　220-221, 255, 266
ゆらぎ　170-173

ら行

ライエル、チャールズ　98-99
ラヴォアジェ、アントワーヌ　25, 66
ラザフォード、アーネスト　101
ランダウアー、ロルフ　244, 255-259
ランダウアーの限界　260-261
『流体力学』（ベルヌーイ）　105
量子（論）　190, 213-215, 309-311
リンデ、カール　148-149
ルッツ、エリック　260
ルニョー、ヴィクトル　53
ルーベンス、ハインリッヒ　185
冷蔵庫　147-150
　アインシュタインとシラードの共同開発　9, 216-221
　カルノーの理想的な逆機関　31
　共役させた２軒の家　160-161
　クラウジウスの理想的な逆機関　80-82
レイリー卿（ジョン・ウィリアム・ストラット）　185-187
レヴォー、ノーマ　228-229
ロシュミット、ヨーゼフ　130-131, 133, 153-155

わ行

ワット、ジェイムズ　18-19, 28-29
ワットの機関　18, 29

ワトソン、トーマス　224

アルファベット

AAC（学術支援評議会）　221
AEG（ドイツ総合電気会社）　219
AT&T（アメリカ電話電信会社）　223-225
BAAS（イギリス科学振興協会）　46, 49
ENIAC　256
IBM　255-257
NPL（イギリス国立物理学研究所）　268
SIGSALY　229-233

注

〔本文中の引用は独自訳〕

プロローグ

＊1　"Bluff Your Way in the Second Law of Thermodynamics," by Jos Uffink, Department of History and Foundations of Science, Utrecht University (2000).

＊2　*The Collected Papers of Albert Einstein*, vol. 2, pp. xxi, xxii に引用されているアインシュタインの言葉。

＊3　同上。

＊4　*Order and Disorder,* episodes 1 and 2, BBC, 2012/10 初放映。

＊5　"On the Dissipation of Energy" by William Thomson in Fortnightly Review, March 1892.

＊6　"A German Professor's Journey into Eldorado" by Ludwig Boltzmann (*Populäre,* 1905).

第１章　イギリス旅行

＊1　"De l'Angleterre et des Anglais : l'expertise de Jean-Baptiste Say de l'industrie anglaise," *Innovations* 45 (3) (2014), by André Tiran.

＊2　*Unbound Prometheus* by David S. Landes〔D・S・ランデス『西ヨーロッパ工業史：産業革命とその後　1750−1968』(1・2)、石坂昭雄・冨岡庄一訳、みすず書房、1980−1982 年〕.

＊3　"Cotton Textiles and the Great Divergence : Lancashire, India and Shifting Competitive Advantage, 1600−1850," Table 2, Stephen Broadberry and Bishnupriya Gupta, Department of Economics, University of Warwick (2005).

＊4　"Un Impérialiste Libéral ? Jean-Baptiste Say on Colonies and the Extra-European World" by Anna Plassart, *French Historical Studies* 32 (2) (2009) : 223−50.

＊5　*De l'Angleterre et des Anglais* by Jean-Baptiste Say.

＊6　*The British Industrial Revolution, 1760−1860* by Gregory Clark, UC Davis.

＊7　Durham Mining Museum の Hetton Colliery に関する情報。

＊8　*British Industrial Revolution* by Clark ; *Unbound Prometheus* by Landes.

＊9　*Modern Engineering Thermodynamics* by Robert T. Balmer. ニューコメンの機関の効率は最高でも 1 パーセントをわずかに超える程度だった。

＊10　*Unbound Prometheus* by Landes; *A Short History of the British Industrial Revolution* by Emma Griffin.

＊11　"Unravelling the Duty: Lean's Engine Reporter and Cornish Steam Engineering" by Alessandro Nuvolari and Bart Verspagen, Eindhoven Centre for Innovation Studies, Netherlands (2005).

＊12　ワットによる蒸気機関の改良については次の章を見よ。

＊13　蒸気機関にもさまざまな種類があったため、ワットの機関とニューコメンの機関の効率を正確な数値で比較するのは難しい。4倍という数値は、*Modern Engineering Thermodynamics* by Balmer; *Transactions of the Institution of Civil Engineers* 3 (1) (January 1842) に基づいている。

＊14　*Against Intellectual Monopoly* by Michele Boldrin and David K. Levine〔ミケーレ・ボルドリン、デヴィッド・K・レヴァイン『〈反〉知的独占：特許と著作権の経済学』山形浩生・守岡桜訳、NTT出版、2010年〕.

＊15　*When Physics Became King* by Iwan Rhys Morus.

＊16　1800年、イングランドにはオックスフォードとケンブリッジの2つの大学があった。スコットランドには、セントアンドリューズ、グラスゴー、アバディーン、エディンバラ、マリシャル・カレッジの5つの大学があった。

＊17　*When Physics Became King* by Morus.

＊18　"Mathematics and Meritocracy: The Emergence of the Cambridge Mathematical Tripos" by John Gascoigne, *Social Studies of Science* 14 (4) (1984).

＊19　"The Theory and Practice of Steam Engineering in Britain and France, 1800–1850" by Alessandro Nuvolari, *Documents pour l'histoire des techniques* (2010).

＊20　次の章を見よ。

＊21　*When Physics Became King* by Morus.

第2章　火の発動力

＊1　*Reflections on the Motive Power of Heat* by Sadi Carnot, edited by R. H. Thurston.

＊2　*Reflections on the Motive Power of Fire* by Carnot の Robert Fox によるはしがきにおける引用。

＊3　イッポリト・カルノーによる兄サディの回想録に詳細な人物像が記されている。

＊4　"Lazare and Sadi Carnot: A Scientific and Filial Relationship" by Charles Coulston Gillispie and Raffaele Pisano, Volume 19, *History of Mechanism and Machine Science.*

＊5　"The 'École Polytechnique,' 1794–1850: Differences over Educational Purpose and Teaching Practice" by Ivor Grattan-Guiness in the *American Mathematical Monthly.*

＊6　国立工芸院時代のサディ・カルノーについては、英訳版 *Reflections on the*

Motive Power of Fire の Robert Fox によるはしがきで論じられている。

＊7　*International Women in Science : A Biographical Dictionary to 1950* by Catharine M. C. Haines and Helen M. Stevens.

＊8　*Le Producteur : Journal De L'Industrie, des Sciences et des Beaux Arts,* 1825 年版。

＊9　*Reflections on the Motive Power of Fire* の Robert Fox によるはしがき。

＊10　1818 年にマクデブルクでサミュエル・アストンが Wasserkunst Magdeburg（マクデブルクの水技術）と呼ばれる蒸気機関を作ったことが知られている。*Grace's Guide to British Industrial History.*

＊11　カルノーの文書および、*From Watt to Clausius : The Rise of Thermodynamics in the Early Industrial Age* by D. S. L. Cardwell〔D・S・L・カードウェル『蒸気機関からエントロピーへ：熱学と動力技術』、金子務監訳、平凡社、1989 年〕。カードウェルは次のように述べている。「この几帳面なスコットランド人［ワット］は、1769 年にその包括的な原理を考案したことで、熱機関の漸進的な改良と、サディ・カルノーによる熱の発動力の一般的理論の仮定を先取りした」

＊12　この章では、カルノーが置いた、熱機関に入った量と同じ量の熱が出ていくという仮定を踏襲している。実際には熱の一部が仕事に変換されるため、この仮定は正しくない。それでもカルノーの論法は有効である。仮定が間違っていたのに結論が正しかった理由については、この後の章で見ていくことになる。

＊13　炉から流れ出して機関を駆動させたすべての熱が、逆機関によって補充される。

＊14　ここに挙げた数値はカルノーの論法を説明するためのものでしかなく、その値自体は重要でない。

＊15　カルノーの考えた完璧な熱機関のしくみについては、付録 1 を見よ。

＊16　数値はカルノーの文章から取った。

＊17　ディーゼルは著書 *Theory and Construction of a Rational Heat Motor* の中で次のように述べている。「ゆえにこの新たな発動機は、完璧なカルノーサイクルの原理に基づいているため、必要とする燃料を節約できるものと期待される」

＊18　英訳版 *Reflections on the Motive Power of Fire* の Robert Fox によるはしがき。

＊19　*Revue d'Histoire des Sciences* 27 (4) (1974) に掲載された論文を見よ。

第３章　創造主の命令

＊1　*James Joule : A Biography* by D. S. L. Cardwell における引用。

＊2　ジュールの人物像に関するさらなる情報は、*James Joule : A Biography* by Cardwell ; *James Prescott Joule* by Osborne Reynolds を見よ。

＊3　National Census and Registrar General's Mid-Year Population Estimates, Office for National Statistics.

＊4　詳細は “Science and Technology: The Work of James Prescott Joule,” *Technology and Culture* 17 (4), by D. S. L. Cardwell (1976) を見よ。

＊5　ジュールの実験の詳細は、*Scientific Papers* by James Joule を見よ。

＊6　J. Young, “Heat, Work and Subtle Fluids: A Commentary on Joule (1850) ‘On the Mechanical Equivalent of Heat,’” *Philosophical Transactions of the Royal Society A* 373 (2015): 20140348.

＊7　詳細は *Scientific Papers* by Joule を見よ。この実験では、静止した電磁石によって発生した磁場の中で、コイルを入れて水を満たしたガラス管をクランクを使って回転させた。電磁石には電池から電力を供給した。

＊8　ジュールの使った発電機には整流器が備えられていたため、発生した電流は交流ではなく、一方向に流れるパルス状の電流だった。

＊9　1873年にイギリス科学振興協会で講演するためのジュールのメモより。

＊10　“On the Calorific Effects of Magneto-Electricity, and on the Mechanical Value of Heat” by J. P. Joule (1843).

＊11　William Whewell による *Quarterly Review* 51 (1834) での報告。

＊12　Joule, *Collected Papers Vol. 2* (1885).

＊13　*James Prescott Joule* by Reynolds.

＊14　“Chemistry and the Conservation of Energy: The Work of James Prescott Joule” by John Forrester, *Studies in History and Philosophy of Science* 6 (4) (1975).

＊15　1885年にジュールが書いた手紙。

＊16　1882年にトムソンが書いた手紙。

＊17　*Lord Kelvin: An Account of His Scientific Life and Work* by Andrew Gray における引用。

第4章　クライドの谷

＊1　“On the Dissipation of Energy” by William Thomson in *Fortnightly Review,* March 1892.

＊2　トムソンの生涯と研究活動に関する詳細は、*Energy and Empire: A Biographical Study of Lord Kelvin* by Crosbie Smith and M. Norton Wise; *Degrees Kelvin* by David Lindley; *Lord Kelvin: An Account of His Scientific Life and Work* by Andrew Gray を見よ。

＊3　*A History of the University of Cambridge, Vol. 3, 1750–1870.*

＊4　*Comptes Rendus de l’Académie des Sciences* 121(1895): 582.

＊5　1863年にヘルムホルツが妻に宛てて書いた手紙。

＊6　ジェイムズ・トムソンが弟ウィリアムに与えた影響に関する詳細は、*Energy and Empire* by Smith and Wise を見よ。

＊7　1863年にヘルムホルツが妻に宛てて書いた手紙。

＊8　1846年2月22日にジェイムズがウィリアムに宛てて書いた手紙。
＊9　ストラング博士が「グラスゴー、ダンバートン、グリーノック、ポートグラスゴーの何人もの造船技師や技術者からの回答」に基づいて収集した記録から推計した。*Biographical Dictionary of Eminent Scotsmen* の Henry Bell の項目に引用されている。
＊10　グラスゴーで建造された多くの船が *Transactions of the Glasgow Archaeological Society* に取り上げられている。必ずしも安全な船旅ではなかった。シティ・オブ・グラスゴー号は1854年に沈没し、乗客乗員全員が死亡した。
＊11　グラスゴーの保健所の報告。https://www.understandingglasgow.com/indicators/population/trends/historic_population_trend
＊12　"Memoir of Norman Macleod, D.D.," in the *Christian's Penny Magazine, and Friend of the People* (1876) by the Reverend Donald Macleod.
＊13　*Mathematical and Physical Papers* 1, by Sir William Thomson.
＊14　同上。
＊15　同上。
＊16　同上。

第5章　物理学の最重要問題

＊1　1852年にエミール・デュ・ボア＝レイモンがヘルマン・ヘルムホルツに宛てて書いた手紙。*Dokumente einer Fruendshaft* by Kirsten et al.
＊2　ベルリンの公園での蒸気機関の使われ方と、19世紀のプロイセンの文化全般に関する詳細は、"Architectures for Steam" by M. Norton Wise (*The Architecture of Science,* chapter 5) を見よ。
＊3　1851年にフォン・モルトケが妻に宛てて書いた手紙（上記の Wise の文献における引用）。
＊4　ヘルムホルツの人物像については、*Helmholtz: A Life in Science* by David Cahan ; *Hermann von Helmholtz* by Leo Koenigsberger（英訳 Frances A. Welby）; *Hermann Ludwig Ferdinand von Helmholtz* by John Gray McKendrick を見よ。
＊5　19世紀のヨーロッパにおける工業化の拡大については、*The Unbound Prometheus: Technological Change and Industrial Development in Western Europe from 1750 to the Present* by David S. Landes を見よ。
＊6　*The Dictionary of Statistics,* 4th ed., by M. G. Mulhall.
＊7　1807年10月の勅令。
＊8　その経済効果については、Wolfgang Keller and Carol Hua Shiue, *The Trade Impact of the Zollverein,* March 2013, CEPR Discussion Paper no. DP9387 を見よ。
＊9　商工業同盟の長だった経済学者のフリードリヒ・リストによる1819年の請

願書より。

＊10　*Dictionary of Statistics* by Mulhall のデータ（*Modern Capitalist Culture* by Leslie A. White での報告）。

＊11　*Unbound Prometheus* by Landes.

＊12　*The German Genius* by Peter Watson, p. 237.

＊13　"The Growth of Professorial Research in Prussia, 1818 to 1848—Causes and Context" by R. Steven Turner in *Historical Studies in the Physical Sciences* 3 (1971).

＊14　*Helmholtz* by Cahan, p. 72.

＊15　ドイツでは Lebenskraft と呼ばれていた。

＊16　*Memoire sur la Chaleur* (1780) by Antoine Lavoisier and Pierre Simon de Laplace.

＊17　これらの実験の詳細については、Robert Rigg による *Medical Times* の 1846 年の記事を見よ。

＊18　生気論に対するヘルムホルツの批判を分かりやすく解説したものとしては、*Life's Ratchet: How Molecular Machines Extract Order from Chaos* by Peter M. Hoffmann を見よ。

＊19　ヘルムホルツが 1854 年 2 月 7 日にケーニヒスベルクでおこなった講演 "On the Interaction of Natural Forces（自然力の相互作用について）"。

＊20　この思考実験は私が考えた。

＊21　"On the Conservation of Force" by H. Helmholtz, ベルリン物理学会で 1847 年に発表。

＊22　同上。

第6章　熱の流れと時間の終わり

＊1　"Death of Professor Magnus," *Nature* 1 (1870): 607, by John Tyndall.

＊2　A. W. Hofmann による *Allgemeine Deutsche Biographie* の Gustav Magnus の項目。

＊3　"Rudolph Clausius: A Pioneer of the Modern Theory of Heat" by Stefan L. Wolff, *Vacuum* 90 (2013); "The Berlin School of Thermodynamics Founded by Helmholtz and Clausius" by Werner Ebeling and Dieter Hoffman, *European Journal of Physics* 12 (1991).

＊4　クラウジウスの人物像に関する情報は限られている。基本的事項は、"Obituary Notices of Fellows Deceased," *Proceedings of the Royal Society of London* 48: i–xxi に掲載。*Great Physicists* by William H. Cropper〔ウィリアム・H・クロッパー『物理学天才列伝』（上・下）、水谷淳訳、ブルーバックス（講談社）、2009 年〕も見よ。

＊5　*The Second Physicist: On the History of Theoretical Physics in Germany* by Christa Jungnickel and Russell McCormmach.

＊6　"On the Moving Force of Heat and the Laws Which Can Be Deduced Therefrom" by

Rudolf Clausius, *Annalen der Physik,* 1850.

＊7　詳細は付録2を見よ。

＊8　冷蔵庫の動作原理に関する詳細は、第10章を見よ。

＊9　この図はクラウジウスでなく私が描いた。

＊10　*Energy and Empire: A Biographical Study of Lord Kelvin* by Crosbie Smith and M. Norton Wise.

＊11　"On a Universal Tendency in Nature to the Dissipation of Mechanical Energy" by Sir William Thomson (Lord Kelvin), *Proceedings of the Royal Society of Edinburgh for April 19, 1852.*

＊12　Glasgow City Council News Archive, June 2018.

＊13　*Energy and Empire* by Smith and Wise.

＊14　*The Science of Energy* by Crosbie Smith; *Energy and Empire* by Smith and Wise における引用。

＊15　"On the Interaction of Natural Forces" by Helmholtz.

第7章　エントロピー

＊1　*Annalen der Physik and Chemie,* 1865.

＊2　水銀の熱膨張係数の0.00018/Kという値は、www.EngineeringToolBox.comより。

＊3　ここでは、物質の熱的性質を使って温度を測定する方法が信頼できないことを示すために、極端なケースを選んだ。融点より少しだけ温度の高い水は、ほとんどの液体とは異なる振る舞いをする。一般的な多くの目的では、使いやすさというメリットが、物質ごとに一致しないというデメリットを上回る。

＊4　ここではパフの値は重要ではない。たとえば、1キログラムの錘を1メートル引き上げるのに必要な仕事の量と定義しておけばいい。

＊5　専門的な解説は、Richard Feynmanの講演 "The Laws of Thermodynamics," https://www.feynmanlectures.caltech.edu/I_44.html を見よ。

＊6　クラウジウスは、1855年に創設されたチューリヒ工科大学の初代物理学科長となった。アルベルト・アインシュタインはこの大学で1896年から1900年まで学んだ。

＊7　*The Mechanical Theory of Heat, with Its Applications to the Steam Engine and to the Physical Properties of Bodies* by Rudolf Clausius.

＊8　この例では部屋を使ったが、代わりにどんな物体でもかまわない。クラウジウスは蒸気機関のシリンダーに出入りする熱に注目した。

＊9　風のおおもとは太陽熱である。太陽が地球の大気や地表を不均一に温めることで風が起こる。

＊10　クラウジウスは *Mechanical Theory of Heat* の “Ninth Memoir” で次のように記している。「この量 *S* を、ギリシャ語の τροπή という単語に基づいて物体のエントロピーと呼ぶよう提案する。エネルギーという単語にできるだけ似せるように、意図的にエントロピーという単語にした。これらの単語で表される2種類の量は物理的意味合いがかなり似ているため、名称もある程度似せるのが望ましい」

＊11　*The Mechanical Theory of Heat* by Clausius の “Ninth Memoir” の末尾。

＊12　“Red Notebook” by Darwin, p. 130.

＊13　*Principles of Geology: Being an Attempt to Explain the Former Changes of the Earth's Surface, by Reference to Causes Now in Operation* by Charles Lyell (1830–33).

＊14　*Lord Kelvin and the Age of the Earth* by Joe D. Burchfield.

＊15　“On the Age of the Sun's Heat” by Sir William Thomson (Lord Kelvin), *Macmillan's Magazine* 5 (March 5, 1862).

＊16　“On the Secular Cooling of the Earth” by William Thomson, *Transactions of the Royal Society of Edinburgh* (1862).

＊17　*More Letters of Charles Darwin* edited by F. Darwin and A. C. Seward, 1869/7/24 付の手紙。

＊18　*Letters of Wallace* edited by J. Marchant (1916), 1870 年 1 月 26 日にダーウィンがウォレスに宛てて書いた手紙。

＊19　*On the Origin of Species* by Charles Darwin〔チャールズ・ダーウィン『種の起源』（上・下）、渡辺政隆訳、光文社古典新訳文庫、2009 年〕.

＊20　同上。

＊21　*Radiation and Emanation* by Ernest Rutherford (1904).

第８章　熱は運動である

＊1　“On the Moving Force of Heat and the Laws Which Can Be Deduced Therefrom” by Rudolf Clausius, *Annalen der Physik,* 1850; “The Nature of the Motion Which We Call Heat” by Rudolf Clausius, *Annalen der Physik,* 1857; “Clausius and Maxwell's Kinetic Theory of Gases” by Elizabeth Wolfe Garber, *Historical Studies in the Physical Sciences* 2 (1970): 299–319; *Kinetic Theory,* by Stephen G. Brush, vol. 1 のはしがき。

＊2　“Nature of the Motion” by Clausius.

＊3　もっとも直接的なきっかけについては、“Grundzüge einer Theorie der Gase” by Karl August Kroenig, *Annalen der Physik,* 1856. “Nature of the Motion” by Clausius も見よ。

＊4　*Hydrodynamics, or Commentaries on the Forces and Motions of Fluids* (1738). ラテン語で書かれたこの教科書の第 10 章には、「弾性流体、とくに空気の性質と運動に

ついて」というタイトルが付けられている。

＊5　*Kinetic Theory* by Brush のはしがき。

＊6　ベルヌーイの人生と研究活動に関する詳細は、Hans Straub による *Complete Dictionary of Scientific Biography* の "Bernoulli, Daniel" の項目を見よ。

＊7　*Hydrodynamics* by Bernoulli.

＊8　*Hydrodynamics* by Bernoulli, 第 10 章。*Kinetic Theory* by Brush に英訳が掲載されている。

＊9　同上。

＊10　査読したのは天文学者のジョン・ウィリアム・ラボック卿。その手紙は Royal Society Archives に収められている。

＊11　*The Second Physicist: On the History of Theoretical Physics in Germany* by Christa Jungnickel and Russell McCormmach.

＊12　"Nature of the Motion" by Clausius.

＊13　水素やヘリウムのような軽い分子は、その一部が地球の脱出速度よりも速く運動しているため、地球の大気から逃げていってしまう。

＊14　"On the Nature of the Motion Which We Call Heat and Electricity" by C. H. D Buijs-Ballot (Buys Ballot), *Annalen der Physik,* 1858.

＊15　"On the Mean Lengths of the Paths Described by the Separate Molecules of Gaseous Bodies" by Rudolf Clausius, *Annalen der Physik,* 1858.

＊16　*London, Edinburgh and Dublin Philosophical Magazine and Journal of Science,* 4th ser., February 1859.

第9章　衝突

＊1　マクスウェルの人生と研究活動に関する詳細は、*The Life of James Clerk Maxwell* by Lewis Campbell; *The Man Who Changed Everything: The Life of James Clerk Maxwell* by Basil Mahon を見よ。

＊2　1857 年 2 月にマクスウェルがおばのケイに宛てて書いた手紙。

＊3　この論文 "On the Description of Oval Curves, and Those Having a Plurality of Foci（楕円の表現と、それが焦点を複数持つことについて）" は、1846 年 4 月 6 日にエディンバラ王立協会で発表された。

＊4　"Biographical Outline" in *Life of James Clerk Maxwell* by Campbell.

＊5　1858 年 2 月にマクスウェルがいとこのケイに宛てて書いた手紙。

＊6　*The Man Who Changed Everything* by Mahon.

＊7　*Degrees Kelvin* by David Lindley における引用。

＊8　同上。

＊9　1858 年にマクスウェルが詠んだ詩。

＊10　1809年に数学者で物理学者のカール・フリードリヒ・ガウスが、小惑星ケレスの軌道を天文観測データにもっともよく一致するよう決定するための巧妙な方法を発表した。

＊11　この論文 "Probabilities" は1850年に *Edinburgh Review* に掲載された。

＊12　1850年にマクスウェルが友人のルイス・キャンベルに宛てて書いた手紙。

＊13　ハーシェルも同じく、射撃選手が練習を終えた後の様子を例として使った。初めに、壁に弾痕しか残っていない状態から的の位置を特定するという問題を考えた。その上で次のように記している。「このライフルを、正しく設置された望遠鏡に置き換えるとしよう。的は、恒星時で同じ時刻に何日も連続で観測される、天空の凹面上にある一個の星に置き換える。壁の弾痕は目盛円盤で測った度分秒の値に、射撃選手は観測者に置き換える。すると、すべての直接的な天文観測結果から天体の位置を決定するというケースになる」

＊14　ジェイムズ・クラーク・マクスウェルの論文 "Illustrations of the Dynamical Theory of Gases（気体の力学的理論の例証）" は、1859年にアバディーンで開かれたイギリス科学振興協会の会合で発表され、1860年に *Philosophical Magazine* に掲載された。

＊15　分子の運動スピードは、正確には鐘型曲線には従わない。鐘型曲線は完璧に左右対称で、大きすぎる値となる確率と小さすぎる値となる確率は等しい。しかし気体分子には、速度ゼロという理論上の最低スピードがある。それに対して、理論上の最高スピードは存在しない。ただし、平均スピードの3倍や4倍で運動する分子が見つかる確率は無視できるくらい小さい。つまり分子の運動スピードは、高速側にわずかに引き伸ばされた鐘型曲線を作る。

＊16　それが成り立つのは、気体の温度が一定の場合に限られる。

＊17　注14を見よ。

＊18　1859年5月にマクスウェルがジョージ・ガブリエル・ストークスに宛てて書いた手紙。

＊19　John S. Reid, "Maxwell at Aberdeen," in *James Clerk Maxwell: Perspectives on His Life and Work,* ed. Raymond Flood, Mark McCartney, and Andrew Whitaker, 17–42, 304–10.

＊20　"The Bakerian Lecture: On the Viscosity or Internal Friction of Air and Other Gases," 1865/11/23 受理、1866/2/8 発表。

＊21　*Kinetic Theory,* vol. 1, by Stephen G. Brush のはしがき。

＊22　*Life of James Clerk Maxwell* by Campbell における引用。

＊23　第17章を見よ。

第10章　何通りあるか

＊1　*Willard Gibbs* by Muriel Rukeyser における引用。

＊2　ウィーン・フィルハーモニー管弦楽団のウェブサイトより。『英雄』は1866年6月1日金曜日に上演された。www.wienerphilharmoniker.at/converts/archive.

＊3　ボルツマンの人生と研究活動に関する詳細は、*Ludwig Boltzmann: The Man Who Trusted Atoms* by Carlo Cercignani; *Boltzmann's Atom: The Great Debate That Launched a Revolution in Physics* by David Lindley〔デヴィッド・リンドリー『ボルツマンの原子：理論物理学の夜明け』、松浦俊輔訳、青土社、2003年〕を見よ。

＊4　ギブズの人生と研究に関する詳細は、*Willard Gibbs* by Muriel Rukeyser; *Josiah Willard Gibbs: The History of a Great Mind* by Lynde Phelps Wheeler; *Biographical Memoir of Josiah Willard Gibbs, 1839–1903* by Charles S. Hastings を見よ。

＊5　*Ludwig Boltzmann: Leben und Briefe* by Walter Höflechner, *Boltzmann's Atom* by Lindley における引用。

＊6　ボルツマンの助手を一時期務めたシュテファン・マイヤーによる回想。*Boltzmann's Atom* by Lindley における引用。

＊7　この学科の創設に関する詳細は、*100 Jahre Physik an der Universität Wien* by Wolfgang L. Reiter (2015) を見よ。

＊8　*Populäre Schriften* by Ludwig Boltzmann.

＊9　"Scientific Discussion and Friendship between Loschmidt and Boltzmann" by Dieter Flamm（ボルツマンの孫）; "In Memoriam: Ludwig Boltzmann: A Life of Passion" by Wolfgang L. Reiter, *Physics in Perspective* 9 (2007).

＊10　*Life and Personality of Ludwig Boltzmann* by Dieter Flamm, *Ludwig Boltzmann* by Cercignani における引用。

＊11　"Joseph Loschmidt, Physicist and Chemist" by Alfred Bader and Leonard Parker, *Physics Today* 54 (3) (2001): 45.

＊12　*Boltzmann's Atom* by Lindley における引用。

＊13　ルートヴィヒ・ボルツマンの論文。*Sitzungsberichte der Akademie der Wissenschaften* (Vienna) に掲載。

＊14　同上。

＊15　*Ludwig Boltzmann* by Höflechner, *Boltzmann's Atom* by Lindley における引用。

＊16　*Ludwig Boltzmann* by Cercignani.

＊17　*Willard Gibbs* by Muriel Rukeyser.

＊18　同上。

＊19　*How the Railroads Won the War,* Smithsonian American Art Museum, February 2015.

＊20　"Graphical Methods in the Thermodynamics of Fluids" by Josiah Willard Gibbs, *Transactions of the Connecticut Academy,* 1873.

＊21　同上および、"A Method of Geometrical Representation of the Thermodynamic

Properties of Substances by Means of Surfaces" by Josiah Willard Gibbs, *Transactions of the Connecticut Academy,* 1873.

＊22 「そのためじゃがいもは、沸騰した水の中に何時間か浸けておいても火が通らなかった。それを知ったのは、二人の付添人がその原因について話し合っているのが耳に入ってきたからだった。二人は次のような単純な結論に達した。『じゃがいもを茹でるのにこの忌々しい鍋（新品だった）を選んじゃいけなかったんだ』」。*The Voyage of the Beagle* by Darwin〔チャールズ・R・ダーウィン『新訳 ビーグル号航海記』（上・下）、荒俣宏訳、平凡社、2013年〕。

＊23 International Energy Agency (iea.org) のデータ。

＊24 専門的解説は、*Finn's Thermal Physics* by Andrew Rex を見よ。

＊25 たとえば、"Microstratigraphic Evidence of In Situ Fire in the Acheulean Strata of Wonderwerk Cave, Northern Cape Province, South Africa" by Francesco Berna, Paul Goldberg, Liora Kolska Horwitz, James Brink, Sharon Holt, Marion Bamford, and Michael Chazan, *Proceedings of the National Academy of Sciences,* April 2, 2012 を見よ。

＊26 チューダーと氷貿易に関する詳細は、*Refrigeration: A History* by Carroll Gantz を見よ。

＊27 *The Ice Crop: How to Harvest, Store, Ship and Use Ice* by Theron Hiles.

＊28 *Melting Markets: The Rise and Decline of the Anglo-Norwegian Ice Trade, 1850–1920* by Bodil Bjerkvik Blain, Working Papers of the Global Economic History Network (GEHN) no. 20/06 (2006).

＊29 その方法の開発と、ジェイムズ・ハリソンやカール・リンデらの人物に関する詳細は、*Refrigeration* by Gantz を見よ。

＊30 "Carl Von Linde: A Pioneer of 'Deep' Refrigeration" by J. H. Awbery, *Nature,* 1942.

＊31 *The Development of Science and Technology in Nineteenth-Century Britain: The Importance of Manchester* by Donald Cardwell.

＊32 通常、膨張弁から出てきた冷媒は、液体と気体の混合物になっている。

＊33 "How the Works of Professor Willard Gibbs Were Published" by A. E. Verrill, *Science* 61 (1925): 41–42.

第11章 恐ろしい雨雲

＊1 *Lectures on Gas Theory* by Ludwig Boltzmann, 英訳 Stephen G. Brush。

＊2 *Ludwig Boltzmann: The Man Who Trusted Atoms* by Carlo Cercignani; *Boltzmann's Atom: The Great Debate That Launched a Revolution in Physics* by David Lindley.

＊3 *Ludwig Boltzmann–Henriette von Aigentler Briefwechsel,* edited by Dieter Flamm, *Boltzmann's Atom* by Lindley における引用。

＊4 同上。

＊5　“Über den Zustand des Waermegleichgewichtes eines Systems von Koerpern mit Ruecksicht auf die Schwerkraft” by Joseph Loschmidt (1876).

＊6　“On the Relation of a General Mechanical Theorem to the Second Law of Thermodynamics”; “On the Relationship between the Second Fundamental Theorem of the Mechanical Theory of Heat and Probability Calculations Regarding the Conditions for Thermal Equilibrium.”

＊7　*On the Special and the General Relativity Theory: A Popular Exposition by Einstein* における引用。

＊8　“On the Relationship between the Second Fundamental Theorem” by Boltzmann, 英訳 Kim Sharp and Franz Matschinsky, *Entropy*, 2015, 17.

＊9　“On the Equilibrium of Heterogeneous Substances” by Josiah Willard Gibbs, *Transactions of the Connecticut Academy.*

＊10　ギブズが引用している、ルドルフ・クラウジウスによるドイツ語の原文は、“Die Energie der Welt ist constant” と “Die Entropie der Welt strebt einem Maximum zu”。

＊11　ギブズのこの研究は厳密かつ複雑で、この論文に記されている考え方は、1873年の論文で示した原理を拡張したものである。ここでは、ギブズの考え方を漠然と理解して、その適用範囲を知ってもらえれば十分である。

＊12　専門的に言うと、ギブズ自由エネルギーとは、一定の圧力と温度のもとで利用可能なエネルギーのことである。この概念が幅広く通用するのは、多くの化学反応、とくに生化学反応がこの条件のもとで起こるからである。あまり専門的すぎない見事な解説は、Khan Academy の動画とウェブサイト https://www.khanacademy.org/science/biology/energy-and-enzymes/free-energytutorial/a/gibbs-free-energy を見よ。もう一つ、ヘルムホルツ自由エネルギーという概念もあり、これは一定の体積と温度のもとで起こるプロセスに当てはまる。

＊13　このプロセスの各ステップに関する優れた入門は、Khan Academy のウェブサイトを見よ。

＊14　物理学者ショーン・キャロルの YouTube チャンネル minutephysics にアップされている簡潔で見事な動画 “What Is the Purpose of Life?,” Big Picture ep. 5/5 での表現。キャロルは次のように言っている。「生物は詰まるところ、宇宙のエントロピーが増大するという傾向に頼っていて、しかもそれを促している」。“Entropy in Biology” by Jayant B. Udgaonkar in *Resonance: Journal of Science Education*, 2001 も見よ。

＊15　*Ludwig Boltzmann* by Cercignani; *Boltzmann's Atom* by Lindley; “In Memoriam: Ludwig Boltzmann: A Life of Passion” by Wolfgang L. Reiter, *Physics in Perspective* 9 (2007).

＊16　マッハの主張の要点については、*Intellectual Mastery of Nature: Theoretical*

Physics from Ohm to Einstein, vol. 2, by Christa Jungnickel and Russell McCormmach を見よ。詳細は *The Science of Mechanics* by Ernst Mach (1883) を見よ。

＊17　たとえば、"Helm and Boltzmann: Energetics at the Lübeck Naturforscherversammlung" by Robert Deltete, *Synthese* 119 (1999) を見よ。

＊18　同上および、"Gibbs and the Energeticists" by Robert Deltete in Boston Studies in the Philosophy of Science book series (BSPS, vol. 167) (1995).

＊19　プランクの人物像については、www.nobelprize.org/prizes/physics/1918/planck/biographical/ を見よ。

＊20　*Vaporization, Melting and Sublimation* by Max Planck (1882). *Black-Body Theory and the Quantum Discontinuity, 1894–1912* by Thomas S. Kuhn における引用。

＊21　*Boltzmann's Atom* by Lindley における引用。

＊22　同上。

＊23　*Ludwig Boltzmann: Life and Letters* by Walter Höflechner, *Boltzmann's Atom* by Lindley における引用。

＊24　同上。

＊25　*Wissenschaftliche Abhandlung von Ludwig Boltzmann* edited by Fritz Hasenhoehrl, *Boltzmann's Atom* by Lindley における引用。

第12章　ボルツマンの脳

＊1　*Ludwig Boltzmann: Life and Letters* by Walter Höflechner, *Boltzmann's Atom: The Great Debate That Launched a Revolution in Physics* by David Lindley における引用。

＊2　"On Zermelo's Paper 'On the Mechanical Explanation of Irreversible Processes'" by Ludwig Boltzmann, 1897.

＊3　ボルツマンからツェルメロへの反論の詳細については、*From Eternity to Here: The Quest for the Ultimate Theory of Time* by Sean Carroll を見よ。

＊4　"On Zermelo's Paper" by Boltzmann, *Kinetic Theory,* vol. 2, by Stephen G. Brush.

＊5　*From Eternity to Here* by Carroll.

＊6　"Can the Universe Afford Inflation?" by Andreas Albrecht and Lorenzo Sorbo, *Physical Review D* 70 (2004); *From Eternity to Here* by Carroll.

＊7　*The Feynman Lectures on Physics* 1, chap. 46, "Ratchet and Pawl."

＊8　"Ludwig Boltzmann and His Family" by Ilse M. Fasol-Boltzmann（ボルツマンの孫）, *Ludwig Boltzmann Principien der Naturfilosofi: Lectures on Natural Philosophy, 1903–1906* のはしがき。

＊9　*Ludwig Boltzmann* by Höflechner, *Boltzmann's Atom* by Lindley における引用。

＊10　*Elementary Principles in Statistical Mechanics Developed with Special Reference to Rational Foundations of Thermodynamics* by Josiah Willard Gibbs.

＊11　このエッセーの英訳は、*Ludwig Boltzmann: The Man Who Trusted Atoms* by Carlo Cercignani に掲載されている。
＊12　“Looking Back” by Lise Meitner, *Bulletin of Atomic Scientists* 20 (1954).
＊13　“In Memoriam: Ludwig Boltzmann: A Life of Passion” by Wolfgang L. Reiter, *Physics in Perspective* 9 (2007).

第13章　量子

＊1　“On and Improvement of Wien’s Equation for the Spectrum,” October 1900; “On the Theory of the Energy Distribution Law of the Normal Spectrum,” December 1900, D. ter Haar and Stephen G. Brush 英訳。
＊2　物体による熱と光の放射に関する解析を初めて試みた物理学者は、グスタフ・キルヒホッフ（1824-87）。ルートヴィヒ・ボルツマンやヴィルヘルム・ヴィーンよりも早かった。*Black-Body Theory and the Quantum Discontinuity, 1894-1912* by Thomas S. Kuhn; *The Bumpy Road: Max Planck from Radiation Theory to the Quantum, 1896-1906* by Massimiliano Badino を見よ。
＊3　現代の「弦（げん）理論」と混同しないように。
＊4　マクスウェルによるこの議論には対称性が成り立っていて、電子の代わりに磁石を振動させても同様の現象が起こる。その場合、磁場中を波が広がって、それによって電場が発生する。磁場が「糸」、電場が「錘」の役割を果たすことになる。
＊5　焼き物窯のような物体による光の放射のことを、黒体放射という。そのような物体に当たった光放射がすべて吸収されてしまうために、このように呼ばれている。
＊6　プランクの博士論文のテーマは熱力学に関するものだった。
＊7　プランクは友人のレオ・グレーツへの手紙の中で、「自然界における変化が必ず低確率の状態から高確率の状態へ進むという主張には、いっさい根拠がない」と述べている。*Black-Body Theory* by Kuhn; *Bumpy Road* by Badino を見よ（後者の文献には、1890年代にボルツマンとプランクのあいだで繰り広げられた科学的論争に関する記述がある）。*The Odd Couple: Boltzmann, Planck and the Application of Statistics to Physics, 1900-1913* by Massimiliano Badino (2009) も見よ。
＊8　“Revisiting the Quantum Discontinuity” by Jochen Büttner, Olivier Darrigol, Dieter Hoffmann, Jürgen Renn, and Matthias Schemmel for the Max Planck Institute für Wissenschaftsgeschichte (2000).
＊9　いまではレイリー＝ジーンズの法則と呼ばれている。
＊10　この計算の詳細については、“Black Body Radiation” by J. Oliver Linton を見よ。

＊11　1931年にプランクがロバート・ウィリアム・ウッドに宛てて書いた手紙。
＊12　"Theory of the Energy Distribution Law" by Planck.
＊13　プランクが「量子」という言葉を初めて使ったのは、この1年後に書いた論文 "Über die Elementarquanta der Materie und der Elektricitaet" においてだった。しかしその概念自体は1900年の論文に示されている。
＊14　"The Origin and Development of the Quantum Theory" by Max Planck, 英訳 H. T. Clarke and L. Silberstein。このノーベル賞受賞講演は、1920年6月2日にストックホルムの王立スウェーデン科学アカデミーでおこなわれた。

第14章　砂糖と花粉

＊1　1900年9月13日にアインシュタインがミレヴァ・マリッチに宛てて書いた手紙。
＊2　*Lectures on Gas Theory* by Ludwig Boltzmann, 英訳 Stephen G. Brush。
＊3　アインシュタインの伝記は何冊も出ている。たとえば、*Einstein: His Life and Universe* by Walter Isaacson〔ウォルター・アイザックソン『アインシュタイン：その生涯と宇宙』（決定版、上・下）、二間瀬敏史監訳、関宗蔵・松田卓也・松浦俊輔訳、武田ランダムハウスジャパン、2011年〕; *Subtle Is the Lord: The Science and the Life of Albert Einstein* by Abraham Pais〔アブラハム・パイス『神は老獪にして…：アインシュタインの人と学問』、西島和彦監訳、金子務ほか訳、産業図書、1987年〕。
＊4　アインシュタインが1905年に発表した4本の論文は以下のとおり。"Über einen die Erzeugung und Verwandlung des Lichtes betreffenden heuristischen Gesichtspunkt," "Über die von der molekularkinetischen Theorie der Wärme geforderte Bewegung von in ruhenden Flüssigkeiten suspendierten Teilchen," "Zur Elektrodynamik bewegter Körper," "Ist die Trägheit eines Körpers von seinem Energieinhalt abhängig?"
＊5　1901年4月4日にアインシュタインがミレヴァ・マリッチに宛てて書いた手紙。
＊6　1901年4月15日にアインシュタインがミレヴァ・マリッチに宛てて書いた手紙。
＊7　*The Private Albert Einstein* by Peter Bucky and Allen G. Weakland.
＊8　"Thermodynamics in Einstein's Thought" by Martin J. Klein, *Science* 157 (1967); "Einstein before 1905: The Early Papers on Statistical Mechanics" by Clayton A. Gearhart, *American Journal of Physics,* 1990; "Insuperable Difficulties: Einstein's Statistical Road to Molecular Physics" by Jos Uffink, Institute for History and Foundations of Science, Utrecht University; "Einstein's Approach to Statistical Mechanics: The 1902–04 Papers" by Luca Peliti and Raul Rechtman, *Journal of Statistical Physics* (2016).

＊9　1905年5月にアインシュタインは友人のコンラッド・ハビヒトに宛てて次のように書いている。「放射と光のエネルギー的性質について初めて論じた4本の論文は、とても革新的だと断言しよう」

＊10　“On a Heuristic Viewpoint” by Einstein.

＊11　同上。

＊12　「光の放射や伝達に関連するその他の現象も、より容易に理解できる」。同上。

＊13　同上の論文、Section 6.

＊14　タイトルは “Eine neue Bestimmung der Moleküldimensionen（分子の大きさの新たな確定法）”。

＊15　また、砂糖分子に水分子が何個かくっついて有効サイズが大きくなることも導いた。

＊16　“On the Motion of Small Particles” by Einstein; “Einstein and the Existence of Atoms” by Jeremy Bernstein, *American Journal of Physics* 74 (10) (October 2006).

＊17　“On the Motion of Small Particles” by Einstein の末尾。

＊18　アインシュタインの論文が掲載された数か月後、ドイツ人研究者ヘンリー・ジーデントップがアインシュタインに、新しい高倍率の顕微鏡による観察でその仮説は裏付けられたように思われると手紙で伝えた。しかし歴史学者によると、アインシュタインの結論を疑いようのない形で支持する証拠は、ジャン・ペランによる注意深く徹底的な研究によって得られたのだという。ペランは1926年、「分子の実在に関する長年の論争に決着を付けた」としてノーベル賞を受賞した。

＊19　詳細は、“Mouvement Brownien et Molécules” by Jean Perrin, *Journal de Physique Théorique et Appliquée,* April 15, 1909; “Evident Atoms: Visuality in Jean Perrin's Brownian Motion Research” by Charlotte Bigg, *Studies in History and Philosophy of Science* 39 (2008); “An Experiment to Measure Avogadro's Constant. Repeating Jean Perrin's Confirmation of Einstein's Brownian Motion Equation” by Lew Brubacher, *Chem 13 News,* May 2006 を見よ。

＊20　ペランはほかにも何通りかの方法で、原子や分子の実在性を検証した。たとえば、垂直に立てた液柱の中を粒子が重力によって沈んでいく様子を測定し、さまざまな高さにおける粒子の濃度を比較することで、さらなる証拠を得た。

＊21　“Einstein and the Existence of Atoms” by Bernstein における引用。

＊22　*The Theory of Relativity and Other Essays* by Albert Einstein に収録されている1946年のエッセー、“$E=MC^2$”。

第15章　対称性

＊1　*Hilbert-Courant* by Constance Reid における引用。

＊2　Emmy Noether の論文集の Nathan Jacobsen によるはしがきにおける引用。

＊3　ネーターの人物像については、*Emmy Noether, 1882–1935* by Auguste Dick, 英訳 H. I. Blocher; *Symmetry and the Beautiful Universe* by Leon M. Lederman and Christopher T. Hill〔レオン・レーダーマン、クリストファー・ヒル『対称性：レーダーマンが語る量子から宇宙まで』、小林茂樹訳、白揚社、2008年〕; *Emmy Noether's Wonderful Theorem* by Dwight E. Neuenschwander を見よ。

＊4　*Emmy Noether* by Dick における引用。

＊5　エミー・ネーターからH・ハッセへの手紙。同上。

＊6　ネーターの定理は「連続対称性」には当てはまるが、「離散対称性」には当てはまらない。つまり、円の回転のように徐々に変化する系には当てはまるが、正方形の回転のように段階的に変化する系には当てはまらない。

＊7　宇宙論学者ショーン・キャロルによる以下の記事を見よ。https://www.preposterousuniverse.com/blog/2010/02/22/energy-is-not-conserved/

＊8　詳細は、*Quantum: Einstein, Bohr and the Great Debate About the Nature of Reality* by Manjit Kumar〔マンジット・クマール『量子革命：アインシュタインとボーア、偉大なる頭脳の激突』、青木薫訳、新潮社、2013年〕を見よ。

＊9　1926年にアインシュタインがマックス・ボルンに宛てて書いた手紙。

＊10　*Einstein's Berlin: In the Footsteps of a Genius* by Dieter Hoffmann.

＊11　"The Einstein-Szilard Refrigerators" by Gene Dannen, *Scientific American,* January 1997.

＊12　*Genius in the Shadows* by William Lanouette with Bela Silard.

＊13　*Einstein's Berlin* by Hoffmann における引用。

＊14　"Einstein-Szilard Refrigerators" by Dannen における引用。

＊15　1930年9月27日にシラードがアインシュタインに宛てて書いた手紙。

＊16　*Hilbert-Courant* by Reid.

第16章　情報は物理的である

＊1　あなたが吐いた二酸化炭素によって温まるという意味ではなく、データセンターからの排熱のことを指している。

＊2　Google の2009年の公式ブログによると、1回の検索あたり約1キロジュールのエネルギーが使われるという。https://googleblog.blogspot.com/2009/01/powering-google-search.html　紅茶を1杯淹れるために6.75オンス（約200ミリリットル）の水を摂氏75度温めるには、約70キロジュールのエネルギーを要する。Google の検索技術の効率が2009年以降向上してきたと仮定すると、こ

れは「Googleで100回ほど検索する」ことに相当するといえる。

＊3 "Google Environmental Report 2019."

＊4 https://www.cia.gov/library/publications/the-world-factbook/fields/253rank.html

＊5 "How to Stop Data Centres from Gobbling up the World's Electricity," *Nature*, September 12, 2018.

＊6 同上。

＊7 "On Global Electricity Usage of Communication Technology: Trends to 2030" by Anders S. G. Andrae and Tomas Edler, *Challenges* 6 (1) (2015): 117–57.

＊8 "Computer Engineering: Feeling the Heat," *Nature* 492 (December 13, 2012).

＊9 ベル研究所の歴史については、*The Idea Factory: Bell Labs and the Great Age of American Innovation* by Jon Gertner〔ジョン・ガートナー『世界の技術を支配するベル研究所の興亡』、土方奈美訳、文藝春秋、2013年〕を見よ。

＊10 同上。

＊11 シャノンの人生と研究活動に関するさらなる詳細は、*A Mind at Play: How Claude Shannon Invented the Information Age* by Jimmy Soni and Rob Goodman〔ジミー・ソニ、ロブ・グッドマン『クロード・シャノン　情報時代を発明した男』、小坂恵理訳、筑摩書房、2019年〕を見よ。

＊12 *Claude Elwood Shannon: Collected Papers*のAnthony Liversidgeによるはしがき"Profile of Claude Shannon"における引用。

＊13 *Mind at Play* by Soni and Goodmanにおける引用。

＊14 1938年12月15日にヴァネヴァー・ブッシュがE・B・ウィルソンに宛てて書いた手紙。

＊15 *Mind at Play* by Soni and Goodmanにおける引用。

＊16 *The Idea Factory* by Gertnerにおける引用。

＊17 *Mind at Play* by Soni and Goodmanにおける引用。

＊18 映画*The Bit Player*におけるノーマ・レヴォーへのインタビュー。

＊19 *Mind at Play* by Soni and Goodmanにおける引用。

＊20 *The Idea Factory* by Gertnerにおける引用。

＊21 同上。

＊22 "Sigsaly Story" by Patrick D. Weadon, NSAのウェブサイト。

＊23 1982年7月28日にシャノンがロバート・プライスから受けたインタビュー。

＊24 1977年2月28日にシャノンがフリードリッヒ＝ヴィルヘルム・ハーゲマイヤーから受けたインタビュー。

＊25 注23。

＊26 *Mind at Play* by Soni and Goodmanにおける引用。

＊27　*Bell System Technical Journal* 27 (1948).

＊28　同上。

＊29　"Energy and Information," *Scientific American,* by Myron Tribus and Edward C. McIrvine, 1971に取り上げられている逸話。ただしシャノン本人は1982年に受けたインタビューの中で、エントロピーという用語を選んだ理由をはぐらかしている。

＊30　"Information Theory" by Claude E. Shannon, *Encyclopaedia Britannica,* 14th ed.

＊31　ランダウアーが1991年に*Physics Today*で発表した論文のタイトル。

＊32　*The Idea Factory* by Gertner.

＊33　*The Logician and the Engineer: How George Boole and Claude Shannon Created the Information Age* by Paul J. Nahin, chapter 10〔ポール・J・ナーイン『0と1の話：ブール代数とシャノン理論』、松浦俊輔訳、青土社、2013年〕.

＊34　"A Research Agenda Towards Zero-Power ICT" by Gabriel Abadal Berini, Giorgos Fagas, Luca Gammaitoni, and Douglas Paul, 2014.

＊35　同上。

＊36　*SMART 2020: Enabling the Low Carbon Economy in the Information Age,* Climate Groupによる Global eSustainability Initiative (GeSI) のための報告書。

第17章　悪魔

＊1　*The Kinetic Theory of the Dissipation of Energy* by William Thomson, 1874.

＊2　*Sketch of Thermodynamics*というタイトルで1868年に出版された。

＊3　1867年12月6日にテイトがマクスウェルに宛てて書いた手紙。

＊4　1867年12月11日にマクスウェルがテイトに宛てて書いた手紙。

＊5　同上。

＊6　同上。

＊7　同上。

＊8　同上。

＊9　"The Kinetic Theory of the Dissipation of Energy," *Proceedings of the Royal Society of Edinburgh* 8 (1874).

＊10　"On the Extension of Phenomenological Thermodynamics to Fluctuation Phenomena." 1925年に*Zeitschrift für Physik* 32に掲載された。

＊11　1929年に*Zeitschrift für Physik* 53に掲載された。

＊12　同上。

＊13　*Maxwell's Demon 2: Entropy, Classical and Quantum Information, Computing* edited by Harvey Leff and Andrew F. Rex, section 1.3; "Demons, Engines and the Second Law" by Charles H. Bennett, *Scientific American,* November 1987.

＊14　たとえば、Leon Brillouin の 1951 年の論文、“Maxwell's Demon Cannot Operate: Information and Entropy” や Dennis Gabor の 1964 年の論文、“Light and Information”。

＊15　“The Fundamental Physical Limits of Computation” by Charles H. Bennett and Rolf Landauer, *Scientific American*, July 1985.

＊16　*Rolf W. Landauer, 1927–1999: A Biographical Memoir* by Charles H. Bennett and Alan B. Fowler.

＊17　“Ballistic Research Laboratories Report no. 971,” December 1955, US Department of Commerce, Office of Technical Services; *The History of the ENIAC Computer* by Mary Bellis, ThoughtCo, February 11, 2020.

＊18　IBM 7070 のこと。

＊19　“IBM 7070 Data Processing System” by J. Svigals, *Proceedings of the Western Joint Computer Conference*, 1959.

＊20　“Irreversibility and Heat Generation in the Computing Process” by R. Landauer, *IBM Journal*, July 1961.

＊21　ベネットの人物像については、IBM のウェブサイトより。

＊22　“Demons, Engines” by Bennett.

＊23　*Logician and the Engineer* by Nahin, section 10.4.

＊24　“Experimental Verification of Landauer's Principle Linking Information and Thermodynamics” by Antoine Bérut, Artak Arakelyan, Artyom Petrosyan, Sergio Ciliberto, Raoul Dillenschneider, and Eric Lutz, *Nature* 483 (March 2012).

＊25　エネルギーを拡散させないコンピュータの開発がすさまじく難しいことについては、“Introduction to Nanoelectronics,” MIT OpenCourseWare, chapter 7 を見よ。

＊26　“Minimum Energy of Computing, Fundamental Considerations” by Victor Zhirnov, Ralph Cavin, and Luca Gammaitoni, in *ICT—Energy—Concepts Towards Zero—Power Information and Communication Technology.*

第 18 章　生命の数学

＊1　“The Chemical Basis of Morphogenesis” by Alan Turing, *Philosophical Transactions of the Royal Society of London, Series B* 237 (1952–54).

＊2　*The Man Who Knew Too Much: Alan Turing and the Invention of the Computer* by David Leavitt; *Alan Turing: The Enigma* by Andrew Hodges〔アンドルー・ホッジス『エニグマ：アラン・チューリング伝』（上・下）、土屋俊・土屋希和子訳、勁草書房、2015 年〕などさまざまな伝記を見よ。

＊3　*Cryptographic History of Work on the German Naval Enigma* by Hugh Alexander.

＊4　たとえば、劇 *Breaking the Code,* Hugh Whitemore 作；テレビ番組 *Britain's Greatest Codebreaker,* UK Channel 4；映画 *The Imitation Game*（主演 Benedict Cumberbatch）。

＊5　上記の伝記に加え、*Alan M. Turing* by Sara Turing（チューリングの母）; *Alan Turing: The Life of a Genius* by Dermott Turing（チューリングの甥）を見よ。

＊6　"My Brother Alan" by John Turing（チューリングの兄），上記の母親の著書の末尾に掲載。

＊7　*Alan M. Turing* by Turing.

＊8　同上。

＊9　著者は Edwin Tenney Brewster.

＊10　同上。

＊11　サラ・チューリングが 1923 年にこの絵をチューリングの母校の寮母に送った。

＊12　"On Computable Numbers, with an Application to the Entscheidungsproblem" by Alan Turing, *Proceedings of the London Mathematical Society,* ser. 2, 42 (1936–37).

＊13　*The Turing Guide* by B. Jack Copeland, chapter 6.

＊14　*Alan Turing* by Hodges および、アウゲンフェルトが死の直前に書いた短いエッセー。

＊15　"My Brother Alan" by John Turing.

＊16　同上。

＊17　"The Mathematical Daisy" by Robert Dixon, *New Scientist,* December 17, 1981.

＊18　*Turing Guide* by Copeland, chapter 6; *The Essential Turing* by B. Jack Copeland, chapter 9; Manchester University のウェブサイト http://curation.cs.manchester.ac.uk/computer50/www.computer50.org/mark1/new.baby.html.

＊19　初掲載は *Mind* 59 (1950) にて。

＊20　初掲載は *Philosophical Transactions of the Royal Society of London, Series B* 237 (1952–54) にて。

＊21　チューリングによる未発表の短い文書、キングス・カレッジ・ケンブリッジが管理する Turing Digital Archive に収録、ref. AMT/A/13。

＊22　"The Chemical Basis of Morphogenesis," *Philosophical Transactions.*

＊23　"Positional Information and Reaction-Diffusion: Two Big Ideas in Developmental Biology Combine" by Jeremy B. A. Green and James Sharpe, *Development* 142 (2015): 1203–11.

＊24　"The Chemical Basis of Morphogenesis," *Philosophical Transactions.*

＊25　同上。

＊26　Turing Digital Archive, AMT/C/27: image 014.

＊27 "The Chemical Basis of Morphogenesis," *Philosophical Transactions.*

＊28 同上。

＊29 "Pryce's Buoy" というタイトルでも知られる。Turing Digital Archive, AMT/A/13.

＊30 1953年3月11日にチューリングがガンディーに宛てて書いた手紙、Turing Digital Archive, AMT/D/4。

＊31 シェフィールド大学のアラン・ペイシー教授へのインタビュー、*Britain's Greatest Codebreaker* に収録。

＊32 Turing Digital Archive, AMT/C/27.

＊33 *Daily Telegraph,* June 11, 1954 における引用。

＊34 チューリングからノーマン・ラトレッジへの手紙、Turing Digital Archive, AMT/D/14a.

＊35 ダーモット・チューリングへのインタビュー、*Britain's Greatest Codebreaker* に収録。

＊36 この理論とその代替理論に関する優れた議論については、"Positional Information and Reaction-Diffusion" by Green and Sharpe を見よ。

＊37 "Positional Information and Pattern Formation" by Lewis Wolpert, *Current Topics in Developmental Biology* 6 (1971).

＊38 "Positional Information Revisited" by Lewis Wolpert, *Development,* 1989.

＊39 "WNT and DKK Determine Hair Follicle Spacing through a Reaction-Diffusion Mechanism" by Stefanie Sick, Stefan Reinker, Jens Timmer, and Thomas Schlake, *Science* 01 (December 2006).

＊40 "Periodic Stripe Formation by a Turing-Mechanism Operating at Growth Zones in the Mammalian Palate" by Andrew D. Economou, Atsushi Ohazama, Thantrira Porntaveetus, Paul T. Sharpe, Shigeru Kondo, M. Albert Basson, Amel Gritli-Linde, Martyn T. Cobourne, and Jeremy B. A. Green, *Nature Genetics,* February 19, 2012.

＊41 "Digit Patterning Is Controlled by a BmpSox9-Wnt Turing Network Modulated by Morphogen Gradients" by J. Raspopovic, L. Marcon, L. Russo, and J. Sharpe, *Science,* February 2014.

＊42 YouTube にアップされているインタビュー "Lewis Wolpert—Reaction Diffusion Theory That Goes Back to Alan Turing," October 2017.

第19章　事象の地平面

＊1 *The Black Hole War: My Battle with Stephen Hawking to Make the World Safe for Quantum Mechanics* by Leonard Susskind〔レオナルド・サスキンド『ブラックホール戦争：スティーヴン・ホーキングとの20年越しの闘い』、林田陽子訳、日

経 BP 社、日経 BP 出版センター（発売）、2009 年〕.

＊2　*Geons, Black Holes, and Quantum Foam: A Life in Physics* by John Archibald Wheeler with Kenneth Ford.

＊3　*The Collected Papers of Albert Einstein, Vol. 7: The Berlin Years.*

＊4　*Collected Papers of Albert Einstein, Vol. 7.*

＊5　1692 年から 93 年にかけてアイザック・ニュートンがリチャード・ベントリーに宛てて書いた手紙。

＊6　"Über das Gravitationsfeld eines Massenpunktes nach der Einstein schen Theorie" by Karl Schwarzschild, February 1916.

＊7　ジョン・ホイーラーは、1967 年に NASA ゴダード宇宙飛行センターでおこなった講演の中で聴衆に、「重力によって完全に崩壊した天体」を表すもっと短い用語を募った。すると誰かがブラックホールという呼び名を提案した。*Geons, Black Holes* by Wheeler with Ford.

＊8　このたとえは *Black Hole War* by Leonard Susskind から拝借した。その本の中でサスキンドは、物理学者のビル・ウンルーが考えついたものだと述べている。

＊9　"Investigating the Relativistic Motion of the Stars Near the Supermassive Black Hole in the Galactic Center" by M. Parsa1, A. Eckart, B. Shahzamanian, V. Karas, M. Zajaček, J. A. Zensus, and C. Straubmeier, *Astrophysical Journal,* 2017.

＊10　"Einstein's Gravitational Waves Found at Last," *Nature,* February 2016.

＊11　ホーキングに物理学を教えたロバート・バーマンによるこの言葉は、*New York Times Magazine,* January 23, 1983 に引用されている。

＊12　ホーキングの面積定理と呼ばれている。

＊13　*A Brief History of Time: From the Big Bang to Black Holes* by Stephen Hawking〔スティーヴン・W・ホーキング『ホーキング、宇宙を語る：ビッグバンからブラックホールまで』、林一訳、ハヤカワ文庫 NF、1995 年〕.

＊14　この会話の様子と 2 人の人物像に関する詳細は、*Of Gravity, Black Holes and Information* by Jacob D. Bekenstein; *Geons, Black Holes* by Wheeler with Ford; *Black Holes and Time Warps: Einstein's Outrageous Legacy* by Kip. S Thorne〔キップ・S・ソーン『ブラックホールと時空の歪み：アインシュタインのとんでもない遺産』、林一・塚原周信訳、白揚社、1997 年〕を見よ。

＊15　同上。

＊16　*Of Gravity, Black Holes* by Bekenstein.

＊17　同上。

＊18　*Geons, Black Holes* by Wheeler with Ford.

＊19　*Of Gravity, Black Holes* by Bekenstein.

＊20　*Black Hole War* by Susskind.

*21 "Black Holes and Entropy" by Jacob D. Bekenstein, *Physical Review D* 7 (8) (April 15, 1973).

*22 注2を見よ。

*23 *Of Gravity, Black Holes* by Bekenstein.

*24 *Brief History of Time* by Hawking.

*25 同上。

*26 それを完全に理解するには、一般相対論と量子力学を組み合わせた未発見の理論が必要だろう。ホーキングのこの研究はその理論に向けた重要な一歩である。

*27 注24。

*28 優れた解説は、"Information in the Holographic Universe" by Jacob D. Bekenstein, *Scientific American,* August 2003を見よ。

*29 "Observational Evidence from Supernovae for an Accelerating Universe and a Cosmological Constant," *Astronomical Journal,* September 1998; "The Acceleration of the Expansion of the Universe: A Brief Early History of the Supernova Cosmology Project" by Gerson Goldhaber, *AIP Conference Proceedings,* 2009.

*30 "The Illusion of Gravity" by Juan Maldecena, *Scientific American,* April 1, 2007.

*31 1988年に*Der Spiegel*誌がホーキングにおこなったインタビュー。

エピローグ

*1 *John Tyndall: Essays on a Natural Philosopher* edited by W. H. Brock, N. D. McMillan, and R. C. Mollan; "On the Origin of 'the Greenhouse Effect': John Tyndall's 1859 Interrogation of Nature" by Mike Hulme, Royal Meteorological Society, 2009.

*2 "On the Absorption and Radiation of Heat by Gases and Vapours, and on the Physical Connexion of Radiation, Absorption and Conduction" by John Tyndall, Bakerian Lecture, 1861.

*3 "Some of the Problems Awaiting Solution," アレクサンダー・グレアム・ベルが1917年2月1日にワシントンのマッキンリー・マニュアル・トレーニング・スクールでおこなった講演。

*4 UK Department for Business, Energy & Industrial Strategy (2020).

*5 *Independent,* May 24, 2004に掲載されたLovelockの記事。

*6 *Nuclear 2.0: Why a Green Future Needs Nuclear Power* by Mark Lynas.

参考文献

本書は３つのパートに分かれている。その各パートの執筆に欠かせなかった文献を以下に挙げる。

第Ⅰ部　エネルギーとエントロピーの発見

第１章〜第４章

Against Intellectual Monopoly by Michele Boldrin and David K. Levine〔ミケーレ・ボルドリン、デヴィッド・K・レヴァイン『〈反〉知的独占：特許と著作権の経済学』山形浩生・守岡桜訳、NTT 出版、2010 年〕

The Analytical Theory of Heat by Joseph Fourier

De l'Angleterre et des Anglais by Jean-Baptiste Say

Degrees Kelvin by David Lindley

The Edge of Objectivity: An Essay in the History of Scientific Ideas by Charles Coulston Gillespie〔チャールズ・C・ギリスピー『客観性の刃：科学思想の歴史』（新版）、島尾永康訳、みすず書房、2011 年〕

Energy and Empire: A Biographical Study of Lord Kelvin by Crosbie Smith and M. Norton Wise

Energy, the Subtle Concept by Jennifer Coopersmith

From Watt to Clausius by D. S. L. Cardwell〔D・S・L・カードウェル『蒸気機関からエントロピーへ：熱学と動力技術』、金子務監訳、平凡社、1989 年〕

Great Physicists by William H. Cropper〔ウィリアム・H・クロッパー『物理学天才列伝』（上・下）、水谷淳訳、ブルーバックス（講談社）、2009 年〕

Inventing Temperature: Measurement and Scientific Progress by Hasok Chang

James Joule: A Biography by D. S. L. Cardwell

James Prescott Joule by Osborne Reynolds

Jean-Baptiste Say: Revolutionary, Entrepreneur, Economist by Evert Schoorl

Lord Kelvin: An Account of His Scientific Life and Work by Andrew Gray

The Lunar Men: The Friends Who Made the Future by Jenny Uglow

Mathematical and Physical Papers, vols. 1–3, by Sir William Thomson

Modern Engineering Thermodynamics by Robert T. Balmer

The Oxford Handbook of the History of Physics by Jed Buchwald and Robert Fox
Popular Lectures and Addresses by Sir William Thomson
Reflections on the Motive Power of Fire by Sadi Carnot, translated and edited by Robert Fox. フォックスによるはしがきに有用な情報が含まれている。
Reflections on the Motive Power of Heat by Sadi Carnot, edited by R. H. Thurston. この版には、弟イポリットによるサディの回想録や、サディの未発表の文書からの抜粋が収められている。
The Science of Energy by Crosbie Smith
Scientific Papers by James Joule
Song of the Clyde by Fred M. Walker
Theory and Construction of a Rational Heat Motor by Rudolf Diesel
The Unbound Prometheus: Technological Change and Industrial Development in Western Europe from 1750 to the Present by David S. Landes〔D・S・ランデス『西ヨーロッパ工業史：産業革命とその後　1750–1968』（1・2）、石坂昭雄・冨岡庄一訳、みすず書房、1980–1982年〕
When Physics Became King by Iwan Rhys Morus

第Ⅱ部　古典熱力学
第5章〜第12章

Aesthetics, Industry, and Science: Hermann von Helmholtz and the Berlin Physical Society by M. Norton Wise
Black-Body Theory and the Quantum Discontinuity, 1894–1912 by Thomas S. Kuhn
Boltzmann's Atom: The Great Debate That Launched a Revolution in Physics by David Lindley〔デヴィッド・リンドリー『ボルツマンの原子：理論物理学の夜明け』、松浦俊輔訳、青土社、2003年〕
The Economic Development of France and Germany, 1815–1914 by J. H. Clapham
From Eternity to Here: The Quest for the Ultimate Theory of Time by Sean Carroll
The German Genius by Peter Watson
Helmholtz: A Life in Science by David Cahan
Hermann Ludwig Ferdinand von Helmholtz by John Gray McKendrick
Hermann von Helmholtz by Leo Koenigsberger, translated by Frances A. Welby
Intellectual Mastery of Nature: Theoretical Physics from Ohm to Einstein, vols. 1 and 2. by Christa Jungnickel and Russell McCormmach
Josiah Willard Gibbs: The History of a Great Mind by Lynde Phelps Wheeler
Kinetic Theory, vols, 1 and 2, by Stephen G. Brush
Lectures on Gas Theory by Ludwig Boltzmann, translated by Stephen G. Brush

The Life of James Clerk Maxwell by Lewis Campbell
Life's Ratchet: How Molecular Machines Extract Order from Chaos by Peter M. Hoffmann
Lord Kelvin and the Age of the Earth by Joe D. Burchfield
Ludwig Boltzmann: The Man Who Trusted Atoms by Carlo Cercignani
The Man Who Changed Everything: The Life of James Clerk Maxwell by Basil Mahon
The Mechanical Theory of Heat, with Its Applications to the Steam Engine and to the Physical Properties of Bodies by Rudolf Clausius
On the Origin of Species by Charles Darwin〔チャールズ・ダーウィン『種の起源』(上・下)、渡辺政隆訳、光文社古典新訳文庫、2009年〕
Populäre Schriften by Ludwig Boltzmann
Refrigeration: A History by Carroll Gantz
The Scientific Papers of J. Willard Gibbs, vols. 1 and 2
The Second Physicist: On the History of Theoretical Physics in Germany by Christa Jungnickel and Russell McCormmach
Willard Gibbs by Muriel Rukeyser

第Ⅲ部　熱力学のさまざまな帰結
第13章～第19章

Alan Turing: The Enigma by Andrew Hodges〔アンドルー・ホッジス『エニグマ：アラン・チューリング伝』(上・下)、土屋俊・土屋希和子訳、勁草書房、2015年〕
Alan Turing: The Enigma Man by Nigel Cawthorne
Alan Turing: The Life of a Genius by Dermot Turing
The Black Hole War: My Battle with Stephen Hawking to Make the World Safe for Quantum Mechanics by Leonard Susskind〔レオナルド・サスキンド『ブラックホール戦争：スティーヴン・ホーキングとの20年越しの闘い』、林田陽子訳、日経BP社、日経BP出版センター(発売)、2009年〕
Black Holes and Time Warps: Einstein's Outrageous Legacy by Kip S. Thorne〔キップ・S・ソーン『ブラックホールと時空の歪み：アインシュタインのとんでもない遺産』、林一・塚原周信訳、白揚社、1997年〕
A Brief History of Time: From the Big Bang to Black Holes by Stephen Hawking〔スティーヴン・W・ホーキング『ホーキング、宇宙を語る：ビッグバンからブラックホールまで』、林一訳、ハヤカワ文庫NF、1995年〕
The Bumpy Road: Max Planck from Radiation Theory to the Quantum, 1896–1906 by Massimiliano Badino
Einstein: His Life and Universe by Walter Isaacson〔ウォルター・アイザックソン『ア

インシュタイン：その生涯と宇宙』（決定版、上・下）、二間瀬敏史監訳、関宗蔵・松田卓也・松浦俊輔訳、武田ランダムハウスジャパン、2011 年〕
Einstein and the Quantum: The Quest of the Valiant Swabian by A. Douglas Stone
The Einstein Theory of Relativity: A Concise Statement by H. A. Lorentz
Einstein's Berlin: In the Footsteps of a Genius by Dieter Hoffmann
Einstein's Masterwork: 1915 and the General Theory of Relativity by John Gribbin
Emmy Noether, 1882–1935 by Auguste Dick, translated by H. I. Blocher
Emmy Noether's Wonderful Theorem by Dwight E. Neuenschwander
The Essential Turing: Seminal Writings in Computing, Logic, Philosophy, Artificial Intelligence and Artificial Life: Plus the Secrets of Enigma edited by B. Jack Copeland
Genius in the Shadows by William Lanouette with Bela Silard
Geons, Black Holes, and Quantum Foam: A Life in Physics by John Archibald Wheeler with Kenneth Ford
Of Gravity, Black Holes and Information by Jacob D. Bekenstein
The Idea Factory: Bell Labs and the Great Age of American Innovation by Jon Gertner〔ジョン・ガートナー『世界の技術を支配するベル研究所の興亡』、土方奈美訳、文藝春秋、2013 年〕
Information Theory: A Tutorial Introduction by James V. Stone
Information Theory and Evolution by John Scales Avery
An Institute for an Empire: The Physikalisch-Technische Reichsanstalt, 1871–1918 by David Cahan
An Introduction to Black Holes, Information and the String Theory Revolution: The Holographic Universe by Leonard Susskind and James Lindesay
An Introduction to Information Theory: Symbols, Signals and Noise by John R. Pierce
The Innovators by Walter Isaacson〔ウォルター・アイザックソン『イノベーターズ：天才、ハッカー、ギークがおりなすデジタル革命史』（Ⅰ・Ⅱ）、井口耕二訳、講談社、2019 年〕
Life and Scientific Work of Peter Guthrie Tait by Cargill Gilston Knott
The Logician and the Engineer: How George Boole and Claude Shannon Created the Information Age by Paul J. Nahin〔ポール・J・ナーイン『0 と 1 の話：ブール代数とシャノン理論』、松浦俊輔訳、青土社、2013 年〕
Lonely Hearts of the Cosmos: The Story of the Scientific Quest for the Secret of the Universe by Dennis Overbye〔デニス・オーヴァバイ『宇宙はこうして始まりこう終わりを告げる：疾風怒濤の宇宙論研究』、鳥居祥二・吉田健二・大内達美訳、白揚社、2000 年〕
The Man Who Knew Too Much: Alan Turing and the Invention of the Computer by David

Leavitt
Maxwell's Demon 2: Entropy, Classical and Quantum Information, Computing edited by Harvey Leff and Andrew F. Rex
A Mind at Play: How Claude Shannon Invented the Information Age by Jimmy Soni and Rob Goodman〔ジミー・ソニ、ロブ・グッドマン『クロード・シャノン　情報時代を発明した男』、小坂恵理訳、筑摩書房、2019年〕
Planck's Original Papers in Quantum Physics translated by D. ter Haar and Stephen G. Brush
Quantum: Einstein, Bohr and the Great Debate About the Nature of Reality by Manjit Kumar〔マンジット・クマール『量子革命：アインシュタインとボーア、偉大なる頭脳の激突』、青木薫訳、新潮社、2013年〕
Quantum Profiles by Jeremy Bernstein
17 Equations That Changed the World by Ian Stewart〔イアン・スチュアート『世界を変えた17の方程式』、水谷淳訳、ソフトバンククリエイティブ、2013年〕
Significant Figures: Lives and Works of Trailblazing Mathematicians by Ian Stewart〔イアン・スチュアート『数学の真理をつかんだ25人の天才たち』、水谷淳訳、ダイヤモンド社、2019年〕
Sketch of Thermodynamics by Peter Guthrie Tait
Stephen Hawking: His Life and Work by Kitty Ferguson
Stephen Hawking's Universe: An Introduction to the Most Remarkable Scientist of Our Time by John Boslough
A Student's Guide to Einstein's Major Papers by Robert E. Kennedy
Symmetry and the Beautiful Universe by Leon M. Lederman and Christopher T. Hill〔レオン・レーダーマン、クリストファー・ヒル『対称性：レーダーマンが語る量子から宇宙まで』、小林茂樹訳、白揚社、2008年〕
The Theory of Relativity and Other Essays by Albert Einstein
Three Degrees above Zero by Jeremy Bernstein〔J・バーンスタイン『ベル研：AT&Tの頭脳集団』、長沢光男訳、HBJ出版局、1987年〕
The Turing Guide by B. Jack Copeland, Jonathan P. Bowen, Mark Sprevak, Robin Wilson, and others

エピローグ

John Tyndall: Essays on a Natural Philosopher edited by W. H. Brock, N. D. McMillan, and R. C. Mollan

図版クレジット

Original illustrations by Khokan Giri

p. 125 : Maxwell's apparatus to measure gas viscosity, with kind permission and courtesy of the Cavendish Laboratory, University of Cambridge

p. 201 : Brownian motion diagram from Jean Perrin's paper, *Journal de Physique, Theorique et Appliquée* Volume 9, Numéro 1, 1910

p. 217 : one of Einstein and Szilard's refrigerator patents, Deutsches Patent-und Markenamt

p. 275 : an example of a "dappled" pattern, as shown in Turing's paper : *Philosophical Transactions of the Royal Society*, Biological Sciences

p. 283 : fruit fly larvae, Shutterstock

ポール・セン（Paul Sen）

ドキュメンタリー作家。TVシリーズ『Triumph of the Nerds』などの制作で知られる。ケンブリッジ大学で工学を学んでいたときに熱力学と初めて出合う。現在は、Furnace社のクリエイティヴ・ディレクターとしてBBSの科学番組を多数制作。2016年には、『Oak Tree: Nature's Greatest Survivor』で英国王立テレビ協会賞を受賞。

水谷淳（みずたに・じゅん）

翻訳家。訳書に、M・スタンレー『アインシュタインの戦争』（新潮社）、J・チャム＋D・ホワイトソン『僕たちは、宇宙のことぜんぜんわからない』（ダイヤモンド社）など多数。著書に、『科学用語図鑑』（絵・小幡彩貴、河出書房新社）。

宇宙を解く唯一の科学　熱力学

2021年6月20日　初版印刷
2021年6月30日　初版発行

著　者　ポール・セン
訳　者　水谷淳
装　幀　岩瀬聡
発行者　小野寺優
発行所　株式会社河出書房新社
〒151-0051　東京都渋谷区千駄ヶ谷2-32-2
電話03-3404-1201［営業］　03-3404-8611［編集］
https://www.kawade.co.jp/
印刷所　株式会社亨有堂印刷所
製本所　小泉製本株式会社
Printed in Japan
ISBN978-4-309-25428-9